福島第一原発事故 7つの謎

NHKスペシャル『メルトダウン』取材班

講談社現代新書

2295

本書は特に断りのない限り、敬称を省略しています。
また肩書きは当時のものです

はじめに

福島第一原発の事故は、いまだに多くの謎に包まれている。

その謎は、事故対応の最前線にいた当事者から話を聞くことができても、なかなか解けない。

通常、大きな事故でも、重要な証言者から話を聞くことができれば、次第に謎は解けていき、やがて事故像といえるものがはっきりと見えてくる。ところが、福島第一原発の事故は、そこが決定的に違う。事故のスケールがあまりにも大きいうえに、原発内部で何が起きたのかが、放射能という壁に遮られ、いまだによくわからないためである。

私たち取材班は、3年以上にわたって事故の検証取材を続け、NHKスペシャルのメルトダウンシリーズとして、5つの番組を放送してきた。取材で話を聞いた関係者は500人にのぼる。この中で何度も体験してきたのは、新たな証言を得ると、それまでわかった気でいた事実関係の確度が、にわかに怪しくなり、新たな謎として立ちはだかってくることである。

例えば、成功したとされる1号機のベントがそうである。

最も早くメルトダウンした1号機では、圧力が高まった格納容器の気体を外部に放出するため、ベントの実施が急務になる。政府事故調や東京電力の調査報告書には、事故2日目の3月12日、様々な手段でベントを試み、午後2時半、「吉田所長はベントによる放射性物質の放出がなされたと判断した」と記されている。

1号機のベントは成功した。これは、確定した事実のはずだった。

ところが、吉田所長は、生前、思わぬ言葉を遺していた。

「自分は今になっても、ベントができたかどうか自信がない」

事故から1年以上たった段階で、吉田所長は、複数の関係者に、こう語っていたのである。

実は、事故から3年半を経て新たに公開された政府事故調が吉田所長から聴き取りをした証言記録、いわゆる吉田調書にも同様のことが記されている。ベントが成功したかは、排気筒にある機器で計測して判定するのだが、この機器が電源喪失で動かなかったため、できたかどうかわからないと吉田所長は繰り返し述べていたのである。

1号機のベントは、本当に成功したのだろうか。

この謎を解くため、私たちは、様々な角度から検証取材をやり直した。その結果、事故から3年もの間、埋もれていたデータが見つかり、意外な事実が浮かび上がってきた。それは、どの事故調査報告書にも記されていない新たな事実だった。これについては、本書の3章で詳しく述べていく。

事故を巡る謎との格闘の末に、新たな事実が浮かび上がってくる時、その深層に思わぬことが見えてくることがある。多くの場合、それは、近代技術の集積である原発の安全対策の死角とも言える現実である。

取材中、福島第一原発の黎明期をよく知る東京電力の元幹部に何度か話を聞かせてもらった。事故対応の鍵を握っていた1号機の非常用の冷却装置の仕組みについて、なぜ多くの幹部が知らなかったのかを議論していた時だった。元幹部は、一瞬何かを考えるかのように沈黙した後、意を決したように口を開いた。

「つまるところ安全とは、組織文化だと思うんです」。そしてこう続けた。

「組織が技術に本当に敬意の念を持っているのか。そこが問われている。技術への敬意が薄れた時、安全は必ず劣化する」

原発事故を防ぐということは、核が持つ膨大なエネルギーを人間が制御しなければならないということである。そのためには、人間が持つ技術を絶えず向上させていくしかない。その根底を支えるのは、技術を本当に大切に思う気持ちがあるかに尽きる。事故のことをずっと考え続けているという元幹部は、そう語ったのである。

「技術に本当に敬意の念を持っているのか」

この問いは、原発に携わる全ての関係者に突きつけられているのではないだろうか。そして、原発に向き合わなければならない私たち社会にも問いかけられているのかもしれない。


本書は、事故を巡る7つの謎の解明にあたり、その深層に何があるのかを探ったものである。

1章は、事故初日の3月11日、1号機の非常用冷却装置が、津波直後から動いていなかったことに、なぜ気づかなかったかに迫る。実は、吉田所長らは、冷却装置が止まっていることに気がつくチャンスを何度も見逃している。なぜ、チャンスは見過ごされたのか。その深層を探っていく。

続く2章は、翌12日、メルトダウンした1号機の危機を回避するためのベントが、なぜ長時間できなかったのか。その謎を解き明かす。3章は、このベントが本当に成功したのか。吉田所長の謎の言葉をきっかけに、1号機のベントを徹底検証した結果、浮かび上がってきた新たな事実について伝える。

4章は、なぜ2号機が大量の放射性物質の放出に至ったのか。5章は、3号機への消防車による注水がなぜメルトダウンを防げなかったのか。6章は、2号機のSR弁と呼ばれる減圧装置がなぜ動かなかったのかについて、それぞれ迫っていく。そして、最終章の7章では、原発内部の最新の調査結果にメスを入れる。福島第一原発では、新たに開発されたロボットカメラなどの調査によって内部がどのように壊れているのかが、少しずつわかってきている。そこから見えてきた事故原因の新たな真相を伝える。

本書は、ほぼ時系列に沿って章立てしている。1章から読んで頂ければ、事故の進展に従ってその全体像が理解できるように構成している。それぞれの章は一つのテーマを巡って一話完結といったおもむきになっているので、関心のある章から読んで頂いても結構である。

福島第一原発のような事故は、二度と起こしてはいけない。そのためには、いまだ全貌がわからない事故を巡る謎の一つ一つに丁寧に向き合い、粘り強く解明して教訓を得ていくしかない。本書がこうした検証作業の一翼を担い、事故の再発防止の一助となることを心から願う。

NHK報道局・科学文化部専任部長　近堂靖洋

目次

はじめに —— 3

第1章 1号機の冷却機能喪失は、なぜ見逃されたのか？ —— 11

吉田調書の波紋／その時、中央制御室／全電源喪失！ 暗闇の中央制御室／冷却措置を巡る判断ミス／錯綜する免震棟／失われた最初のチャンス／ブタの鼻からの蒸気／点灯した緑のランプ／中央制御室と免震棟の断絶／謎の放射線上昇／水位計の罠／格納容器圧力異常上昇／終わりなき検証

第2章 ベント実施はなぜかくも遅れたのか？ —— 57

3年目の告白／謎に包まれる1号機ベント／世界初のベント実施へ／柏崎刈羽メモが語る迷走／放射能という壁／吉田と菅の攻防／「決死隊」の突入／100ミリシーベルトの壁／最後の手段／加速する連鎖

第3章 吉田所長が遺した「謎の言葉」ベントは本当に成功したのか？ —— 95

吉田が遺した謎の言葉／モニタリングポストに記録されていた異常な数値／1号機

のベントの謎／上羽鳥に残されていた未解析のデータ／高線量の謎をＳＰＥＥＤＩによって解明せよ／放射性物質の量を１０００分の１に減らせるはずのベントでなぜ／温度成層化の罠／サプチャンの水が高温になった場合のベントへの影響は／メルトダウンによって発生するガスは凝縮しない!?／事故の教訓は生かされているのか

第４章　爆発しなかった2号機で放射能大量放出が起きたのはなぜか？——127

最大の危機にあった2号機／大量放出の爪痕／偶然立ち上がったＲＣＩＣ／原子炉冷却の鍵を握る「ベント」／なぜ、ベントができなかったのか／思いがけない漏えいルート／思わぬ地震の影響／2号機が突きつけた重い現実

第５章　消防車が送り込んだ４００トンの水はどこに消えたのか？——163

2年9ヵ月後の事故検証／吉田の奇策・消防注水／消防注水は機能したのか／奇妙な現象／テレビ会議に残されていた手がかり／配管計装線図が結んだ点と点／仇となった原発特有の設計／検証実験がはじき出した漏えい量／メルトダウンは防げたのか？／消防注水冷却の死角／抜け道が教える教訓

第6章　緊急時の減圧装置が働かなかったのはなぜか？――199
3日間持ちこたえた2号機から大量の放射性物質放出／東電技術者たちの証言／知られざる5号機の〝教訓〟／2号機　危機の真相／浮かび上がるSR弁の弱点／明らかになる現場のオペレーション／懸命な努力

第7章　「最後の砦」格納容器が壊れたのはなぜか？――239
汚染水漏えい映像が投げかける事故の深層／プラントメーカー設計者との会合／詳細なシミュレーションのために集まった専門家たち／見つかった3号機の損傷箇所／3号機の損傷箇所が意味するもの／未知の解明へ

【特別編】東京電力原発トップが語る福島第一原発事故の「真実」――265
世界最大の民間電力会社の原子力トップ・武藤栄／津波対策の刑事責任を問われる／初めて明かされる武藤栄の3月11日／泥にまみれたズボンと1号機進展予測／吉田と武藤　あの日に交えた会話／福島第一の当直長と武藤／電源復旧と使用済燃料プール

おわりに――312

第１章
１号機の冷却機能喪失は、なぜ見逃されたのか？

福島第二原発に押し寄せる津波　写真：東京電力

吉田調書の波紋

東京電力・福島第一原発の事故から3年半が経った2014年9月11日。事故対応の指揮をとった吉田昌郎元所長が政府の事故調査・検証委員会の聴き取りに答えた記録、いわゆる吉田調書が公開された。

吉田調書を巡っては、この4ヵ月前の5月、朝日新聞が、全文を入手したと報じ、大きな話題を集めていた。1面トップで、2号機が危機に陥った時に9割の所員が吉田所長の命令に違反して福島第二原発に撤退していたと伝えたのだ。調書の中で、吉田所長が「本当は私、2F（福島第二原発）に行けと言っていないんですよ」と証言していたのがその根拠だった。ところが、その後、新聞、通信各社も吉田調書を入手。朝日新聞が引用した証言の直後に吉田所長が「よく考えれば2Fに行った方がはるかに正しいと思った」と語っていることを明らかにし、記事は誤りだと指摘。議論を呼んでいた。

吉田調書が公開された日の夜、朝日新聞は木村伊量社長らが緊急会見し、命令違反で撤退したとする記事を取り消すと発表。世紀のスクープとして放った特ダネは、4ヵ月後、一転して痛恨の誤報となってしまったのだ。

吉田調書公開の1ヵ月近く前、私たちNHK取材班も独自のルートで、その全文を入手していた。

「人間は核を制御できるのか」、その根源的な問いに迫るため、取材班は3年以上にわたって、事故対応にあたった運転員や幹部など500人以上にのぼる関係者から直接話を聞き、事故の検証取材にあたってきた。

「事故はなぜ拡大したのか」「本当に防ぐことはできなかったのか」。吉田調書は、その謎を解くための新たな重要資料だった。調書はおよそ400枚。28時間におよぶ聴取に対して、吉田は、事故に関わった政治家や専門家を、時に「あのおっさん」と呼び、開けっぴろげで歯に衣を着せない口調で、事故にどう対応し、何を考えていたのかを語っていた。

取材班は朝日新聞の報道で議論になっていた撤退問題の真相を解明するとともに、事故の初動、特に最初にメルトダウンした1号機に吉田がどう対応し、何を考えていたのかを読み解く作業にとりかかった。福島第一原発の事故は、メルトダウンした1号機が水素爆発を起こすことで、収束作業が後退し、その後3号機の水素爆発、2号機の放射性物質の大量放出へと連鎖的に悪化していく。逆に言えば、1号機のメルトダウンをなんとか防げば、その後の展開は大きく変わったと言える。1号機の対応こそ事故の進展を決める重要なポイントだった。その鍵を握っていたのが1号機の非常用の冷却装置、IC（非常用復水器）への対応だった。ICは、電源が無くても蒸気で動いて原子炉を冷やす非常用の装置である。吉田以下免震棟の幹部は、津波で電源が失われた1号機は冷却装置が動かなくなったが、ICだけは、機能が維持されていると考えて、事故対応にあたっていた。ところが、後の政府事故調や東京電力の調査で、1号機のICは、津波の直後から動いていなかったことが判明する。実は、ICの弁は、電源が失われると自動的に閉じる構造になっていたのだ。これは、電源が失われるなど何らかの異常があった時、原発内部から放射性物質が外部に漏れ出ないよう配管の弁を自動的に閉じるフェールクローズと呼ばれる安全設計に基づくものだった。安全設計による停止なら、なぜ、当初からICは止まっている可能性があると、吉田をはじめとする原発のプロ集団が思い至らなかったのだろうか。そもそもこの安全設計の仕組みは、どれほど知られていたのか。取材班にとっては、長い間謎の一つだった。

入手した吉田調書には、取材班と全く同じ問題意識で、吉田に対して「東電の原子力に携わる人は、この安全設計の仕組みをどのくらい知っていたのか」と問う場面が記されていた。

これに対して、吉田はこう答えている。

「基本的に、ICに関して言うと、1、2号の当直員（運転員）以外はほとんどわからないと思います。（中略）ICというのはものすごく特殊なシステムで、はっきり言って、私もよくわかりません」。そして本店からも全くアドバイスはなかったと明言している。

ICについて、吉田をはじめとする免震棟や本店の幹部たちは、決して十分な知識を持っていたとは言い難い状態だったのである。

吉田が、ICの機能停止に気がつくのは、1号機の格納容器圧力の異常上昇が判明する11日午後11時50分のことだった。津波による電源喪失から8時間あまり、吉田たちは、ICは動いていると思い込み、対応を続けていく。このことが、その後の事故対応を困難にさせていったことは否めない。

ICが動いていないことに早期に気がつくことはできなかったのか。実は、取材班の3年間にわたる検証取材と吉田調書の読み解きから、この8時間に、ICが動いていないことに気がつくチャンスが、少なくとも4回あったことが浮かび上がってきた。なぜ、チャンスは見過ごされたのか。1章では、この謎を解き明かし、その深層に何があるのかを探っていく。

その時、中央制御室

2011年3月11日午後2時46分。すさまじい震動が福島第一原発を襲った。

「ゴー」という不気味な大音響があたり一帯に響き渡り、大地は激しく波打った。原発の

東日本大震災発生直後の1、2号機の中央制御室　写真：NHKスペシャル『メルトダウンⅢ　原子炉〝冷却〟の死角』の再現ドラマより

運転操作を行う中央制御室も強烈な上下動に襲われた。この日、1、2号機の中央制御室では、52歳の当直長をトップに、総勢14人の運転員が操作にあたっていた。まるで暴風雨の海に浮かぶ小舟に乗っているかのように、上下左右に揺れ動く室内で、何人もの運転員が立てなくなり、床にしゃがみこんだ。何人かは、操作盤に取り付けられたレバーを握りしめてかろうじて身体を支えていた。レバーは、4年前に新潟県中越沖地震に襲われた柏崎刈羽原発の教訓をもとに設置されたものだった。運転員の一人は、次のように述懐している。

「今まで経験したことのない長い揺れでした。揺れがあまりに長くてレバーを握っていても立てなくなり、座り込んでしまいました。これまでと全く規模の違う地震でした」

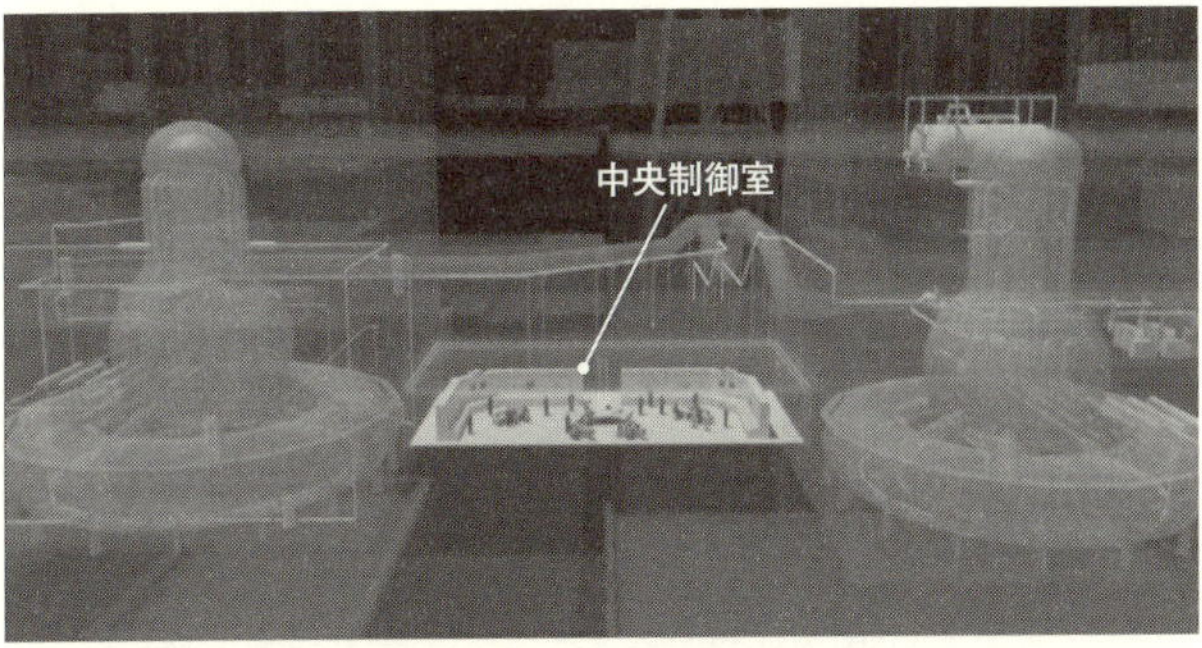

1、2号機中央制御室の位置：福島第一原発では隣り合う原子炉を1つの中央制御室でコントロールしている。中央制御室は隣接する原子炉の中間にある。原子炉と中央制御室の距離はわずかに50メートル
CG：NHKスペシャル『メルトダウンⅢ　原子炉〝冷却〟の死角』

揺れが続く中央制御室に、当直長の大きな声が響いた。「スクラムを確認しろ！」

スクラムとは、原子炉の核分裂反応を止めるため制御棒と呼ばれる装置を原子炉に挿入することである。大きな地震を感知した原発は、自動的にスクラムをする設定になっている。

揺れがようやくおさまった。室内には、土埃を感知した火災報知器や計器の異常を示す警報がけたたましく鳴り響いていた。正面にある原子炉の様子を示す蜂の巣状のデザインのパネルが、全て赤く点灯していた。赤は制御棒が原子炉の中に入っていることを示す色だった。スクラムが成功し、原子炉は止まったのだ。安堵の空気が流れた。しかし、それもつかの間だった。運転員の一人が叫んだ。「外部電源が喪失しています！」

外部の電源が失われたのだ。誰もが初めての経験だった。再び緊張が走る。

「非常用ＤＧ確認して！」すかさず当直長の指示が飛んだ。

ＤＧとは非常用のディーゼル発電機を意味する。まもなく運転員が声をあげた。「非常用ＤＧ起動！　Ａ・Ｂとも起動中」Ａ系、Ｂ系と2系統ある非常用のディーゼル発電機が動き始めた。室内に重低音の震動が伝わってきた。いったん失いかけた電気を原発内で作り出すことに成功したのだ。

運転員の一人は、こう振り返っている。

「この時、まだ警報はいっぱい鳴っていました。しかし、スクラムに成功して、電気を確保できれば、後はマニュアルに従って、設備の状態を点検していけばいいのです。それほど難しい操作とは思っていませんでした」

当直長以下、運転員が次に目指すべきは、原子炉の冷温停止だった。スクラムに成功して核分裂反応が止まっても原子炉の温度は、およそ３００度の高温状態にある。温度を徐々に下げて１００度以下にするのが冷温停止である。炉内の水の沸騰を収め、原子炉の状態を安定に保つためだ。そのために必要だったのが、ＩＣ・非常用復水器と呼ばれる非常用の冷却装置だった。ＩＣは、原子炉から出た蒸気を原子炉建屋4階にある冷却水タンクに導き、タンクの中の細い配管を通すことで蒸気を冷やして水に戻す仕組みになっている。その水が原子炉に注がれると、原子炉は徐々に冷やされていく。地震から6分たった午後2時52分。1号機のＩＣが自動起動した。

原子炉の温度は、ゆっくりと下がり始めた。張り詰めていた中央制御室の空気が緩んだ。

スクラムによる原子炉停止から、およそ40分後。３００度だった原子炉の温度は、１８０度程度まで下がっていた。原子炉は順調に冷却されていた。当直長は、このまま冷温停止に持って行けると感じていた。

全電源喪失！　暗闇の中央制御室

地震発生から51分後の午後3時37分。福島第一原発1、2号機の中央制御室に異変が起きた。

モスグリーンのパネルに、赤や緑のランプが点灯する計器盤が瞬き始め、1ヵ所、また1ヵ所と消え始めたのだ。天井パネルの照明も消えていった。

当直副長の「どうした!?」という問いかけに、運転員は「わかりません。電源系に不具合なのか」と答えるのがやっとだった。

向かって右側に位置する1号機の計器盤がパタパタと消えていった。天井の照明も時間を置いてひとつ、またひとつと消えていった。左側に位置する2号機の計器盤や照明はしばらくは点灯したままだった。しかし、4分後の午後3時41分。2号機側も真っ暗になった。

それまで鳴っていた計器類の警報も全て消えて、中央制御室は、静まり返った。1号機側の非常灯だけが、ぼんやりとした黄色い照明を灯している以外は、暗闇に包まれた。実に4分の間に、中央制御室は、1号機側から2号機側へと、ゆっくりと電気が消えていったのである。

運転員の一人は、こう語る。

「何が起きたのかまったくわかりませんでした。目の前で起こっていることが本当に現実なのかと思いました」

別の運転員は、電気が消えていくのに時間差があったことを覚えていた。

「自分は、1号機の電源はだめだが、2号機は生きていて大丈夫だ。だから2号機の非常用発電機の電源をもらおうかと、頭の中で考えていました。ところが、その後、2号機側も消えたのです。最終的になぜか1号機は非常灯が点灯していたが、2号機のほうは真っ暗でした」

暗闇に包まれた中央制御室に、当直長の「ＳＢＯ！」と叫ぶ声が響いた。ホットラインを通じて、免震棟の発電班に「ＳＢＯ。ＤＧトリップ。非常用発電機が落ちました」と伝えた。ＳＢＯ＝Station Black Out、ステーション・ブラック・アウト。福島第一原発が15メートルの津波に襲われ、全ての交流電源が失われた瞬間だった。

冷却措置を巡る判断ミス

電源喪失から10分経った午後3時50分。暗闇に包まれた中央制御室では、運転員たちが、灯りになるものを必死で探していた。ＬＥＤライトの懐中電灯や携帯用バッテリーつきの照明機器。30個は見つかっただろうか。かき集められた灯りを頼りに、当直長らは、真っ先にシビアアクシデントと呼ばれる過酷事故の対応が書かれてあるマニュアルのページを手繰った。

しかし、どこをめくっても全ての電源を失った緊急事態の対応は記されていなかった。東京電力の緊急対応のマニュアルは、中央制御室の計器盤を見ることができ、制御盤で原発の操作が可能なことを前提に記載されていた。すでに事態は、マニュアルや、これまで積み重ねてきた訓練をはるかにこえた未知の領域に入っていたのだ。

重要な計器盤もまったく見えなくなった。原子炉の水位や温度といった原発の状態を把握するための数値や原発を動かすさまざまな装置の作動状況を知るための数値がすべて消

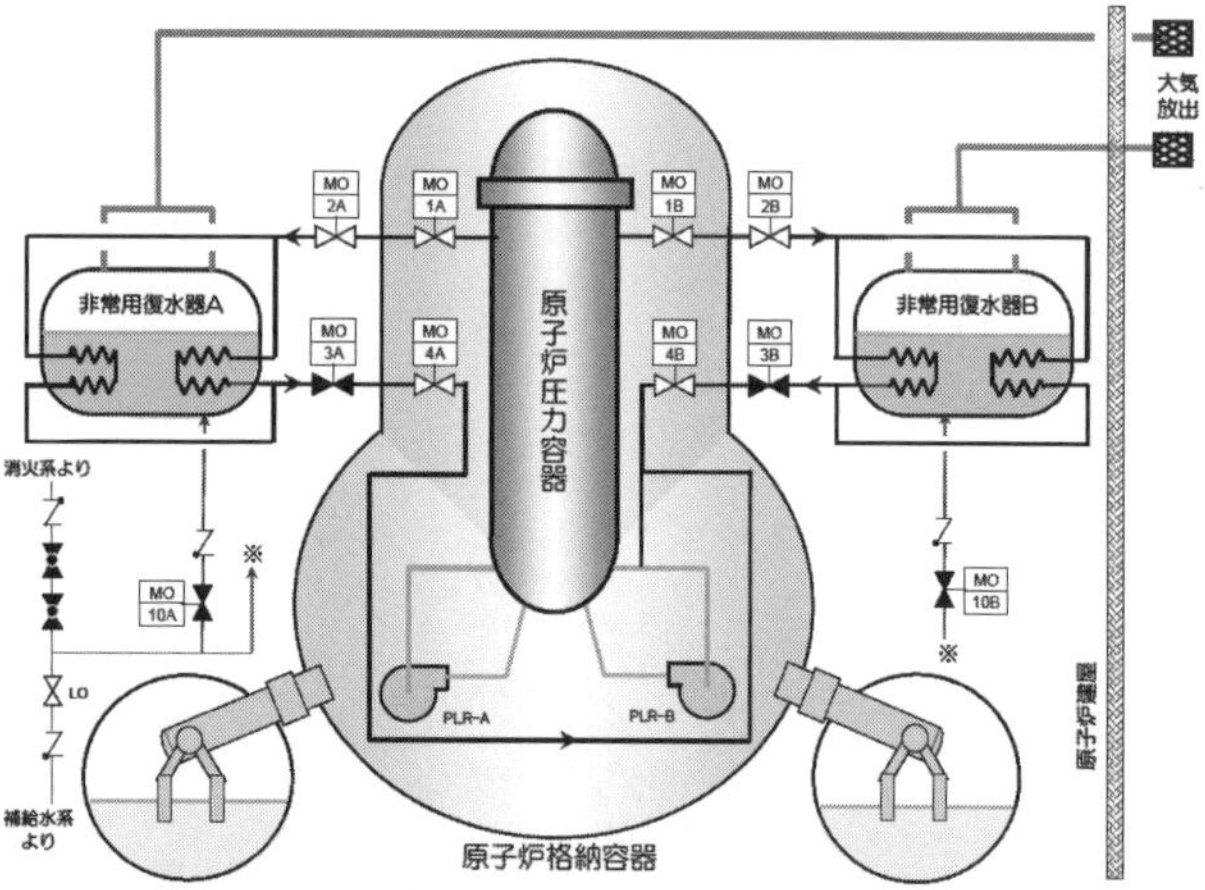

原子炉を冷却するIC（非常用復水器、運転員は「イソコン」と呼ぶ）の構造。MOは電動弁を表す（東京電力報告書より）

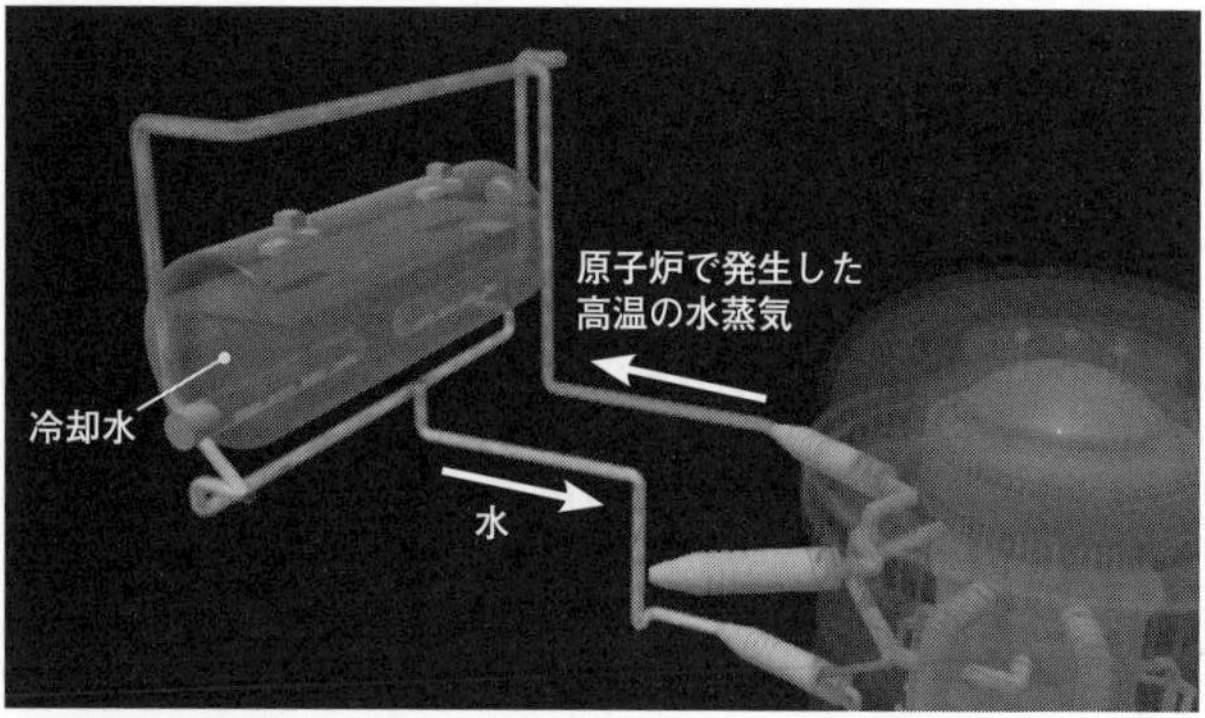

IC（非常用復水器）の仕組み：原子炉で発生した高温の水蒸気が流れる配管が、ICの胴部にある冷却水で冷やされることで水に戻り、原子炉の冷却に用いられる。ICは電源がなくとも原子炉を冷やすことができる
CG：NHKスペシャル『メルトダウンⅢ　原子炉〝冷却〟の死角』

えたままだ。目隠しをして車を運転しろと言われたようなものだった。

運転員の一人は、取材に「今回の事故で最も衝撃を受けた瞬間は、非常用発電機が使えなくなったときだ」と打ち明けている。「これで何もできなくなった。やれることは、もうほとんどないという思いを持った」と語っている。

非常用の冷却装置の動きも一切わからなくなった。

1号機の非常用の冷却装置のＩＣは、蒸気の力で動く。いったん起動すれば、電気がなくても、原子炉建屋4階にある冷却水タンクを通って冷やされた水が原子炉に注がれ、原子炉を冷やし続けるはずだった。しかし、ＩＣを起動したかどうかを示す計器盤のランプが消えてしまい、作動状況がまったくわからなくなってしまった。

ＩＣの操作盤のレバーは、操作した後、手を離すと、必ず中央の位置に戻るようになっている。弁が開いている場合は、赤いランプが点灯し、閉じている場合は、緑のランプが点灯する。レバーは、何度も操作するので、弁が閉じているか開いているかは、点灯しているランプの色で判断している。そのランプが消えてしまった今、弁が開いているのか、閉じているのかがわからなくなってしまったのだ。

ＩＣの作動状況がわからない。このことに中央制御室は、この後大きく翻弄されていく。

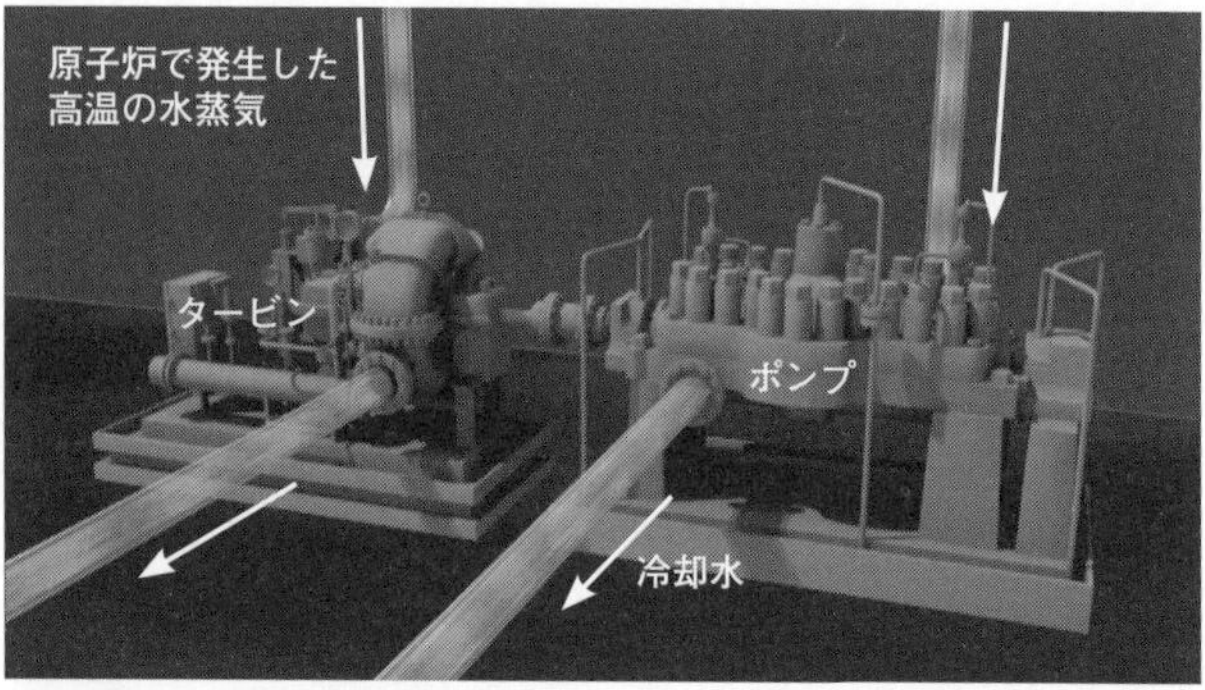

RCICの仕組み：原子炉隔離時冷却系と呼ばれるRCICは、原子炉で発生した蒸気でタービン（左）を回して、ポンプ（右）を動かし、冷却水を原子炉に戻す。起動時には電源が必要だが、いったん起動すれば電源がなくても動く。ただし、電源を使って蒸気の量をコントロールするので、電源喪失時に正常に駆動する保証はない
CG：NHKスペシャル『メルトダウンⅢ　原子炉〝冷却〟の死角』

錯綜する免震棟

中央制御室から北西350メートルにある免震棟にも衝撃が広がっていた。全電源喪失の一報を受けたのは、中央制御室からのホットラインの電話を受ける発電班の副班長だった。1号機の当直長を経験したこともある50代のベテラン幹部で、1号機の運転操作を熟知していた。副班長は、この時、反射的に「もう、いつもの事故対応のマニュアルは使えない」と思ったという。「どうすればいいのか」。途方に暮れる思いだった。全電源喪失の一報は、免震棟中央の円卓に座る発電班長を通して、円卓中央に陣取る所長の吉田にも伝えられた。吉田調書の

中で、この時の思いを吉田は「これはもう大変なことになった」と吐露している。そのうえで「アイソレーションコンデンサー（ＩＣ）とか、ＲＣＩＣがあれば、とりあえず数時間の時間幅は冷却ができるけれども、次はどうするんだということが頭の中でぐるぐる回っていた」と答えている。ＲＣＩＣとは、2号機から6号機にある非常用の冷却装置である。原子炉隔離時冷却系と呼ばれ、原子炉から発生する蒸気を利用して、原子炉建屋地下にあるタービン駆動ポンプを動かして、タービン建屋にあるタンクの水を原子炉に注水するシステムである。起動さえすれば、電源がなくても蒸気の力で動き続けることが可能だった。

吉田は、全電源喪失になっても、ＩＣやＲＣＩＣによって、しばらくは原子炉を冷却できると思っていたのである。

免震棟に、3号機は、バッテリーが生きていて、計器は見えているという連絡が届いた。ＲＣＩＣも動いていることが確認された。3号機は、地下1階と1階の間にある中地下室にバッテリーが設置されていたため、津波の被害を免れたのだった。これに対して、2号機は、計器がまったく見えないという報告だった。電源が失われる直前にＲＣＩＣを手動で起動させたという連絡は受けていた。

しかし、現在、原子炉の水位も見えないことから、ＲＣＩＣの起動に成功したのかどうか、不明だった。2号機のＲＣＩＣは動いているかどうか、わからない状態だった。

残る1号機。この時点で、吉田ら免震棟の幹部は、1号機のＩＣは動いていると考えていた。津波が来る前に、自動的に起動したという報告を受けていることが理由だった。中央制御室とホットラインでやりとりしていた発電班の副班長もＩＣは動いているだろうと思っていた。

副班長は「ＩＣは、静的機器ともいわれ、バッテリーで回転するモーターなども必要なく、非常時には有効な冷却装置だと思っていた。私も含めてみんなＩＣが動いてくれればいいなという状態だった」と話している。

ＩＣは、動いている。免震棟のこの思い込みが、その後の事故対応に大きな影響を与えていくことになる。

失われた最初のチャンス

全電源喪失から1時間が経った午後4時41分。暗闇に包まれた1、2号機の中央制御室に大きな変化が起きた。

運転員の一人が声をあげる。

「水位計が見えました」

消えていた1号機の原子炉水位計が見えるようになったのだ。津波の海水をかぶったバッテリーの一部が一時的に復活したようだった。

原子炉水位は、燃料の先端から2メートル50センチ上の位置にあることを示していた。津波が来る前、水位は、燃料の先端から4メートル40センチの位置にあった。1時間に1メートル90センチも低くなったことになる。水位は、その後も刻一刻と下がっていた。

運転員は、水位計の脇の盤面に、手書きで時間と水位を記録していった。そして、ホットラインを通じて免震棟へと報告した。

午後4時56分、水位は燃料先端から1メートル90センチの位置まで下がった。そして、午後5時すぎ、水位計は再び見えなくなってしまった。水位計が見えていたおよそ15分間に、水位は60センチも下がったことになる。これは、ICが動いていない可能性があることを示す重要な情報だった。

免震棟では、発電班の副班長が刻々と下がる原子炉水位の報告を受けていた。この情報は、すぐに技術班に伝えられ、このまま原子炉水位が低下するといつ燃料の先端に到達するか計算された。その予測は、このまま水位が低下すると、1時間後の午後6時15分には、燃料の先端に到達するというものだった。

午後5時15分、免震棟と本店を結ぶテレビ会議で、マイクをとった技術班の担当者の声が響いた。

「1号機水位低下、現在のまま低下していくとTAF（燃料先端）まで1時間！」

1号機の原子炉水位が燃料の先端まで到達するのに、あと1時間の猶予しかない。衝撃的な予測だった。ICが動いているかどうかを見極めなければならない重要な警告だった。

吉田調書では、政府事故調の調査官がこの時の経緯を取り上げ、「TAFまで1時間」という発言をどう受け止めたのか吉田に尋ねている。

これに対して、吉田の答えは、意外にも「聞いていない」だった。それどころか、こう証言している。「今の水位の話も、誰がそんな計算したのか知らないけれども、本部の中で発話していないと思いますよ」

調査官が、当時の情報班のメモを示しながら説明した段階で、ようやく吉田は「発話しているんでしょうね」という認識を示すが、「今、おっしゃった情報班の話は、私のそのときの記憶から欠落している。何で欠落しているのか、本店といろいろやっていた際に発話されているのか。逆に言うと、こんなことは班長がもっと強く言うべきですね」と述べている。

ICの機能停止に気がつく最初のチャンスであった重要な警告は、なぜ吉田の記憶から欠落したのか。

取材班が入手した情報班のメモに、その手がかりが記されていた。メモには「TAFまで1時間!」という発言の後に、間断なく様々な担当者がマイクで発言する様子が記されていた。

「事務本館入室禁止!」

「海側バス乗り場まで、海水が来ているため、応援にいけない」

「4号機裏、軽油タンク火災の疑い。煙が5メートルほど昇っている」

「東京から高圧電源車が来るが、何時間ぐらいかかるか確認してください」

巨大地震と巨大津波の被害が、原発の至る所で勃発していた。免震棟には、対応すべきことが次から次に押し寄せていたのだ。免震棟には、1号機から6号機まで、確認すべきことや問い合わせのコールが交錯していた。

取材に対し、中央制御室との連絡役を務めていた発電班の副班長は、こう答えている。

「重要な情報が集まってくる。それを現場の指揮者の所長にしっかり把握してもらわなければならないということで、マイクの空きを各班が待つような状態だった。あれだけ大きなことが一度に起きると、みんなで共有することが非常に厳しかった」

さらに免震棟が行わなければならないことは、原子炉の対応だけではなかった。地震発生から、構内にいる社員と協力企業のすべての作業員の安否確認にも手間がかかっていた。この日は6350人もの人が働いていた。吉田らは、協力企業から入ってくる安否の情報を気にしながら、原子炉の初動対応にもあたっていた。メモには、「発電所から帰ろうとしている車、時速10キロで流れている」という発言もあった。

原子炉の冷却作業に携わる可能性のない社員や作業員、5000人あまりはバスやマイカーで原発を後にした。構内は、2キロにわたって車が数珠つなぎになっていたのである。

1号機の水位低下の情報は、洪水のように押し寄せる他の報告の中に埋もれてしまった。入り乱れる情報の中で、活かされることなく、共有されることなく、免震棟の幹部の頭の中からいつの間にか消え去ってしまった。ICが動いていないことに気がつく最初のチャンスは、こうして失われてしまったのだ。

ブタの鼻からの蒸気

午後4時44分、ICが動いていないことに気がつく次のチャンスが訪れた。1、2号機の中央制御室の当直長に、ホットラインを通じて免震棟から報告が届いた。

「ブタの鼻から蒸気が出ている?　了解!」

1号機原子炉建屋の西側の壁、高さ20メートルのところにあるIC排気管。通称「ブタの鼻」と呼ばれる。福島第一原発のICはおよそ40年間一度も稼働したことがなく、事故当時の福島第一原発には排気管からの蒸気を見たことがある運転員は一人もいなかった
写真：東京電力

当直長が、そう復唱した。ブタの鼻とは、1号機の原子炉建屋の西側の壁、高さ20メートルのところにある2つの排気管のことだった。ICが動くと、ICから発生した蒸気を外に排出する役割をもっていた。

実は、当直長は、電源が失われ、ICが動いているかどうかわからなくなった後、免震棟に、ブタの鼻から蒸気が出ているか確認してほしいと依頼していた。運転員の先輩から、ICが作動すると、ブタの鼻から白い蒸気が勢いよく出るという話を伝え聞いていたからである。1号機の西側の壁は、中央制御室のある建屋からは見えにくい位置にあったが、1号機の北西にある免震棟からは、よく見える位置にあった。

依頼を受けて、免震棟にいた発電班の社員が、免震棟の駐車場に出て、1号機の原子炉建屋のブタの鼻から蒸気が出ているのを確認した。ブタの鼻から蒸気が出ているということは、ICが動いていることを意味した。免震棟は、ICが動いていると受け止めた。

しかし、ブタの鼻を見に行った発電班の社員の報告は、「蒸気がもやもやと出ている」というものだった。もやもやという蒸気の状態が、何を意味するのか。この時、福島第一原発の所員たちは、正確に判断できたのだろうか。

その疑問の鍵を解く記述が吉田調書の中に記されている。

実は、吉田は、1971年に福島第一原発1号機が稼働してからICが実際に動いたのは、今回が初めてだと証言している。そのうえで、ICが動いた時にどういう挙動を示すかということに、「十分な知見がない」と打ち明けている。この時、福島第一原発にいる誰一人として、実際にICが動いたところを見た者はいなかったのである。1号機は運転開始直後を除いて40年間、ICのような非常用の冷却装置を使う事故は起きていなかった。さらに、ICを試験的に動かすことも、運転開始前の試運転の期間に行われた程度で、その後、行われていなかった。ICは40年間一度も動いていなかったのである。

ICが動くと、実際は、どのような蒸気が噴き出すのか。アメリカには、福島第一原発と同じころに作られ、ICを備えた原発が今も稼働している。アメリカ東海岸にあるニュ

ICから勢いよ噴き出る蒸気。原子炉の沸騰した蒸気が冷却水の入ったタンクに入ると急速に冷やされることで大量の蒸気を発生させるとともに水に戻り、再び原子炉冷却に使われる
CG：NHKスペシャル『メルトダウンⅠ　～福島第一原発 あのとき何が～』

福島第一原発と同じころに建設された、アメリカ・ニューヨーク州にあるナイン・マイル・ポイント原発では、定期的にICの起動試験が行われる。ICが起動して原子炉を冷却すると、轟音を伴って建屋を覆い尽くすような大量の蒸気を噴き出す。発電班の社員が目撃したもやもやとした蒸気が出るのは、ICが停止して2～3時間以内という
写真：NHKスペシャル『メルトダウンⅢ　原子炉〝冷却〟の死角』

ーヨーク州のナイン・マイル・ポイント原子力発電所もその一つだ。この原発では、福島第一原発とは異なり、定期的にICの起動試験を行っていた。ICが正常に作動するかどうかを確認するためだった。ナイン・マイル・ポイント原発の幹部グレッグ・ピットは、運転員なら誰でも、ICが動いた時の蒸気の状態を知っていると説明した。ピットは、「大量の水蒸気が出て、うるさいどころか轟音がする。心の準備ができていないと、びっくりするほどだ」と証言した。

2010年の起動試験の時に撮影された写真には、もやもやどころか、原子炉建屋全体を覆い尽くすほどの大量の蒸気が出ている様子が写っていた。では、もやもやとした蒸気は、何を意味するのか。

取材に対し、ピットは「もやもやとした蒸気は、ICが停止してから2～3時間の間に出る蒸気の状態だ」と明言した。もやもやとした蒸気とは、ICが止まっていることを意味していたのだ。1号機の当直長の経験もあり、福島第一原発を古くから知る発電班の副班長は、こう振り返っている。

「過去、私も、ICが実際に動いている状態を見た経験はありませんから、多少なりとも蒸気が出ていたので、もしかすると動いているかもしれないと考えてしまった。止まっているという確信を誰もあげていなかったし、所長クラスに、しっかり判断できる材料を誰も進んで言えなかったということだと思います」

ブタの鼻から出ていたもやもやとした蒸気こそ、ＩＣが止まっていることに気がつく大きなチャンスだった。しかしチャンスはまたも失われてしまったのだ。

点灯した緑のランプ

すべての電源を失ってから、１時間半あまりが経った午後５時19分。１、２号機の中央制御室では、当直長が、ＩＣが動いているかどうかを確認するため、２人の運転員を現場に向かわせた。ブタの鼻から蒸気が出ているという報告を受けても、中央制御室はＩＣが動いているかどうか確信を持てていなかったからだ。

水位計の値が刻々と下がって、再び見えなくなってしまったことも大きかった。この後、中央制御室は、運転員を派遣し、ＩＣが動いているかどうかを確かめる作業を何度も試みていく。

ＩＣは、原子炉建屋の４階にＡ系・Ｂ系、２台が並んでいる。

「イソコンの現場確認を実施しろ。機器の損傷ないか、現場で目視確認。現場暗いので十分注意！」

「了解」

当直長の指示に2人の運転員が調査に向かう。ICの作動状況を確かめ、冷却水が入ったタンクの脇についている水位計を調べ、冷却水が十分に確保されているかを確認することにしたのだ。2人の運転員は、水位計の位置などを図面で入念に確かめたうえで、暗闇の廊下を、懐中電灯を頼りに原子炉建屋へと歩いていった。

原子炉建屋の入り口は二重扉になっている。原発に異常があったとき、放射性物質が建屋から漏れ出すのを防ぐためだ。

午後5時50分。その二重扉を開けようとしたところだった。持っていたガイガーカウンターの針が振り切れた。

2人は顔を見合わせた。「なぜ、この場所で?」

二重扉は放射線もかなり防ぐ。通常、扉の外でこうした線量が測定されることはない。しかも、2人は、このときはまだ防護服や防護マスクを装着していなかった。さらに線量計もなく、どの程度の放射線量なのか、正確な数値はわからなかった。2人は、確認作業を諦め、中央制御室に戻るしかなかった。

午後6時18分。中央制御室の制御盤の前に運転員たちが次々と集まってきた。1号機のICの弁の状態を示すランプが、うっすらと点灯しているのに気がついたのだ。

午後4時40分台に続いて津波で海水をかぶったバッテリーの一部が何らかの原因で復活

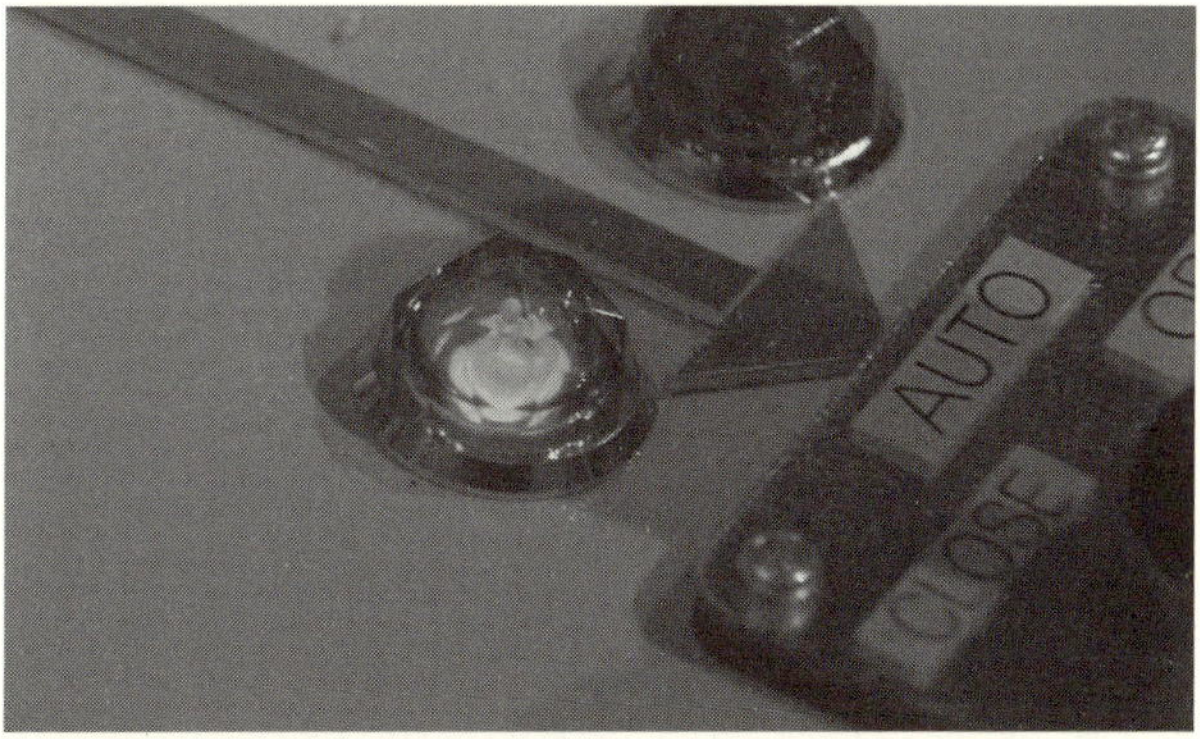

11日夕方、一部の直流電源が復活し、ICの戻り配管隔離弁（MO-3A）、供給配管隔離弁（MO-2A）の表示ランプが点灯していることを中央制御室の運転員が発見した。点灯状況を確認したところ、弁が閉まっていることを意味する緑色表示だった
写真：NHKスペシャル『メルトダウンⅢ　原子炉〝冷却〟の死角』の再現ドラマより

し、一部の計器やランプが再び見えたのだ。

ＩＣのランプは緑に光っていた。緑は、弁が閉じていることを示していた。ＩＣの配管の途中の弁が閉じているということは、蒸気は流れを止めていて、ＩＣは動いていないことを意味した。

この時点で、中央制御室の運転員たちは、初めて、ＩＣが止まっていた可能性があることに気がついたという。当直長や運転員は、バッテリーの電源が失われたとき、ＩＣの弁が自動的に閉まる構造になっていたことに思い至ったのだ。取材に対して運転員の一人は「ＩＣは、バッテリーがなくなると、電気信号が出て止まることは知っていた。そのときの雰囲気は、ICは止まったなという感覚だった」と話している。

吉田が証言していたように、1、2号機の運転員は、ICの仕組みに詳しく、フェールクローズの仕組みを知っていたのである。当直長は、ICを動かそうと、担当の運転員に制御盤のレバーで、弁を開くよう指示を出した。

「イソコン、起動しよう。2A弁、3A弁とも開！」

当直長の指示が担当者によって繰り返され、運転員がレバーを操作する。

「開にしました。イソコン起動確認」

「了解。時間18時18分！」

ランプは緑から赤に変わる。1号機の原子炉を冷却するICが、全電源喪失した午後3時37分から約2時間半経ってようやく起動した。

当直長は、免震棟へのホットラインで、ICの弁を開いたことを報告した。さらに、別の運転員に、外に出て1号機の原子炉建屋の「ブタの鼻」から蒸気が発生するか確認するよう命じた。中央制御室の非常扉から外に出ると、1号機の原子炉建屋越しに排気口は直接見えないが、蒸気が勢いよく出れば、見える位置にあった。

建屋の外に見回りにいった運転員が急いで帰ってくる。その報告は、最初は勢いよく出ていた蒸気が、ほどなく「もくもく」という感じになって見えなくなったというものだった。

当直長は、ＩＣのタンクの冷却水が減り、蒸気の発生が少なくなったと考えた。タンクの中の冷却水がなくなると、空だきとなるため、ＩＣの配管が破損し、高濃度の放射性物質が外にもれる恐れもあるのではないか。中央制御室は重大な決断に迫られる。

「イソコン運転続けますか？」

「いったん３Ａ弁閉にしよう」

午後6時25分。当直長は、ＩＣの弁を閉じるよう指示をした。制御盤のランプは赤から緑に変わった。ＩＣは、わずか7分後、再び停止した。１号機で唯一動かすことができた冷却装置ＩＣは、再び動きを止めた。

後の取材に対して、運転員の一人は、「蒸気が出ていないため、空だきになっているのではないかと疑った。ＩＣが壊れると、原子炉の中の放射性物質が外に直接放出される。そうするともう誰も近寄れない。その時点では原子炉はまだ大丈夫だと思っていたので、間違った判断だとは思わない」と当時を振り返っている。

錯綜した情報で混乱を極めた免震棟　写真：東京電力

中央制御室と免震棟の断絶

このとき、中央制御室と免震棟は、大切な情報共有の機会を逸してしまう。午後6時25分に、再びＩＣの弁を閉じたことが、免震棟の円卓には伝わっていなかったのだ。

吉田は、「こういう操作をしているという情報が円卓の中には入ってきていない」と証言している。

「1、2号中操（著者註、中央制御室のこと）と（中略）円卓の情報伝達が極めて悪かったんですね。（中略）どう動いているかという話が、その時点では、ほとんど入ってこなかったというのが実態なんです。私は、はっきり言って細かいところを聞いていないです」と打ち明けている。そのうえで「猛烈に反省している」と語

福島第一原発１号機の中央制御室。事故当時は照明や操作盤の電光表示も全て消えた状態だった　写真：東京電力

り、「その時点でＩＣは大丈夫なのかということを何回も私が確認すべきだった」と、現場の情報を自ら積極的に取りに行くべきだったと繰り返し述べている。

なぜ、中央制御室と免震棟の間で、ここまで情報共有が上手くいかなかったのか。28時間に及ぶ聴取の最終盤で、吉田は、自問自答の末に至った自らの推論を語っている。

「１Ｆの当直長だとか、発電の連中は、何とか自分でやろうという人が多いんですよ。それが反面、どんなになっているかという情報が伝わってこない。責任感が強過ぎるものだから、自分でやろうとし過ぎてしまっているのかなと、私はその後でずっと調査結果の話を聞きながら考えて、そんなのがあるのかなという気もします」

そのうえで「現場の情報も、結局、非常に限定された形でしか伝わってこないんで、どれぐらい大変なのか（中略）私は本店に対しても、こいつら、ぼけかと思っていたんですが、多分、当直長が、サイトの所長以下、何をやっているんだという気持ちになったと思うんです」と語っている。

福島第一原発の事故には、2つの現場があった。事故対応の指揮をとる免震棟と、事故対応の最前線で実際の操作にあたる中央制御室。中央制御室の運転員たちの大半は、地元福島の工業高校などを卒業し、原発の運転一筋に来た、たたき上げの職人集団である。一方、吉田をはじめとする免震棟の幹部たちの多くは、大学や大学院で原子力工学などを学び、入社後は本店と現場を行き来するキャリア組である。キャリア組の多くは、原発の運転経験がない。

原発の重大事故がひとたび起きたら、対応にあたる現場が2つに分断されてしまう。これは、原発に背負わされた宿命とも言える。双方が綿密に情報を共有しないと、事故進展を止めることはできない。中央制御室と免震棟。2つの現場が互いにどう情報を共有し補い合うのか。再発防止のために答えを出さなければならない重い問いである。

謎の放射線上昇

午後9時台。免震棟が1号機のICの停止に気がつく最後のチャンスがやってくる。

午後9時50分すぎのことだった。原子炉水位の確認のため、運転員が原子炉建屋に入ろうと、二重扉の前に来たところ、線量計が10秒で0・8ミリシーベルトまで上昇し、入室を諦めたのだ。報告を受けて、吉田は、すぐに原子炉建屋の入室を禁止する。この時、吉田は、「何でこんなに線量が上がるのと、（中略）非常に高いというデータを聞いて、おかしいと」と証言している。しかし、同じ頃、免震棟には、疑心暗鬼になりかけた吉田を安心させるかのように、新たな情報が入ってくる。中央制御室から、1号機の原子炉水位計が復活したという報告だった。計測したところ原子炉水位は「TAF＋200ミリ」だったというのだ。水位は、燃料の先端から20センチ上のところにあることを示していた。誰もが、燃料はまだ冷やされていると思った。1号機の水位は、午後9時30分に「TAF＋450ミリ」、午後10時に「TAF＋550ミリ」と報告された。1号機の水位計は、燃料の先端から55センチ上部まで水があることを示していたのである。

吉田は、この報告を聞いて「ほっとしました」と語っている。「水位が確保されているかどうかというのが、一番大きいポイントですから、炉心が溶ける、溶けない、水位がある値を縦よりも上にいってくれているということは、要するに安心材料なんです」と説明している。

「サンプソン（SAMPSON）」と呼ばれる計算プログラムで解析した原子炉水位のシミュレーションでは、すべての電源が失われて１時間あまりが経った午後４時42分の時点で、原子炉水位が燃料頂部に達するTAFになっていたと推定されている。そこから減少はさらに加速、午後８時52分には、水位は燃料の底部に達すると推測されている
CG：NHKスペシャル『メルトダウンⅢ　原子炉〝冷却〟の死角』

しかし、現実は、まったく違っていた。午後9時台。実際の1号機の原子炉の中はどうなっていたのだろうか。その後の検証で、ICが止まり冷却機能を失った原子炉では、専門家たちの予想を超えた猛スピードで水が失われていたことがわかっている。

取材班が専門家と「サンプソン（SAMPSON）」と呼ばれる計算プログラムで解析した原子炉水位のシミュレーションでは、ICが止まってから1時間あまりが経った午後4時42分の時点で、すでに水位は燃料の先端まで減っていたと推定されている。そこから減少はさらに加速、午後8時52分には、燃料の底部に達すると推測されている。

午後9時台には、燃料は水につかっているどころか、すでにむき出しの状態になっていたと見られている。

誰も見ることのできない原子炉内部では、核が放つ膨大なエネルギーによって、急激なスピードで水が蒸発し、1号機は、メルトダウンへと突き進んでいた。原子炉建屋の線量上昇は、そのために起きていたのだ。

水位計の罠

取材班が専門家と行った解析では、午後9時台には、燃料がむき出しになるほど、原子炉の中の水は減っていた。

それなのに、なぜ水位計は誤った数値を示したのか。理由は水位計の構造にある。原発の水位計は、直接水位を測るのではなく、原子炉と直接つながっている金属製の容器を使って水位を計測する。容器の中には原子炉の水位を測るのに必要な一定量の水が常に入っている。この水が水位計の「基準」となる。実は、1号機では原子炉が空だきになった結果、容器が高温になり、「基準」となる水が蒸発してしまったのだ。このため、水位が正しく測れなくなっていたのである。さらに「基準」の水が減ると、原子炉の水は変化して

原子炉水位計の構造
原発の水位計は、直接水位を測るのではなく、原子炉とつながっている金属製の容器（基準面器）を使って水位を計測する。容器の中には原子炉の水位を測るのに必要な一定量の水が常に入っている
図：東京電力報告書

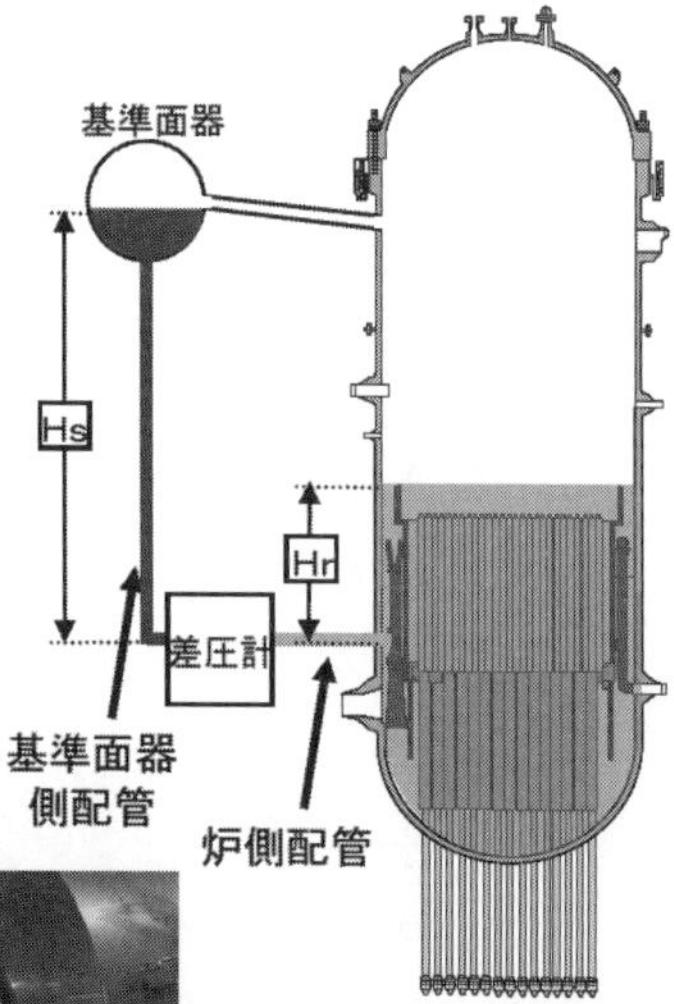

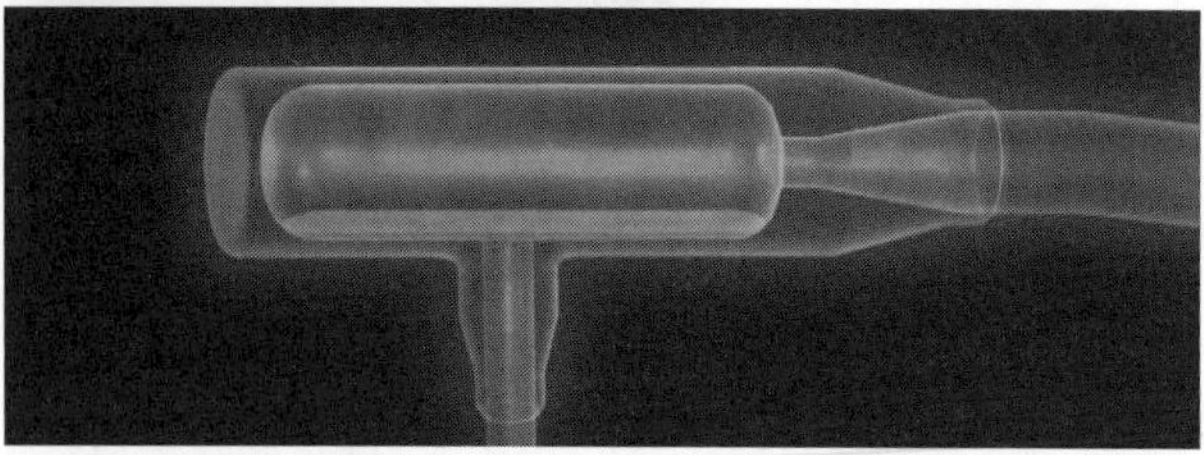

柏崎刈羽原子力発電所にある水位計（写真上）。福島第一原発でもこれと同じタイプの水位計があった。1号機では原子炉が過熱した結果、容器（基準面器）内の基準となる水が蒸発して、正しい水位が計測できなくなった（CG）
写真・CG：NHKスペシャル『メルトダウンⅠ　～福島第一原発 あのとき何が～』

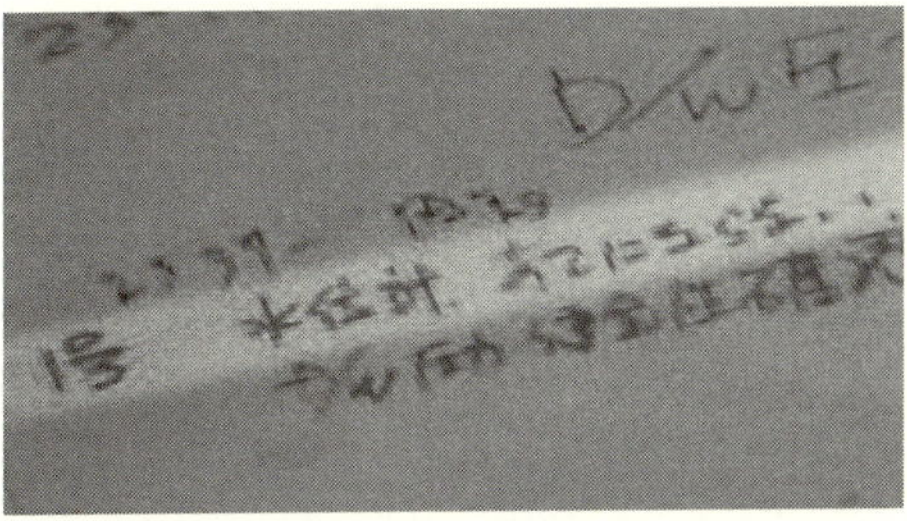

不自然な水位の変化に運転員も「水位計、あてにならない」というコメントをホワイトボードに残している
写真：東京電力

いないにもかかわらず、水位を示す表示は上昇していく。

1号機の原子炉水位計は誤っていた。しかし、吉田以下、免震棟の幹部は、この時点で、そのことに気がついていなかった。ＩＣが動き続けていると考えていたからだ。ＩＣが作動していれば、水位は一定程度維持される。水がなくなって原子炉が高温になって、水位計の「基準面器」内の水が蒸発している可能性に、とても考えがいたらなかったのである。

一方、中央制御室の運転員たちは、午後6時台の緑のランプの点灯や一連の操作を踏まえて、水位計の値を疑い始めていた。ＩＣは機能していないと認識していたため、水を入れていない原子炉の水位計が上昇し続けたことを疑問視し始めたのである。

このころ、運転員がホワイトボードに書き記した記録には、「水位計、あてにならない」という文字が残っている。しかし、このほかに、原子炉の状態を示す客観的なデータはなかった。水位計の値を頼りにするほかなかったのである。

「今にして思うと……」吉田は、自嘲気味にこう語っている。「この水位計をある程度信用していたのが間違いで」「そこを信用し過ぎていたというところについては、大反省です」。こうして最後のチャンスも失われてしまったのだ。

格納容器圧力異常上昇

全電源喪失から8時間あまりたった午後11時50分。

バッテリーによる計器の復旧が進み、これまで確認できなかった1号機の格納容器の圧力が見えた時だった。数値を見た運転員が、驚いて声をあげた。

「ドライウェル圧力確認。600キロパスカル！」

600キロパスカル。6気圧。通常の格納容器圧力の6倍もの値だった。設計段階で想定している最高圧力の5・28気圧を上回る異常上昇だった。1号機の異常はすぐに免震棟に伝えられた。この時になって初めて、吉田は、ICが作動していないことに気がついた。格納容器圧力の異常上昇。それは高温高圧になった原子炉から大量の放射性物質を含んだ水蒸気が格納容器に抜け出ていることを意味する。すると原子炉は冷却されていない。すなわちICは動いていない。原子炉の中で核が放つ膨大なエネルギーが引き起こしている現実に、ようやく人間の考えが追いついた瞬間だった。この時のことを、吉田は、

「サンプソン（SAMPSON）」を用いたシミュレーションによれば、３月12日午前１時６分にはウランペレットの溶融が始まった。一方、免震棟が懸念していた２号機はこの時点では冷却ができていた
CG：NHKスペシャル『メルトダウンⅠ　～福島第一原発 あのとき何が～』

「設計気圧超えているじゃないかと、どうするんだと、ベントしかないだろうというのが、だから、指示としては、ここからなんです」と証言し、この段階に至って、初めて格納容器の圧力を外部に放出するベントを指示したことを明らかにしている。

取材班が専門家と行った原子炉のシミュレーションでは、午後11時46分には、燃料棒を覆うジルコニウムという金属が溶け始め、メルトダウンが始まり、翌12日午前１時６分には、燃料そのものも溶け始めたと推定されている。格納容器圧力の異常上昇が判明した時には、１号機の原子炉は、急激なスピードでメルトダウンに突き進んでいるところだった。

吉田らがベントの準備に着手したのは12

日午前0時前後。ＩＣが停止してからすでに8時間が経過していた。初動の遅れは致命的だった。

終わりなき検証

事故から1年8ヵ月が経った２０１２年11月。東京電力内部の「原子力改革タスクフォース」が、１号機の事故対応についての技術面からの検証を行っていた。議論は、事故の初期段階で、１号機の原子炉を冷却するＩＣについて、なぜ最優先で対応がとれなかったかに収斂《しゅうれん》していった。メンバーが口々に語ったのは、ＩＣが動いていないことに気づく機会を逸していた問題だった。とりわけ焦点になったのは、１号機の「ブタの鼻」からもやもやとした蒸気が出ているという情報の取り扱いだった。メンバーの一人は、発電班の社員が、もやもやとした蒸気を見たが、ＩＣが動いているかどうか、明確な情報伝達になっていなかったと指摘している。

このとき、福島第一原発では、ＩＣが動いて「ブタの鼻」から蒸気が噴出しているところを実際に見た経験のある者は誰もいなかった。当然、見にいった社員も、もやもやという蒸気が、どのようなＩＣの状態を意味しているか、詰め切れないまま、報告していたという指摘である。

東京電力では事故報告書作成後も、当時のオペレーションに問題がなかったか、原子力改革タスクフォースで検証作業が行われた。原子力改革タスクフォースでは、東京電力の原子力部門の幹部が「自分たちには基本的な技術力が不足していた」と総括した
写真：NHKスペシャル『メルトダウンⅢ　原子炉〝冷却〟の死角』

メンバーの松本純一は、議論のなかで、もやもやとした蒸気に加えて、最初に気がつくチャンスだった11日午後4時40分台に1号機の水位が見えたことも踏まえて、次のように問題提起をしている。

「もやもやとした蒸気の話とか水位の話が出てくるが、なぜ、免震棟は情報をとりにいかなかったのか。あるいは、水位があることがわかったので、機能しているはずだと思ったのかもしれない。災害心理として、いい方向に考えてしまったかもしれない。ただ、できなかったのは、1号機から3号機が並行して動いていることもある」

議論では、複数のメンバーが、ICが動いていなければ、通常2時間で原子炉水位は燃料の先端部に達し、さらに2時間後には、燃料がむき出しになる可能性があると指摘している。事故当時、免震棟で対応にあたったメンバーの一人が、次のような発言をした。

「あと2時間で1号機の炉心が死んでしまうと認識していたら、すべてをおいて、消防車や消防用のディーゼルポンプなど、ありったけを投入してやっただろう。そうしなかったことが問われている。選択と集中をしなかったことが、厳しい目で見ると言われてしまう」

事故対応にあたっていた当事者の一人の口をついて出たこの言葉は、初動対応における、東京電力の率直な反省の弁と言えるのではないだろうか。

この議論をするなかでメンバーの一人が、驚いたように「もやもやとした蒸気というのは、動いているという意味ではないのか」と口にした。実は、事故から1年8ヵ月が経過した段階でも、東京電力のなかでは、もやもやとした蒸気が、ICが止まっていることを意味するという認識は共有されていなかったのである。

吉田が証言していたようにICの仕組みや挙動に対する知識は、十分でなかったのが実態である。しかし、40年間一度も動かしていなければ、実際に動かした時のICの蒸気の状態を知る人間がいなくなるのが当然ではないだろうか。ICの挙動を知る「技術の伝承」と言うべき機会が欠けていたのではないだろうか。これに対して、アメリカでは、数年に一度、ICを動かす検査が行われていた。

なぜ、福島第一原発では、ＩＣを動かす訓練が行われていなかったのか。取材に対し、タスクフォースでこの問題について議論を重ねていた松本は、次のような見解を示している。

本来、ＩＣから出る蒸気に放射性物質は含まれていないが、原発内部のどこかの配管に微細な穴があくと、微量の放射性物質が混じる恐れがある。このことが、外部に蒸気を出すことを慎重にさせた。さらにＩＣを動かす時に出る轟音が、周辺住民を不安にさせるのではないか。こうした理由が重なって、ＩＣを動かす訓練は行われてこなかった。

定期的にＩＣを動かしてきたナイン・マイル・ポイント原発と40年間一度も動かしていなかった福島第一原発。

そこには、原発事故に向き合う日米の姿勢の違いが垣間見える。リスクに過度に慎重になる日本は、結果的に「技術の伝承」の機会を失ったのではないだろうか。

ＩＣの機能停止を見過ごしていったことの深層に潜む問題は、今後、形を変えて日本の原発の弱点として現れてくるかもしれない。それを未然に防ぐためには、吉田調書のような記録を丁寧に読み解き、事故対応にあたった当事者や関係者の声に耳を傾け、教訓を導き出していくしかない。

その一方、２号機については、「冷却設備が動いているかどうかわからなかったのと水位が見えない状態で、本当に注水できているかわからなかった」と述べている。この証言が示すように、免震棟は、ICが動いていると考えた１号機より、注水できているかわからない２号機に強い危機感を抱いていた。

12日午前3時前から東京・霞が関の経済産業省で行われた、ベントをめぐる臨時会見で、東京電力の小森明生常務も、２号機への強い危機感を明らかにしている。

会見で、小森は、当初、２号機からベントすると説明していた。その理由について、「圧力が上がっているのは１号機だが、まだ２倍になっているわけではない。注水機能がブラインドに（見えなく）なっている時間が長い２号機の方が本当かということを疑っていくべきだ」と述べ、むしろ２号機への対応を急ぐ姿勢を見せていた。

一方、現場では、11日深夜、１号機の格納容器の圧力が6気圧を超えていることと、２号機の水位が核燃料の頂部から3メートル40センチ上であることが確認され、免震棟の危機意識はようやく１号機に向くが、すでにメルトダウンは進んでいた。

１号機の事故対応を遅らせ、原子炉建屋の水素爆発を招き、その後の事故の連鎖の発端となったICの作動をめぐる誤った認識。この問題は、複数号機で事故が起きた場合、ひとつの重要な情報を見逃すことが、限られた人員と資機材を分散させることにつながるという、事故対応の判断をめぐる教訓も投げかけている。

検証：見誤った１号機の危機

事故当時の３月11日深夜まで１号機のICが動いていると考えた免震棟幹部の誤った認識は、複数の号機が同時に被災する事故の対応の難しさも浮かび上がらせている。その一端を示すのが、事故の際、免震棟の円卓で吉田所長の右腕として事故対応にあたっていた福良昌敏ユニット所長の証言だ。

取材班は、事故から９ヵ月たった2011年12月、福良をメディアとして初めて取材することができた。

福良は、ICについて、「原子炉建屋から蒸気が出て動いているという情報も上がってきていたので動いていたと思っていた。逆に止まっていれば、『止まった』という情報が上がってくるだろうと何となく頭にあった」と話し、事故直後、ICが動いているという認識を持っていたことを具体的に証言している。

免震棟の緊急時対策室本部席　写真：東京電力

第２章
ベント実施はなぜかくも遅れたのか？

サンプソンに基づいてメルトスルーを再現したCG
CG：NHKスペシャル『メルトダウンⅢ　原子炉〝冷却〟の死角』

3年目の告白

「ヘリコプターを降りるなり、『なんでベントできないんだ！』って話になって、これは全く僕も本当に考えてもなかったことでした」

事故発生から一夜明けた3月12日早朝、福島第一原発の運動場にヘリコプターで降り立った菅総理大臣を出迎えた時のことを、武藤栄はそう振り返った。東京電力の原子力部門トップで、副社長だった武藤は、事故直後、福島第一原発から5キロ離れた大熊町にあるオフサイトセンターで、自治体への対応に追われていた。そこで総理大臣が急きょ、視察に来ることを知らされ、自ら出迎え役を務めるため福島第一原発に駆けつけたのだ。

「菅さんは僕がきちんと答えないものだから、なおのこと苛立ったと思うのだけれども『なんでできないんだ』『いつになったらできるんだ』『どうしてできないんだ』って、そういう調子でした」

ヘリコプターを降りた総理大臣一行は、すぐにバスで免震棟に向かう。「バスに乗って頂いて、菅さんの隣に誰も座らないから、『僕が座らなきゃいけない』と思って、座って話をしたんですけど、まあ同じ調子ですよね」。武藤は苦笑まじりに、しかし、どこか当時を懐かしむような表情でそう語った。

陸上自衛隊の要人輸送ヘリコプター「スーパーピューマ」から降り立って、福島第一原発免震棟に向かう菅直人総理大臣　写真：NHKニュースより

武藤は、事故から3ヵ月後に副社長を退任。東電の顧問に就任したが、翌年の3月末、顧問制度が廃止された後は、社内の役職についていない。これまで公の場にもメディアの前にも一切姿を見せず、沈黙を守ってきた。

事故から3年半近くがたった2014年の夏以降、私たち取材班は、武藤と複数回にわたって面会を重ね、事故の対応について多くの証言を得た。このなかで、武藤が強く印象に残っている場面として語ったのが、1号機のベントに向けて苦闘を続けていた現場に、突然菅総理大臣が現れ、厳しい口調で詰問された時のことだった。

武藤は、総理大臣の視察の目的がベントを実施させることだったとは、夢にも思っておらず、面食らったことを詳細に語っている。ただ、この時、現場で何が起きているのか把握できていなか

武藤は、菅首相が福島第一原発を来訪した目的がわからなかったと証言する　写真：NHK

ったとも話している。なぜベントができないのか、何を解決しなければならないのか、現場の人間以上に知識を持ち合わせているわけではなく、現場への問い合わせもあえて控えていたという。

菅が福島第一原発に降り立ったのは、12日午前7時すぎ。その4時間前の午前3時には、東京電力は、ベントを実施することを記者会見で発表していた。しかし、その後、ベントは行われるどころか、ベントに関する情報は何も発せられていない。日本中が「なぜ、ベントしないのか」と、じりじりとした思いでいたのである。菅の厳しい問いかけは、ある意味、国民の強い疑問や不安を代弁していたとも言える。

1号機のICが動いていないことに気がついた吉田が、ベントの準備を指示したのは、12日午前0時6分。それから、午前7時すぎの菅の視察を経て、紆余曲折の末、ベントが実施できたのは、吉田の指示から実に14時間30分も経った午後2時30分のことだった。なぜ、ベント作業はかくも難航したのか。2章では、その謎を解明していく。

謎に包まれる1号機ベント

1号機のベントをめぐる経緯は、謎に包まれている部分が多い。その大きな理由は、ベントに至るまでの間に免震棟や本店でかわされた会話の記録が残っていないためだ。

福島第一原発の事故対応の様子は、東京電力の「テレビ会議」というシステムで記録されていた。このシステムは、東京電力の本店を中心に原発やオフサイトセンターなどを中継で結んだもので、平常時にも会議などで利用されている。事故が起きた3月11日の午後6時半前、福島第二原発の社員がテレビ会議の録画スイッチを押して記録が始まった。

録画には、映像と音声の両方が記録されているはずだった。ところが後に調べてみると、録画開始から翌12日の午後11時前まで、映像は記録されていたものの、音声は記録されていなかったことがわかった。東京電力は、福島第二原発の社員が映像の録画スイッチとは別にある録音スイッチを押し忘れたのが原因だと説明している。事故の検証で、最も重要とされる初動の会話の記録がない、というのが東京電力の公式見解だ。

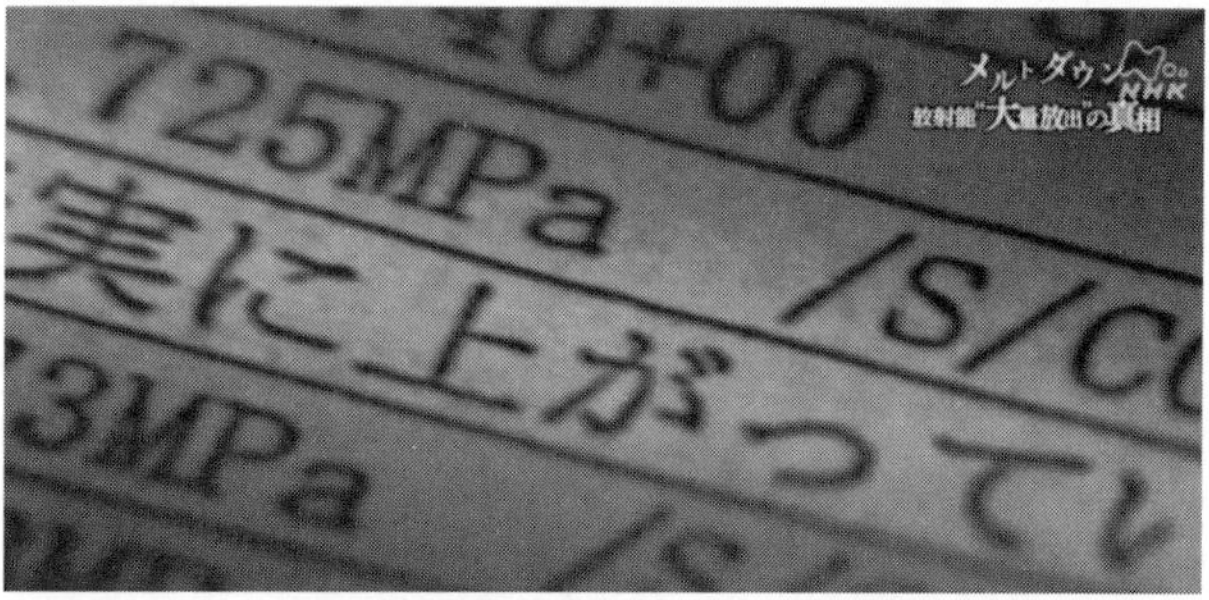

取材班が入手した柏崎刈羽原発の情報班が作成したメモ　写真：NHK

このため、この時間帯に何が行われていたのかを知る資料としては、政府や東京電力などの事故調査で、事後に関係者から聞き取った証言や断片的に残されていた原子炉や格納容器のデータなどをもとにした報告書に限られている。

つまり、東日本大震災が起きた3月11日午後2時46分から翌12日午後10時59分までは、現場でどのような事故対応が行われたのかを検証するための客観的な資料が残されていない、いわば「空白の32時間」となっているのだ。謎の多い1号機のベント作業を検証するうえで、このことが大きな障害となっていた。取材班は、このテレビ会議の内容について、録画のほかに客観的な証拠が残されていないか取材を進めたところ、テレビ会議のやりとりを書き留めた複数のメモが存在することがわかった。

当時、東京電力のテレビ会議システムには、本店と福島第一原発の免震棟、それに新潟県の柏崎刈羽原発など最大6ヵ所の様子が、分割された画面に同時に映し出されていた。この6ヵ所のうち、どこか1ヵ所で発言をすれば、ほかの現場でその内容を聞くことができたのである。この時、柏崎刈羽原発でも、福島第一原発の情報をとりまとめ、地元自治体などに発信していた。柏崎刈羽原発の情報班が、テレビ会議の発言をつぶさに書き留めていたのだ。通称「柏崎刈羽メモ」。取材班は、空白の32時間を埋めるこのメモを入手した。

柏崎刈羽メモは、あわせて100ページ以上にのぼり、地震直後の3月11日午後2時55分から4月30日午後7時20分まで、テレビ会議での発言内容が時系列で記されていた。空白の32時間には、原子炉の水位や冷却装置の稼働状況がわからない中、現場でのベント作業をめぐる経緯も書き留めてあった。そこには1号機のベントを阻んだ高い壁の正体を解明する手がかりが記されていた。

世界初のベント実施へ

3月12日に日付が変わろうとしていた深夜、免震棟は、1号機でICが機能を失っていることにようやく気づく。1号機の格納容器の圧力は通常の6倍に達していた。核燃料が発する膨大な熱により原子炉の水位は低下、むき出しになった燃料が損傷し、メルトダウンを起こしている可能性があった。

原子炉からは、放射性物質を含んだ蒸気が格納容器に漏れ出てくる。このままでは格納容器の圧力はさらに高まり、耐えられなくなった容器が破損して、大量の放射性物質を含む気体が一気に放出される「最悪の事態」となる。これを防ぐためには、格納容器から蒸気を抜き、圧力を下げる「ベント」を行うほかなかった。午前0時6分、吉田は、ベントの準備に取りかかるよう指示を出した。

ベントとは、どのような操作か。原発は外部への放射性物質の放出を防ぐため「5重の壁」で守られていると言われてきた。ウランを陶器のように焼き固めた「ペレット」、燃料棒を覆う「被覆管」、「原子炉圧力容器」、「原子炉格納容器」、そして「原子炉建屋」だ。その中でも、実質的に「最後の砦《とりで》」と言われていたのが、原子炉を包み込む、高さおよそ32メートル、直径18メートルの格納容器だ。

ベントは、この格納容器の圧力が高まった際、壊れるのを防ぐために行われる「最後の手段」である。しかし、容器の圧力を下げることができる一方で、外部に放射性物質を含む気体を、意図的に放出することを意味する。これまで日本どころか、世界でも一度も実施された例はなかった。

吉田の指示を受けて、中央制御室では、運転員たちがベントの準備を進めていた。

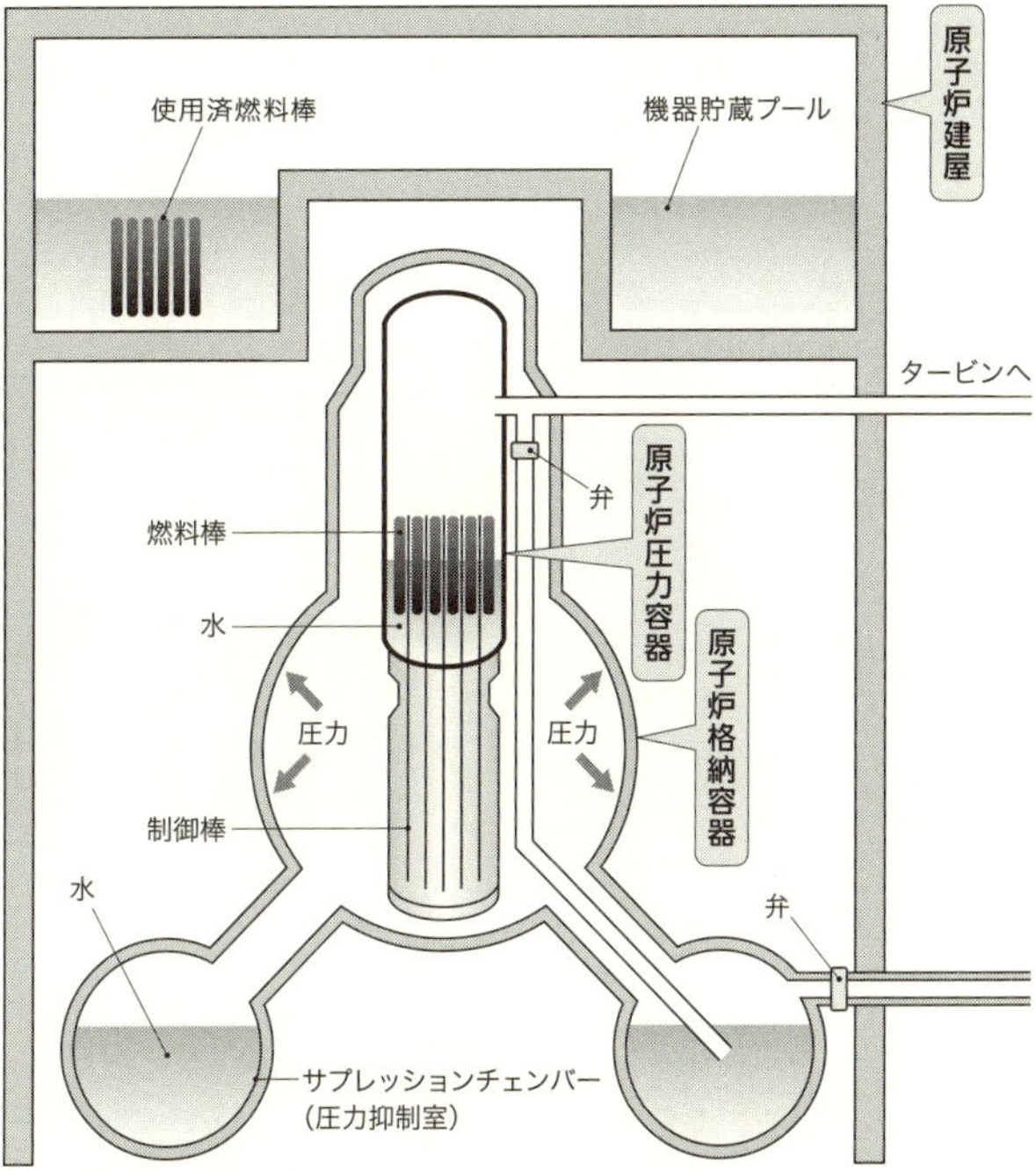

原子炉建屋の構造（解説は東京電力ホームページより引用、一部改変）

※原子炉建屋：原子炉一次格納容器及び原子炉補助施設を収納する建屋で、事故時に一次格納容器から放射性物質が漏れても建屋外に出さないよう建屋内部を負圧に維持している。別名原子炉二次格納容器ともいう

※原子炉圧力容器：原子力発電所の心臓部。ウラン燃料と水を入れる容器で、蒸気をつくるところ。圧力容器は厚さ約16センチの鋼鉄製で、カプセルのような形をしており、その容器の中で核分裂のエネルギーを発生させる。高い圧力に耐えることができ、放射性物質をその中に封じ込めている

※原子炉格納容器：原子炉圧力容器など重要な機器をすっぽりと覆っている鋼鉄製（厚さ約3.8センチ）の容器。原子炉から出てきた放射性物質を閉じ込める重要な働きがある

運転員たちは、以前からベントの訓練を受けていた。しかし、その訓練は、非常用電源から電気が供給されている前提だった。電源があれば、中央制御室にある操作盤のレバーやスイッチを操作するだけで、必要な弁が開き容易にベントはできる。しかし、電源がなければ、こうした操作はまったくできない。運転員たちは、原子炉建屋に入って、手動でいくつも弁を動かさなければならなかったのである。このことは、事故前にはまったく想定されていなかった。しかも、12日未明、ベントをしなければならないと考えられていたのは、1号機だけではなかったのである。このことで現場が混乱を極めていく様子が、柏崎刈羽メモに記されている。

柏崎刈羽メモが語る迷走

柏崎刈羽メモには、1号機と2号機のどちらを優先してベントを行うべきかをめぐって、迷走した経緯が記されていた。

12日午前1時半のメモでは、

「1F－1[*1]　格納容器ベントのタイミング　午前3時00分経済大臣が発表予定[*2]」とある。

この時点では、1時間30分後にベントが実施できるとの見通しがあったと思われる。

それから1時間がすぎた午前2時35分には、

「1F－2　格納容器ベント3時頃予定、1F－1は別途時間がかかるので後回しとする」とある。1号機のベントの準備に手間取り、2号機を優先して対応するよう方針を転換している。

ところが、このすぐあとには、

「1F－2　RCIC運転を現場で確認」

「ベントは、1F－1のみ実施の方向（1F－2は水位確保できそうなため）」と記されていた。

結局、より事態が深刻とみられる1号機のベントを優先するとして再度方針が改められたのである。

2号機では、12日午前2時10分ごろから、現場で、RCICと呼ばれる冷却装置の稼働状況の確認が進められていた。その結果、RCICのポンプの出力が原子炉の圧力を上回っていて、原子炉への注水が続いているとみられることが初めてわかったのだ。中央制御室から免震棟の吉田にこの情報があがったのは、午前2時55分のことだった。

この情報を受けて、吉田は、冷却装置の稼働状況が不明な1号機の方が、より深刻な事

＊1　1Fは福島第一原発を、1F－1は福島第一原発1号機を意味する

＊2　実際のメモでは「3:00」のように記載されているが、本書では読みやすさのために表記を改めた

態に陥っている可能性があると判断し、急きょ1号機のベントを優先させることを決めた。同じ午前3時前、東京霞が関の経済産業省では、東京電力の小森常務が記者会見し、2号機からベントを行うと発表していたが、会見中に情報が入り、1号機からベントを行うと方針を変更する。しかし、この後もベントは一向に行われる気配はなく、じりじりと時間だけが過ぎていくのである。

放射能という壁

この頃、現場の最前線である中央制御室では、一体何が起きていたのか。その詳細は、武藤や免震棟の幹部に聞いてもわからなかった。

武藤はこう話している。「現場が、まあ難しいだろうなっていうのはわかっていました。電気はなく、線量も高いわけで……。でも正直言って、その時点で僕は具体例をもって、困難さを理解していたわけではなかったですね」

この点については吉田調書にも詳しく記されていない。そのことを知るのは、中央制御室にいた運転員だけだ。取材班は、運転員たちから直接話を聞くため、水面下で繰り返し接触を試みた。しかし、広報を通さない非公式の取材に、東京電力の社員である運転員たちの口は堅く、限られた証言しか得られなかった。

1号機原子炉建屋の放射線量が急上昇したため、1、2号機中央制御室にいた運転員は原子炉建屋に踏み込めない状態だった
写真：NHKスペシャル『メルトダウンⅠ　～福島第一原発 あのとき何が～』の再現ドラマより

そうした中、事故から3年を経てようやく重要な証言者に出会うことができた。

井戸川隆太。1、2号機の中央制御室の運転員で、運転操作の中核を担う「主機」という役職だった。3月11日は非番で自宅にいたが、地震発生後、すぐに福島第一原発の免震棟に駆け付けた。3時間後には、中央制御室で同僚たちと最前線の事故対応にあたっていた。

井戸川は、福島第一原発がある双葉町で生まれ育ち、地元の中学校を卒業後、東京電力が技術者を育てるために設立した東電学園に進んだ。2003年4月、東京電力に入社し福島第一原発に配属され、花形と言われる運転員の道を歩み始める。運転員の多くは自分と同じ地元の人たちで、ファミリーと形容される固い絆の中で、運転技術を学んできた。

しかし、事故をきっかけに政府や東京電力本店の対応に疑問が頭をもたげてくる。最前線で事故対応にあたっている現場の人間の命が軽視されているのではないか。不信感ばかりが募っていった。

「率直に言うと捨て駒として死んでくれといっているのかなと正直思いましたね。線量管理という面でもひどい状態だと思いました。私は会社を信頼していませんでした」

決定的だったのが、２０１１年12月、政府が国内外に宣言した原発事故の「収束宣言」だった。「とても収束なんて言える状態ではない」。現場で収束作業を続けてきた井戸川にとっては、信じられない出来事だった。井戸川は、翌月、東京電力を退社する。

「放射能という壁のためです」

ベントの実施を阻んだ最大の理由を、井戸川はこう切り出した。

12日未明、中央制御室には、放射能の見えない恐怖がひたひたと近づいていた。すでに11日午後10時前には、１号機の原子炉建屋は、放射線量の上昇のため立ち入り禁止になっていた。ところがいまや、原子炉建屋から50メートル離れた中央制御室でも放射線量が高まってきていたのだ。

この時、１号機の原子炉はすでに空だきの状態になり、メルトダウンが進み、格納容器の底に溶け出し始めていた。メルトダウンした燃料から放出される放射能の影響で、中央制御室の中も、1号機に近い場所で放射線量が上昇を続けていた。

運転員たちは、線量が高い1号機側を避け、2号機側に肩を寄せ合い、かがんだ状態で待機していた。

井戸川は、その時の率直な思いをこう語っている。

「正直にいうともうだめかなと。すでに異常な状態で、中央制御室で線量そのものが上昇してきているっていう状況で、最悪、死もあり得るのかなと、個人的には思っていました」

しかし、そうした恐怖の気持ちを誰も表に出さず、中央制御室の運転員たちは、ベントの準備を着々と進めた。吉田がベントの準備を指示した時点から、配管や弁の図面や運転手順書を見ながら、原子炉建屋に入ってベントを行うために必要な弁を開く手順などを繰り返し確認していた。すでに原子炉建屋に入る準備は、十分できていたとみられる。

ところが、午前3時45分、ベントの実施を遅らせる決定的な情報が入る。

1号機の原子炉建屋の放射線量を測定するため、2重扉を開けた作業員が、扉の内側に白いもやの様なものが充満しているのを見て、すぐに扉を閉めたというのだ。すでに1号機の格納容器から漏れ出した放射性物質を含む気体が、建屋に充満する事態になっていた

福島第一原発1号機の中央制御室　写真：東京電力

のだ。

　中央制御室で、同僚から現場の様子を聞いた井戸川はこう述べている。

「『ああ、もうすごいことになっているんだな』と思いましたね。おそらく格納容器にある弁の何ヵ所かが、完全ではないにせよ、開いてしまって蒸気が吹いている、と。

　ベントというのは当初から頭にあって、格納容器の圧力が規定値にきているのでベントしたかった。しかし、現場にゴーサインが出ないという状況でした」

　中央制御室には、耐火服や空気ボンベなど、被ばくをできるだけ避けるための防護装備に加え、午前4時45分、免震棟から、100ミリシーベルトに近づくとアラームが鳴るようにセットした線量計が届けられた。100ミリシーベルトとは、法律で定められた緊急時の作業で許容されている被ばく限度である。後に、運転員たちは、この100ミリシーベルトの壁を嫌と言うほど思い知らされていく。

当時の中央制御室の雰囲気を、井戸川は、こう振り返っている。

「なるべくマイナスに考えないようにお互いに声をかけたりしていました。できることは本当に少なかったのですが、それを模索して上司の間で色々な言葉がとびかっている状態でした。たまに大きな声を出してみたり、静かになったり。それの繰り返しだったと思います」

吉田は、調書のなかでこう語っている。「みんなベントと言えば、すぐできると思っている人たちは、この我々の苦労が全然わかっておられない。ここはいら立たしいところはあるんですが、実態的には、もっと私よりも現場でやっていた人間の苦労の方が物すごく大変なんですけれども……」

しかし、放射線量が高まっていく原子炉建屋や中央制御室の過酷な状況を、そして運転員たちの心の内を、遠く離れた総理官邸で知ることができる人は皆無だった。かくて総理大臣が福島第一原発に乗り込むという事態に至るのである。

吉田と菅の攻防

福島第一原発の1号機でベント作業が難航していた3月12日午前7時すぎ。免震棟2階の緊急時対策本部の隣にある会議室は、緊迫した空気に包まれていた。

菅をはじめ経済産業省の池田副大臣ら政府関係者がずらずらと座った。机を挟んで向き合う形で、武藤が座った。吉田はまだ来ていなかった。武藤は「電源も無くて苦労しているんです」とベントができない過酷な状況をなんとか説明しようとした。しかし、即座に菅が「なんで無いんだ」と細かく問い詰め始め、武藤は答えに窮してしまった。ヘリコプターで降り立った時と、同じ調子のやりとりが再現しそうな予感が走った。

その時だった。吉田が会議室に入ってきた。手には1号機の原子炉建屋の図面を持っていた。吉田は、図面に記された弁のいくつかを指さしながら、「電源が無いので、建屋に入って、この弁とこの弁を開かなければならない」と具体的に説明し始めた。それまで苛立っていた菅の雰囲気が変わった。

武藤が振り返る。

「『ここところをやらなくちゃいけないけれども、今こんなことやってます』って。詳しい話をしたら、ちょっと落ち着いたんです。だから、たぶんそれで吉田を信頼できると思ったんじゃないですか」

ベント実施を繰り返し求める菅に対して、この時、吉田は「決死隊」という言葉を初めて口にする。「決死隊を作ってやります」。吉田は「決死隊」という言葉を2回口にして、必ずベントを実施すると確約した。それまで激しく詰め寄っていた菅も、吉田の言葉を受けて、落ち着きを取り戻した様子で、午前8時すぎに福島第一原発をあとにする。

菅は、福島第一原発に乗り込んだ理由を、政府事故調の聴取で、「現地の責任者と（中略）コミュニケーションができないと、つまり判断ができませんから（中略）現地の責任者とちゃんと意思疎通したいというのが最大の目的です」と語っている。そのうえで「吉田所長というのは、私の感覚の中では非常に合理的にわかりやすい話ができる相手だと。（中略）それが後々のいろんな展開の中で非常に役に立ったと思います」と振り返っている。

一方、吉田は、菅とのやりとりについて、「なかなかその雰囲気からしゃべれる状況ではなくて、現場は大変ですよということは言いましたけれども、何で大変かということですね、十分に説明できたとは思っていません」と証言している。

「決死隊」の突入

菅との会談を終えた後、吉田は午前9時を目標にベントを実施することを指示し、中央

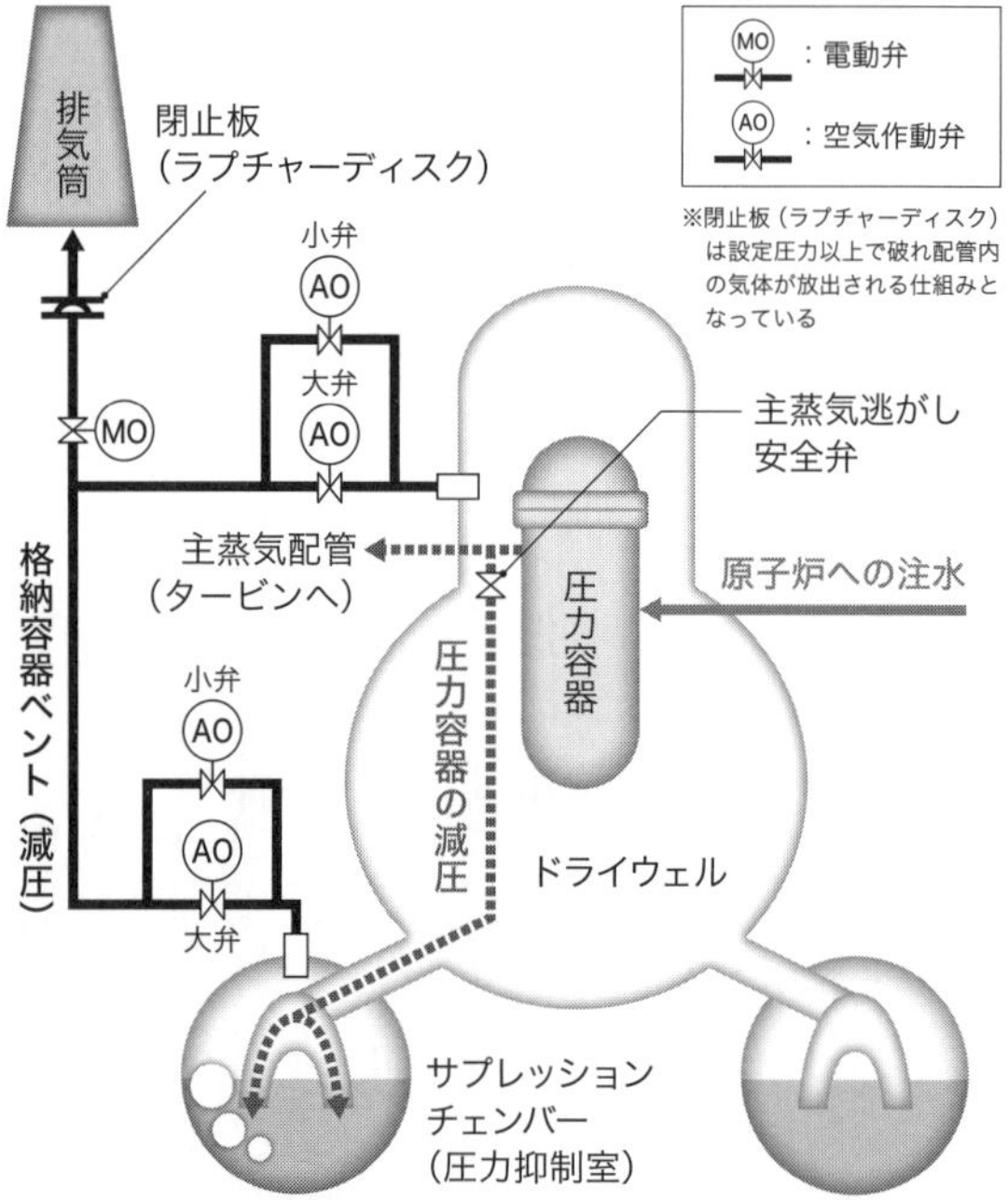

注. 格納容器：ドライウェルと圧力抑制室をあわせた部分

格納容器ベントの仕組み（東京電力報告書をもとに作成）

格納容器ベント：格納容器の圧力の異常上昇を防止し、格納容器を保護するため、放射性物質を含む格納容器内の気体（ほとんどが窒素）を一部外部に放出し、圧力を降下させる措置。格納容器はドライウェルとサプレッションチェンバー（圧力抑制室、ウェットウェルともいう）に分かれる。ドライウェルからのベントラインと圧力抑制室からのベントラインの2種類があり、ライン上にAO弁（空気作動弁）の大弁、小弁がある。2つのラインが合流した先にMO弁（電動弁）と閉止板（ラプチャーディスク）があり、排気筒につながる。閉止板は、放射性物質の想定外の流出を防ぐために、あらかじめ設定した圧力で破裂するよう設定された安全装置のこと。サプレッションチェンバーを通して行うウェットウェルベントは、貯蔵された水を通すことで放射性物質を除去する効果が期待できる制御室に対して、被ばくの恐れがあるものの、原子炉建屋に立ち入ってベントに必要な作業を行うよう要請する。

このとき現場に求められたのは、ベントを行うために必要な2つの弁を手動で開ける作業だった。

ベントを行うには、格納容器と排気筒の間にある少なくとも2つの弁を開ける必要がある。このうち、「MO弁」と呼ばれる電動弁は原子炉建屋の2階にあった。

中央制御室の運転員たちによって「決死隊」が編成され、命がけの作業が始まろうとしていた。

当時、1、2号機の中央制御室には、この日の担当とは別のベテラン運転員たちが、自ら志願して続々と応援にきていた。このころになると、30人ほどが中央制御室で事故対応にあたっていた。運転員の多くは、地元の出身だった。高校時代からの先輩、後輩関係にある人も少なくなく、互いを思い合う絆は強かった。

井戸川は、このときの様子をこう振り返っている。

「現場がひどい状態になっているのはみんな知っていたと思います。だけど、その中で、(決死隊として)誰が行くかとなったとき、押しつけは全くなかったですね。俺が行くという感じで手をあげて、みんなが責任ある行動をしていたと思います」

ベント弁を手動で開けるために「決死隊」が編成された
写真：NHKスペシャル『メルトダウンⅠ　～福島第一原発 あのとき何が～』の再現ドラマより

現場には当直長や副長クラスのベテランが行くことになった。当直長は、2人一組で3班を編成した。放射線量や余震の大きさによっては途中で引き返すことを考慮して、1班ずつ原子炉建屋に入り、中央制御室に戻ってから、次の班が出発することを申し合わせた。

100ミリシーベルトの壁

午前9時4分、中央制御室から、先陣を切って2人が飛び出した。全面マスクで顔を覆い、耐火服に身を包み、空気ボンベを背負っていた。13キロにのぼる重装備にもかかわらず、2人は足早に原子炉建屋に向かった。運転員たちは、緊張した面持ちで2人を見送った。

2人は、出発前に打ち合わせたとおり、放射線量がやや低い南側の二重扉から原子炉建屋に入った。すぐに階段をあがり、2階フロア南東側、階段すぐ横にある格納容器のMO弁(電動弁)と呼ばれるベント弁をめざした。MO弁は高さ3メートルにあった。2人は、何度も確認したとおりに、鉄板製の階段をあがって、ハンドルを回した。25%開くと、急いで中央制御室に戻った。

作業時間は11分だった。2人の被ばく線量は、25ミリシーベルト。成功だった。

午前9時24分。第2班が出発した。空気ボンベのエアがもつのは20分。なるべく酸素の消費を抑えたかったが、線量が気になるので、自然と小走りになった。運転員の一人は、二重扉の前に立ったとき、緊張を抑えるように「よし!」と気合を入れた。

2人は、地下1階のトーラス室に向かった。トーラス室は、格納容器の圧力を調整する圧力抑制室(サプレッションチェンバー)と呼ばれる巨大なドーナツ形の設備を収める施設である。その上部にキャットウォークと呼ばれる1周およそ100メートルの作業用の通路があった。このキャットウォークを半周ほど進んだところに、開けるべきAO弁(空気作動弁)と呼ばれるベント弁があった。

トーラス室の入り口扉の前で、サーベイメーターを見ると、1時間あたり600ミリシーベルトの値を示していた。法定限度の100ミリシーベルトに、10分で達してしまう値

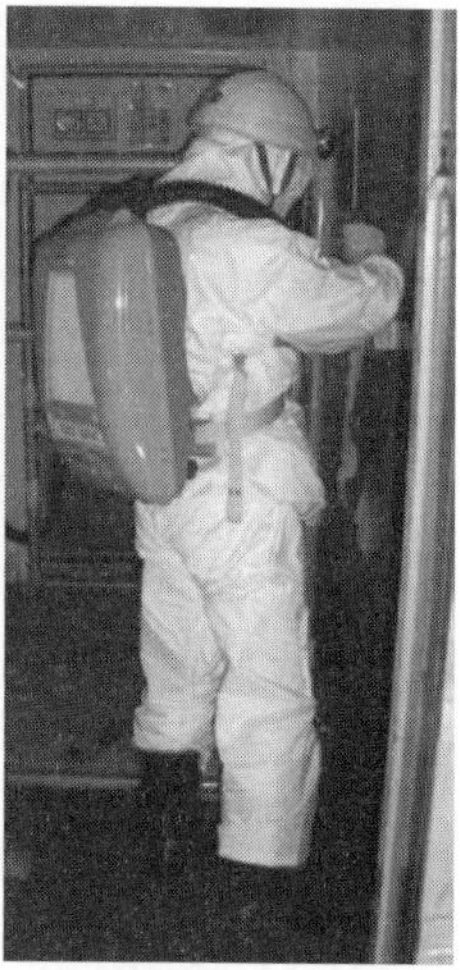

写真上はキャットウォークと呼ばれる細い作業用通路（写真は５号機）。写真右はセルフエアセットを着けた福島第一原発の作業員。セルフエアセットを装着するには約10～15分かかり、作業時間も20分程度に限られていた　写真：東京電力

だった。

「ここまで来たらいくしかない！」

運転員は、ドアノブに手をかけて、トーラス室の中に入った。懐中電灯の灯りの先にキャットウォークへ続く階段が浮かんだ。サーベイメーターを見ると、９００ミリシーベルトから最大目盛りの１０００ミリシーベルトの間に針が振れていた。

「振り切れるまではなんとかなる」

２人は、左回りにキャットウォークを足早に進んだ。

４分の１周ほど進んだときだった。ついにサーベイメーターの針が振り切れた。

「あと半分も残っているのに」

しかし、放射線量がいくらあるかもわからない状態で、これ以上進むのは危険だっ

た。

戻らざるを得なかった。全面マスクをして、会話ができないため、2人は、腕を取り合いジェスチャーで、戻ることを確認しあった。帰りは、走って戻った。午前9時32分、2人は中央制御室に戻った。作業時間は8分だった。被ばく線量は、95ミリシーベルトと89ミリシーベルト。法定限度の100ミリシーベルトの壁が、ベント作業を阻むために、高く立ちはだかっているかのようだった。

当直長は、現場で作業が行える放射線量ではないと判断。作業を断念すると免震棟に伝えた。第3班の2人が、原子炉建屋に向かっていたが、当直長からの指示で、建屋に入る直前に作業をやめて戻ってきた。「決死隊」の作業は中止となった。

井戸川は、悲壮感に包まれた中央制御室の様子を忘れることができないと言う。

「『だめだった』と言われた時は、当直長はかなり落胆していました。中央制御室では、ベントが最重要課題になっていましたが、これができないとなった時のショックは大きかったです。『バルブを開けられない、現場に行けない』となった時、こちらとしては尽くす手がもうないんです。最前線で弾薬が尽きた状態で待たされている状況で、そのまま時間が過ぎていって。やりたいことはいくらでもあるのにできない。手段を尽くしたい気持ちがみんなあったのにできない、そうした状況でした」

決死隊の作業を遮った壁は、法定の被ばく限度の100ミリシーベルトだった。当時100ミリシーベルトを超えては、作業ができなかったのである。

事故から3年4ヵ月がたった2014年7月、原子力規制委員会の田中俊一委員長は「100ミリシーベルトを超える事故が起こる可能性は完全には否定できない。そうした場合に備えて対応を検討したい」と発言。ようやく100ミリシーベルトの上限を見直す検討を始めた。

原発の緊急時の被ばくの限度は、アメリカやヨーロッパの多くの国では、250ミリシーベルトから500ミリシーベルト程度になっている。日本でも、事故から3日後の3月14日に、国は、臨時の措置として被ばく限度を250ミリシーベルトに引き上げた経緯がある。ただ、人間の命や健康という側面から見たとき、どこまで被ばく線量の上限をあげるのか、作業員の同意はどのようにするのか、今後、検討すべき難しい課題は山のようにある。

最後の手段

決死隊の作業が中止され、万策尽きたかと思われた午前10時、免震棟の復旧班が、AO弁を開けるためのひとつのアイデアを考え出す。

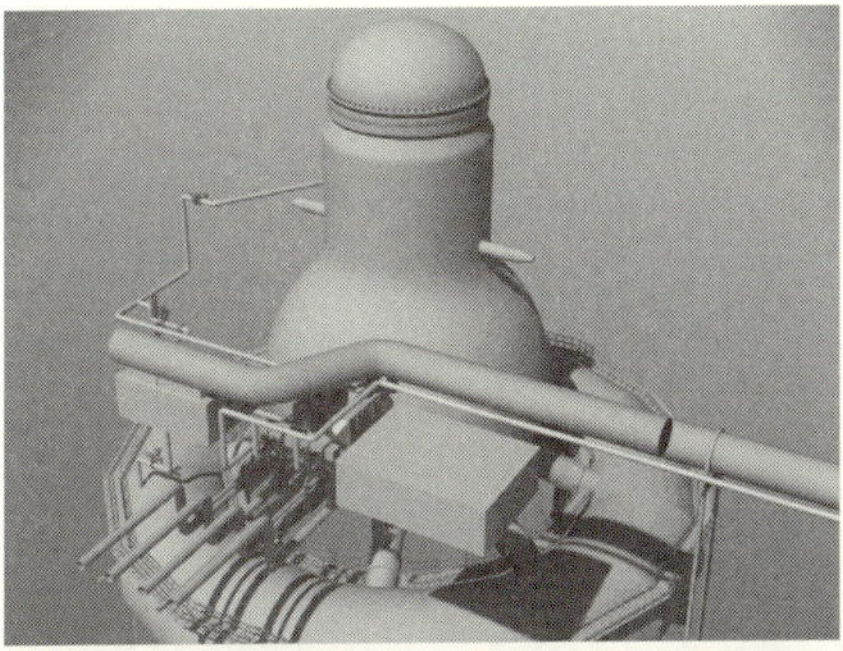
原子炉の基本構造とベント配管を示す図

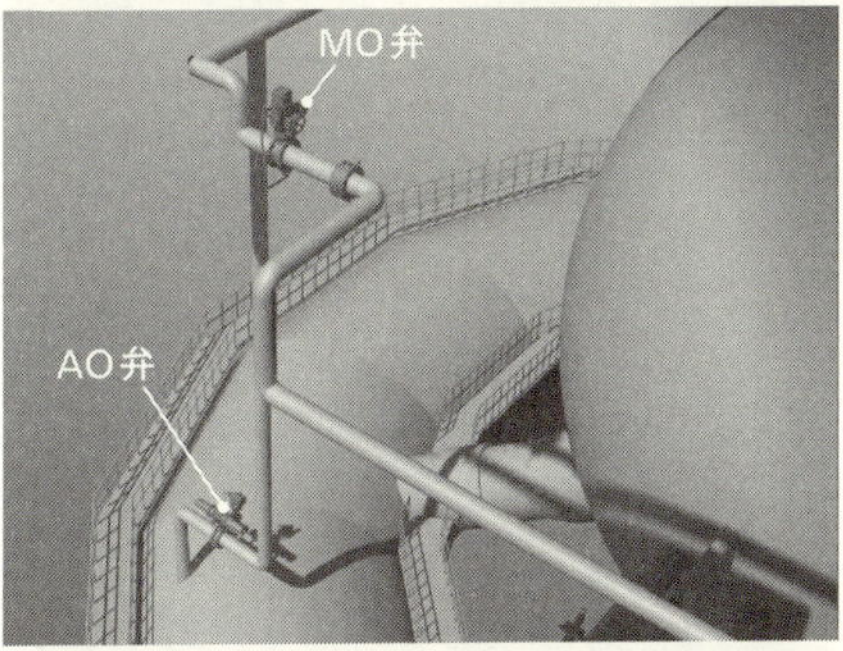

ベントを実行するには、MO弁とAO弁の２種類の弁を開ける必要がある

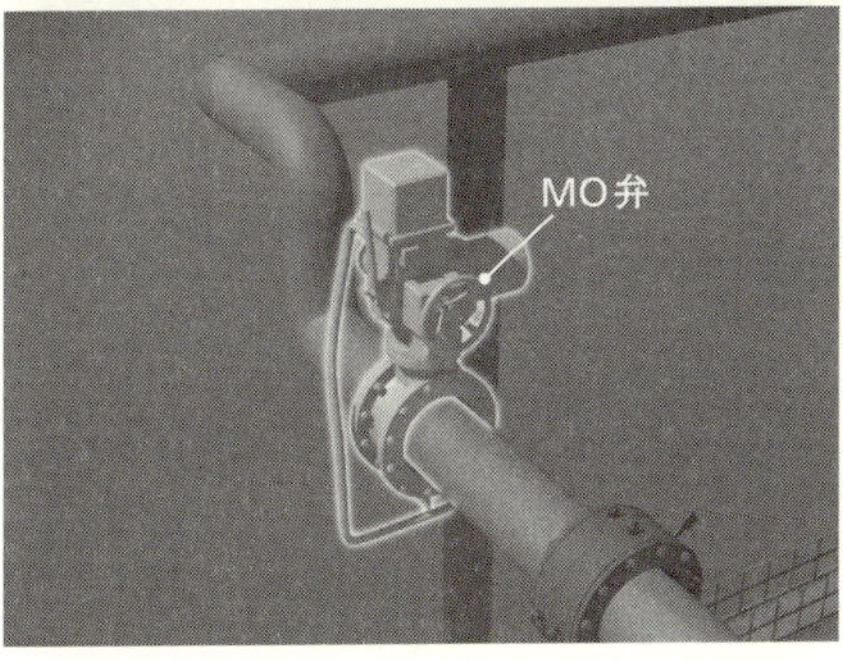

MO弁は通常は電動だがハンドルがついているので、非常時には人の手で開けることができる。これに対して、通常のAO弁にはハンドルがなく、コンプレッサーで圧縮空気を送り込み遠隔操作で開けるしかない

CG：NHKスペシャル『メルトダウンⅡ　連鎖の真相』

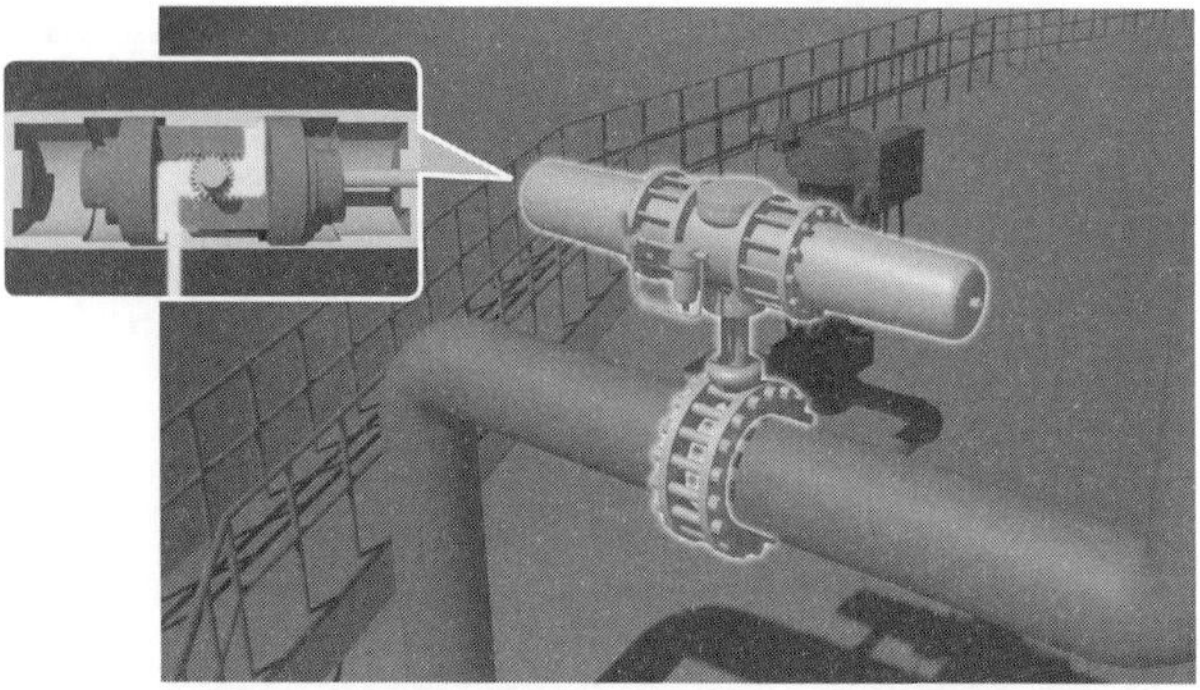

通常のAO弁にはハンドルがなく、コンプレッサーで圧縮空気を送り込み遠隔操作で開けるしかない（上記CG）。ただし１号機AO弁小弁は、１～３号機に備え付けられているサプレッションチェンバー側のAO弁のうち唯一ハンドルがついていて、手動で開けることができた
CG：NHKスペシャル『メルトダウンⅡ　連鎖の真相』

ＡＯ弁につながる配管に、離れた場所から仮設のコンプレッサーで圧縮空気を送り込み、その空気圧で弁を開けようというものだった。

ただ、福島第一原発では、ＡＯ弁を開けられる空気圧を備え、持ち運びができる小型のコンプレッサーは備えていなかった。このため、復旧班は急きょ構内にこうしたコンプレッサーがないか探し始め、ベントの実施までさらに時間を要することになる。

一方、この頃、中央制御室の運転員たちも、ある操作を行っていた。

ＡＯ弁の配管自体に空気が残っている可能性があり、この空気が弁に流れ込むことを期待して、制御盤のスイッチをひねり空

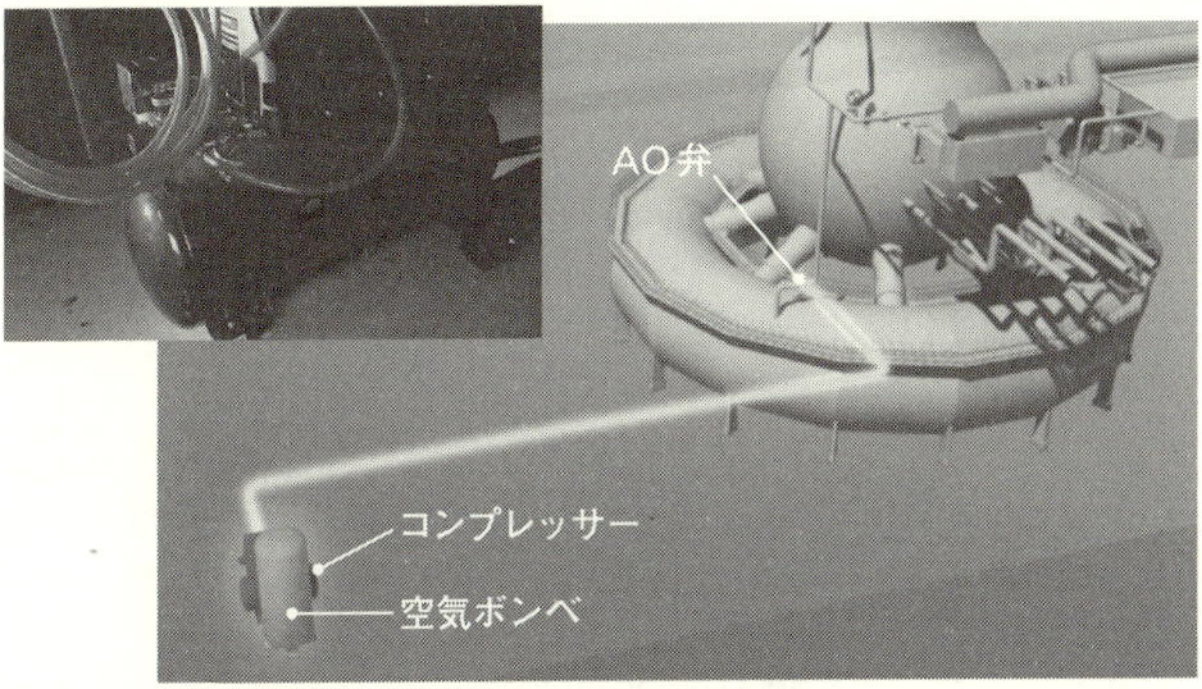

AO弁（空気作動弁）は、通常は空気ボンベとコンプレッサーを電気で操作することで開閉するが、全電源喪失で操作不能になった。第2次“決死隊”の手動による開放に失敗した後、可搬式コンプレッサー（写真）で圧縮空気を送り込む窮余の一策で、かろうじてベントに成功する
写真・CG：NHKスペシャル『メルトダウンⅡ　連鎖の真相』

気を送る操作をしていたのだ。

この後の状況が柏崎刈羽メモに、記されていた。

メモ：午前10時37分　1F吉田所長
「AO弁を操作（10時17分から3回）した後、正門およびMP（著者注　モニタリングポスト）の線量が10時40分に上昇していることから放出している可能性」

この操作で、午前10時10分に1時間あたり6マイクロシーベルトだった原発の正門の放射線量が30分後には162マイクロシーベルトまで上がっていた。一見、ベントが成功したかに見えた。

しかし、その10分後。正門付近の放射線

量は７マイクロシーベルトに下がった。ベントが有効に機能してＡＯ弁が開いていたとすれば、考えられない線量の急激な低下だった。メモにも「ベントが効いていない可能性」との吉田の発言が残っている。

中央制御室からの遠隔操作でベントができない以上、残された手段は、復旧班が考えたコンプレッサーを配管につないで外部から空気を送り込むほかなかった。ただ、中央制御室では「決死隊」を派遣してＡＯ弁を開ける選択肢を、最後まで残していた。

メモ：午前11時55分　１Ｆ
「線量が高くて近づけない。ＡＯ弁を開けに行く。別ラインを分担して開ける」

この段階でもベントを行うため、一度は放射線量の高さから断念した原子炉建屋に再び入ってＡＯ弁を開ける作業を検討していたのだ。鬼気迫る記述である。

この直後、復旧班は、ようやく探していた仮設のコンプレッサーを協力企業の事務所で見つけ、トラックで１号機まで運びこんでいた。配管に接続する部品も協力企業からなんとかかき集めた。

メモ：午後１時35分　１Ｆ

「1F－1　IAの継ぎ手がOKになり、AO弁の操作が人手でなくても済む」

AO弁はIA系＝計装用圧縮空気系と呼ばれる様々な設備に空気を送り込むため、建屋内に張り巡らされた配管とつながっている。午後2時ごろ、復旧班はコンプレッサーを原子炉建屋の大物搬入口と呼ばれる出入り口のひとつに設置して、AO弁とつながるIA系の配管につなげ、空気を送り始めた。

メモ：午後2時28分　1F

「1F－1ベントラインのIAラインを復旧　午後2時28分閉を確認、白い煙が出ているとの映像を見ても活きている可能性」「1F－1の格納容器圧力は若干下がって0・67くらい」

12日午後3時すぎ、吉田は、格納容器の圧力が7・5気圧から5・8気圧に下がったことなどから、「午後2時半にベントが実施された」と判断する。

午後3時18分、吉田は「午後2時30分ごろにベントによって放射性物質の放出がなされた」と関係機関に連絡した。ベントの指示をしてから、実に14時間30分が過ぎていた。

部屋全体が 白いほこりに覆われた
椅子から転がり落ちる人もいた

1号機が水素爆発した直後、1、2号機中央制御室の天井パネルが落下した(写真左上：東京電力)。その時、運転員の一人は「格納容器が爆発した」「正直終わったと思った」と証言する　写真：NHKスペシャル『メルトダウンⅠ　～福島第一原発 あのとき何が～』の再現ドラマより

しかし、決死隊を作って原子炉建屋に突入していった中央制御室の運転員たちは、本当にベントが成功したのか自信を持てずにいた。ベント成功が発表された午後3時頃、ベントの成否をめぐって運転員たちの間で激しい議論になったという。

そのさなかだった。突然、大きな爆発音と下から突き上げるような激しい揺れに襲われる。

午後3時36分、1号機の原子炉建屋が爆発した瞬間だった。

加速する連鎖

中央制御室の天井パネルがいっせいに落ち、白い煙が立ちこめた。いすから転げ落ちる運転員もいた。これまでの地震の揺れ

水素爆発した直後の1号機原子炉建屋
写真：NHKニュース

とは明らかに異なる揺れだった。

井戸川は、この時、死を覚悟したという。

「誰かが『原子炉建屋の上が無くなっているぞ』と叫んだ時は、もう終わったなと感じました。格納容器がめちゃくちゃになってしまったんじゃないかと」

中央制御室には、当時40人近くの運転員たちが残っていた。しかし、この爆発を受けて、原子炉の状態を確認するのに必要な最小限の人数を残して、退避することになった。残ったのは十数人。いずれもベテランたちだった。退避することになった運転員たちは、後ろ髪を引かれる思いで中央制御室から出て行った。爆発の原因は、水素だった。

水位が低下した原子炉の中で、燃料を覆うジルコニウムという金属が、水蒸気と化学反応を起こし、大量の水素を発生させていた。水素は原子炉から格納容器へと抜け、地上のどの物質より軽いその性質ゆえ、上へ上へと流れ、原子炉建屋最上階の5階にたまり続けていた。充満した水素が、爆発を起こしたのだ。中央制御室も免震棟も、東京電力本店も総理官邸も、まったく予見していなかった爆発だった。

井戸川は、暴走した原子炉の恐怖をこう語っている。

「当時、原子炉は手放し運転になっていました。成り行く様をずっと見ている感じだった。手出しできずに、状況が刻々と変わって何もできません。何もわからない。手に負えない、コントロールできない怖さを感じました」

1号機の水素爆発は、同時に複数の原子炉を相手に闘いを挑んでいた人たちのわずかな望みを断ち切ることになる。

爆発が起こる前、現場では、ベント作業に加え、原子炉の冷却装置を動かすため電源復旧に全力を注いでいた。頼みの綱とされていたのが、2号機のサービス建屋1階にあるパワーセンターの電源盤だった。1号機から3号機の電源盤が浸水によってことごとく使い物にならなくなる中、この電源盤のみが奇跡的に浸水を免れていた。電源盤に電源車をつなぐことさえできれば、2号機のみならず、1号機と3号機にも電気を融通することができ

1号機爆発直後、爆発の原因およびその影響がわからなかったため、当直副主任以下の若手職員は免震棟に避難した。1、2号機中央制御室に残ったのはベテラン運転員十数人。写真は、その運転員の一人が死を覚悟して撮影したもの　写真：東京電力

きる。その寸前まで作業が進んでいたところで、1号機が爆発したのだ。

爆風と降り注ぐコンクリートのがれきで、ケーブルは大きく損傷し、復旧作業に当たっていた作業員も全員退避を迫られた。全電源喪失から約1日、すぐ目の前までできていた電源復旧が、絶望的なまでに遠のいてしまったのだ。この後、福島第一原発の事故は悪化の一途を辿る。1号機に続いて、3号機もメルトダウンを起こし水素爆発、さらに2号機もメルトダウンを起こし、放射性物質の大量放出へと連鎖していくのだ。

井戸川は、当時の自分の無力さを、今でも悔いている。

「私個人としては、やるべきことをなにひとつできていなかった。だからこそ、こういう事故になったと思っています。要は、やりたいことはいくらでもあったがやれることがなにもなくて、無力感というかものすごく残念でした」

そのうえで井戸川は「東京電力や政府は自己の責任を自らに厳しく問い続け、社会に対して誠実に対応してほしい」と話している。

ベントの遅れが、1号機の水素爆発にどのように影響したのか、その詳しいメカニズムはいまだにわかっていない。そして、格納容器の爆発という「最悪の事態」は避けることができたが、これがベントの成功によるものなのか。今になっても誰にもわからない謎のままなのである。

証言：東京電力　1、2号機中央制御室運転員
「死ぬなと思っていた。でも言わない」

事故当時1、2号機の中央制御室にいた運転員は、おしなべて極めて口が堅いが、井戸川のほかにも複数の運転員が匿名を条件に取材に応じてくれている。そのうちの一人は、12日未明、放射線量が高まっていく中央制御室で作業をしていた時の胸のうちを、次のように語っている。危機が迫る最前線で人は何を考えるのか。貴重な証言である。

「みんな、やばいことはわかっている。やばい、逃げたいとわかっているが、でもいいとも言えないし、聞かないし。僕は怖かった。やばいとわかっていた。物理的、機器的にどこまでもつか。未知の世界だった。

これは格納容器がパンといくと思っていた。やばいし、死ぬなと思っていた。でも口に出して言わない。あの状況

当直副長席で仮設照明を照らして対応に当たる運転員
写真：東京電力

はなんなのか……。一人がパニックになると、みんなパニックを起こすんですかね。まさか、水素で建屋が飛ぶとは全然思っていなかった。

冷静に考えれば、そうだよな、と思うが。その場にいた時は、格納容器もってくれ、という心境だった。だから、淡々と、なんですよ。常に100％気を張っている。マスクをして普段の話はできた。水とか食料はいっぱいあった。

あの時の当直長じゃなかったら、パニックを起こしていたかもしれない。頭に血が上る人だったら、言われた方も焦る。

当直長は、『みんなでいこうぜ』というタイプなので、僕らも冷静でいられた。心のコントロールがうまかった人だったと思う。怒る人も切れる人もいない。罵声を出すということも１回だけじゃないか」

この運転員と井戸川の証言で共通するのは、内心では相当の恐怖を感じていたが、そのことを決して表に出さなかったことである。このように自らの内面を率直に語った運転員の証言は非常に少ない。事故を検証するうえで最前線で対応にあたった当事者の内面も含めた証言がさらに出てくることが望まれる。

第３章
吉田所長が遺した「謎の言葉」
ベントは本当に成功したのか？

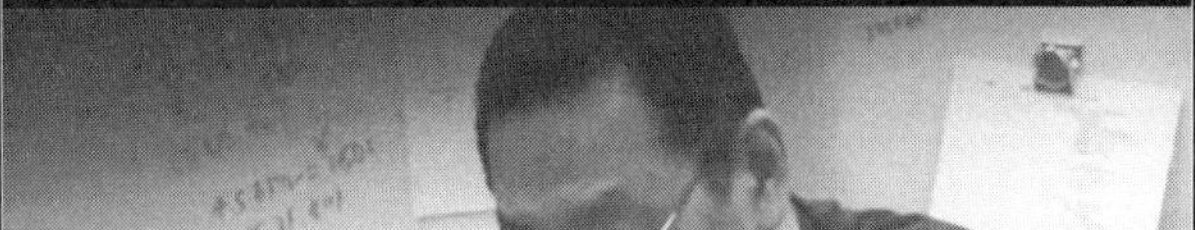

免震棟で指揮をとる吉田昌郎・福島第一原発所長　写真：東京電力

吉田が遺した謎の言葉

福島第一原発の事故から1年余りがたった2012年5月14日。

東京は、気温が25度近くまで上がり、梅雨を前にした蒸し暑さに包まれていた。

この日、東京・新宿区信濃町にある慶應義塾大学病院に入院していた福島第一原発の吉田昌郎元所長の病室に、国会に設置された事故調査委員会の黒川清委員長らが訪れていた。国会事故調は、福島第一原発事故の原因の究明と事故防止の対策について提言を行うため発足した組織で、この2ヵ月後に報告書をまとめている。

国会事故調は、東京電力の勝俣恒久会長や菅総理大臣など事故に関わる人物を国会に呼んで公開で聴取している。現場の最前線で指揮をとった吉田もその対象だったが、吉田は2011年12月に福島第一原発の所長を退いたあと、食道がんの治療のため、入院生活を送っていた。事故当時、免震棟で不眠不休で指揮をとり続けた吉田は、事故対応の重要な局面で何を思っていたのか。この日、黒川らは病室で吉田から1時間半近くにわたり話を聞く。吉田はこの1年余りあと、2013年7月9日に食道がんで還らぬ人となる。この日の聴き取りは、吉田への最後の聴取となったのだ。

吉田は何を語っていたのか。取材班による、関係者への取材でその詳細が浮かび上がってきた。

聴取のなかで、吉田は、格納容器を守るために事故翌日の3月12日、1号機で行われたベントについて意外な発言を繰り返していた。

「いまだに言うんですけども、ベントができたかどうかの自信は、僕はありません」

1号機のベントは、いずれの事故調査報告書でも、「吉田所長は3月12日午後2時半頃にベントによる放射性物質の放出がなされたと判断」と記されている。しかし、吉田は、「できたかどうかわからない」と語っていたのだ。

さらに、この言葉を裏付ける未発表の資料があることもわかった。政府の事故調査・検証委員会の事故原因を調べていたチームが、2011年8月にまとめた内部資料である。これは、政府事故調が中間報告を発表する4ヵ月前に、事故対応の問題点を整理したもので、吉田らからヒアリングした内容が記されていた。

資料には「1号機のベント」について、「成功したかどうか、今も確証はない」と明記されている。

その理由について、資料には、次のように書かれていた。

「排気筒口の線量計が機能しないため、放射性物質の計測が不可能であり、『成功した』とされているのは、格納容器の圧力低下や放射線量の増加等の状況証拠からの推測にすぎ

1号機のベントは成功したとされているが、生前、吉田所長はベントが成功したと確信を持てなかったと関係者に証言していた　写真：NHK

ない」

　国会事故調の聴取の中でも、吉田は次のように理由を述べていたことがわかった。

「ベントしたかどうかっていうのは、本当は排気筒のモニターが生きていれば、そこでその値がボンと上がりますから、作動したというのがわかるんですけども、そんなのないですから。何をもって判断するかっていうのが、格納容器の圧力が下がることぐらいしかないんですよね」

　ベントが行われると、格納容器の内部の気体が、配管を通じて、高さ120メートルの排気筒から外部に放出される。この排気筒の下に監視室があり、排気筒を通る気体の放射性物質の濃度などを測定するモニターが設置されている。電源がある状態ならば、ベントを行うと、放射性物質を含む気体が排気筒を通過するため、濃度が上がり、ベントができたことが判定される。

ところが、電源が失われていた事故当時は、ベントの可否を判定する濃度の測定ができなかったのだ。ベントができたと言うのは、格納容器の圧力と、原発の敷地境界で放射線量を計測していたモニタリングポストの数値の変化からの推測に過ぎない。しかし、こうした変化は、原子炉がメルトダウンしたあと、格納容器の配管の貫通部など弱い部分が損傷して、気体が漏れ出すことなど別の原因も考えられる。吉田の国会事故調の聴取や政府事故調の未公表の資料から、ベントが成功したのは、あくまで推測に過ぎず、確たる証拠はないことが明らかになったのだ。

「ベントができたかどうかの自信はない」

3章では、吉田が遺した謎の言葉が何を意味するのかを探っていく。

モニタリングポストに記録されていた異常な数値

1号機のベントは本当に成功したのか。成功したのであれば、いったい、どれだけの放射性物質が放出されていたのか。この謎を解明するために、まず取材班が注目したのが、福島県が原発周辺に設置していた放射線のMP（モニタリングポスト）のデータだ。福島県のMPは県内に26ヵ所あり、測定されたデータはリアルタイムで大熊町にあった福島県原子力センターに送られ、常時監視されていた。

3月11日午後2時46分、東日本大震災が発生。福島県浜通り地方は震度6強の揺れに襲われたが、データの伝送記録システムは稼働し続け、測定データにも異常は見られなかった。ところが、午後3時34分を最後に、突然、大熊町熊川と富岡町仏浜のデータが途絶え、3時36分に浪江町請戸、3時38分には浪江町棚塩のデータも途絶えた。津波が次々とMPを襲ったのだ。その後、通信回線の途絶などにより、11日午後6時以降は津波の被害を免れたMPからのデータも原子力センターのMPを除いてリアルタイムに得られなくなってしまっていた。

一方で、福島県は、地震に対して、事前に対策を取っていた。きっかけは、2007年7月に起きた新潟県中越沖地震だ。この地震で東京電力柏崎刈羽原子力発電所では火災が発生。地震による停電のために原発周辺のMPが機能せず、新潟県は必要な情報が得られないという事態に陥った。その教訓から、福島県では、各MPに停電に備えて自家発電機の設置を始めていたのだ。

津波の被害を受けなかったMPは、原子力センターにデータを送信こそできなかったものの、発電機の燃料が失われるまでの間、自動で測定を続け、データを記録し続けていた。データが残されていたのは地震発生からおよそ3日間。情報が極めて限られている事故初期の状況を知る上で極めて貴重なデータだ。

その記録をひとつひとつ確認していくと、地震発生からほぼ24時間後に急上昇し、1時間あたり1・6ミリシーベルトという極めて高い線量率を記録している場所があった。原発から北西5・6キロメートルにある双葉町上羽鳥のMPだ。1時間あたり1・6ミリシーベルトという値は、今回の事故で、原発の敷地外にあるMPで記録された放射線量率の最大値だ。

放射線量率がピークに達したのは12日午後3時。1号機の原子炉建屋が水素爆発を起こしたのは12日の午後3時36分なので、「水素爆発で大量の放射性物質が放出されたことが原因」と思われるかもしれない。しかし、福島県が午後3時のデータとして公表しているのは、午後2時から午後3時までの放射線量率の平均値であった。意外なことに、1号機の原子炉建屋が水素爆発する前から、福島第一原発の周辺には、大量の放射性物質が拡散していたのだ。

原発から北西方向、5.6キロメートルほどのところにある双葉町上羽鳥のモニタリングポスト。事故初期の貴重な情報が記録されていた
写真：NHKスペシャル『メルトダウンⅣ　放射能〝大量放出〟の真相』

1号機のベントの謎

1号機が水素爆発を起こす前に、上羽鳥で記録されていた1時間あたり1・6ミリシーベルトという高線量率。その原因はいったい何なのか。12日午後2時の時点で、2号機と3号機はいずれも冷却装置が稼働し、原子炉の水も十分にあったと記録されている。放出源として考えられるのは1号機しかない。

水素爆発の直前、東京電力は、様々な手段を講じて、1号機のベント作業を繰り返していた。ベントとは、2章で説明した通り、原子炉格納容器の圧力が高くなり破損の恐れがでてきた時に、容器内の放射性物質を含む気体を環境中に放出する操作だ。東京電力の報告書には、12日午後2時30分に1号機で「ベ

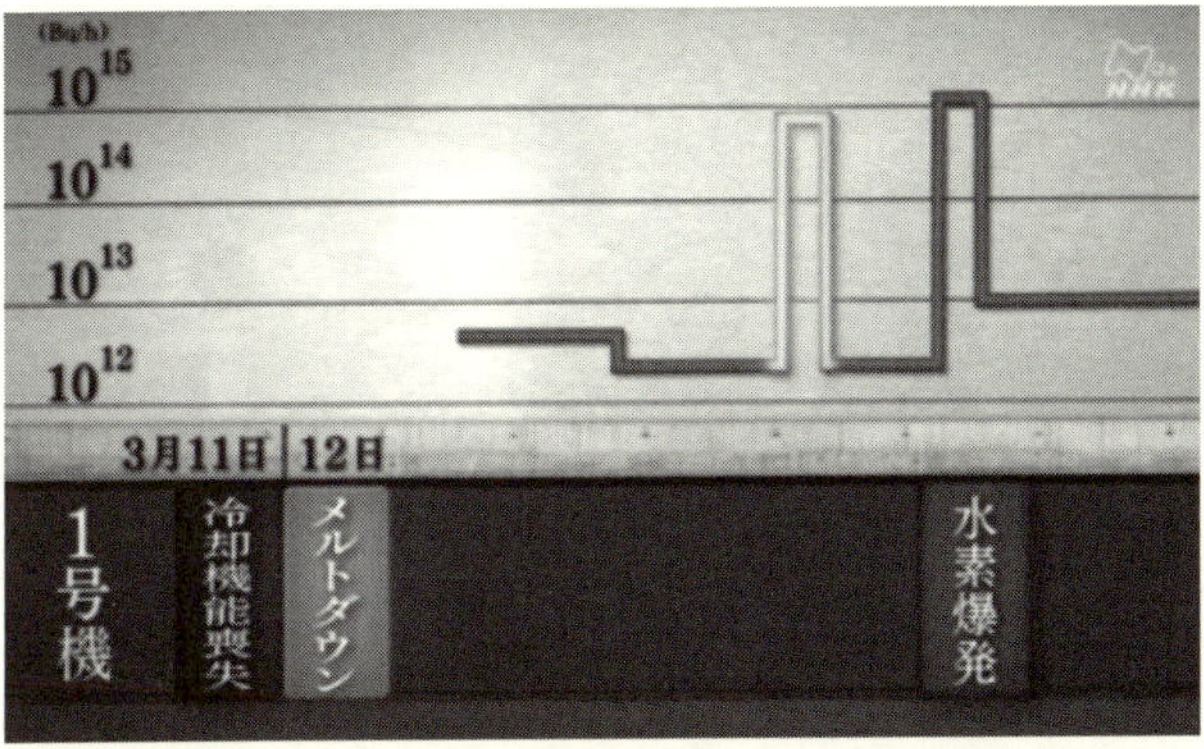

双葉町上羽鳥のモニタリングポストには、1号機の水素爆発の前から大量の放射性物質放出があったことを裏付けるデータが記録されていた
グラフ：NHKスペシャル『メルトダウンⅣ　放射能〝大量放出〟の真相』

ントによる減圧を確認」とあり、このベントによって放出された放射性物質が上羽鳥のMPに記録された可能性もあった。

ベントには2つの方法がある。気体を格納容器から直接外部に放出する「ドライウェルベント」と呼ばれる方法と、いったんサプチャンと呼ばれる格納容器下部にあるドーナツ形の設備、サプレッションチェンバー（圧力抑制室）の水にくぐらせてから放出する「ウェットウェルベント」と呼ばれる方法だ。12日に1号機で行われたのは後者の方だ。ウェットウェルベントは、放出する気体をいったん水にくぐらせて放射性物質を取り除くことで、環境に放出される量をおよそ100分の1から1000分の1にまで減らすことができると言われていた。

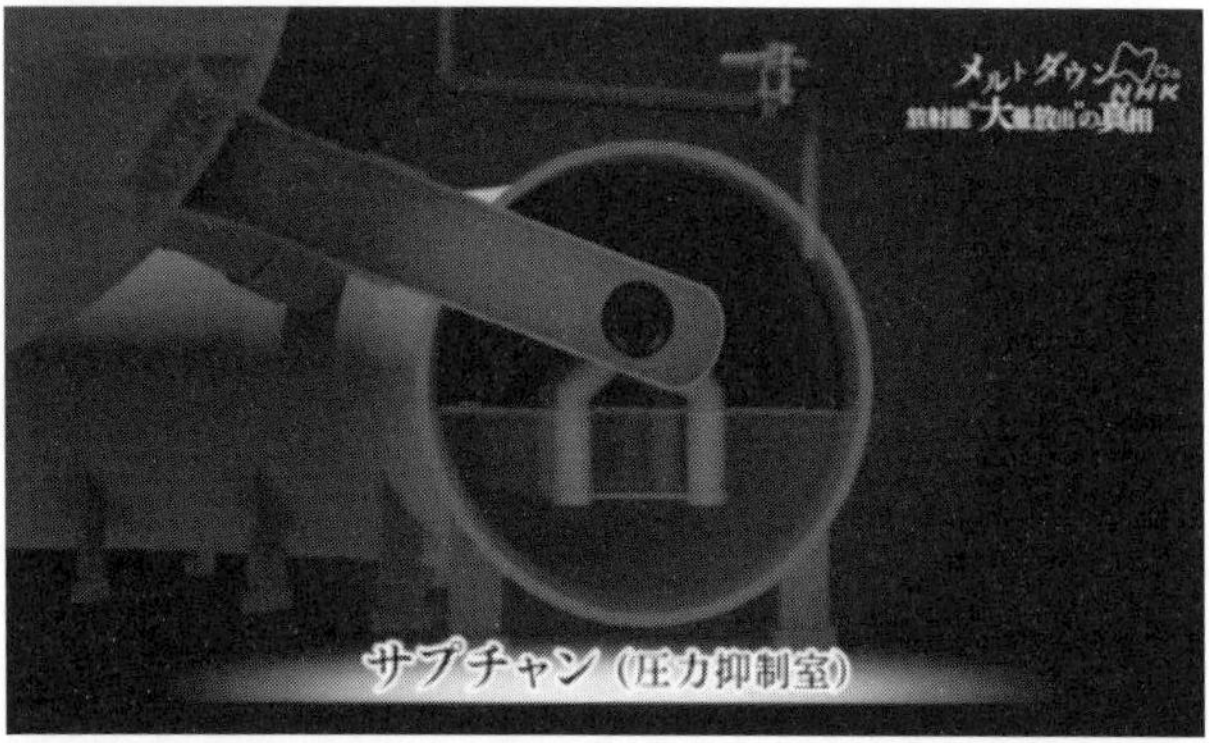

ウェットウェルベントでは、放出する気体をサプチャン（圧力抑制室）の冷却水にくぐらせてから放出することで、放射線量を約1000分の1に低減させることができるはずだったが……
写真：NHKスペシャル『メルトダウンⅣ　放射能〝大量放出〞の真相』

12日午後3時からの政府の記者会見では、原子力安全・保安院の担当者が次のように述べている。

「外部被ばくによる影響は、南西の1キロの地点で、実効線量は0・019ミリシーベルト（と推測される）」[*1]

ところが、福島第一原発から5・6キロメートルも離れた上羽鳥で実際に記録されていた線量は1時間で1・6ミリシーベルト。試算結果よりも100倍以上も高かったのだ。上羽鳥での高線量は、本当にベントが原因なのか。もしベントであれば、なぜ、国の試算よりもはるかに高い線量が記録されていたのだろうか。

上羽鳥に残されていた未解析のデータ

２０１３年10月、謎を解くための手がかりを求めて、取材班はエネルギー総合工学研究所の内田俊介特任研究員とともに、福島県の原子力センターを訪ねた。福島県のＭＰでは、人工的な放射線が検出された際に、その放出源となっている核種（元素）を知るための手がかりが得られるよう、放射線のスペクトルも測定している。このスペクトルから放出された核種の種類や量の比の変化がわかれば、高線量がベントによるものなのか、それ以外の要因によるものなのかを、明らかにできるかもしれない。そう考えた取材班は、福島県にスペクトルの詳細データを提供してもらい、上羽鳥で高線量率が観測される前と最中の変化を調べてみた。

しかし、この作戦はすぐに頓挫した。上羽鳥で観測された線量率が高すぎ、スペクトルの測定器の定量限界を超えてしまっていて、正確なデータが取得できていなかったのだ。

＊１　この数字は、原子力安全・保安院の緊急時対応センター（ＥＲＣ）がＳＰＥＥＤＩ（緊急時迅速放射能影響予測ネットワークシステム）を使って試算した結果に基づく。実効線量とは、専門的には詳しい定義があるが、ここでは体全体での被ばく線量と考えていただいてよい。この数字は、午後２時から午後５時にかけての３時間の合計被ばく線量。

ところが、対応してくれた原子力センターの佐々木広朋主査が思わぬ情報を教えてくれた。上羽鳥の測定器は、20秒ごとの測定データを蓄積し、それを元に1時間ごとの平均値を算出している。その20秒ごとのデータが測定器の内部データとして保存されているというのだ。

ただし、そのデータは専用のプログラムで分析する必要があり、手間と時間がかかってしまうため、まだ手つかずになっているという。

新たに存在が明らかになったデータを元に放射線量の変化を詳しく分析すれば、何か手がかりが得られるのではないか。取材班は、改めて20秒間隔のデータの公開と提供を依頼、佐々木による分析が終わり、福島県がデータを公開するのを待った。

年が明けて2月、ようやく上羽鳥の20秒データが公開された。東京に持ち帰って、さっそく、データを確認していく。

「えっ、なんだこれは？」

上羽鳥では12日午後2時10分すぎから線量率が急上昇を始め、その先には、思いもよらない数字が並んでいた。午後2時18分、1時間あたり1ミリシーベルトを超え、午後2時40分40秒に最大値1時間あたり4・6ミリシーベルトを記録していた。これまで公表されていた1時間の平均値1・6ミリシーベルトのおよそ3倍だ。この状態が続けば、一般人

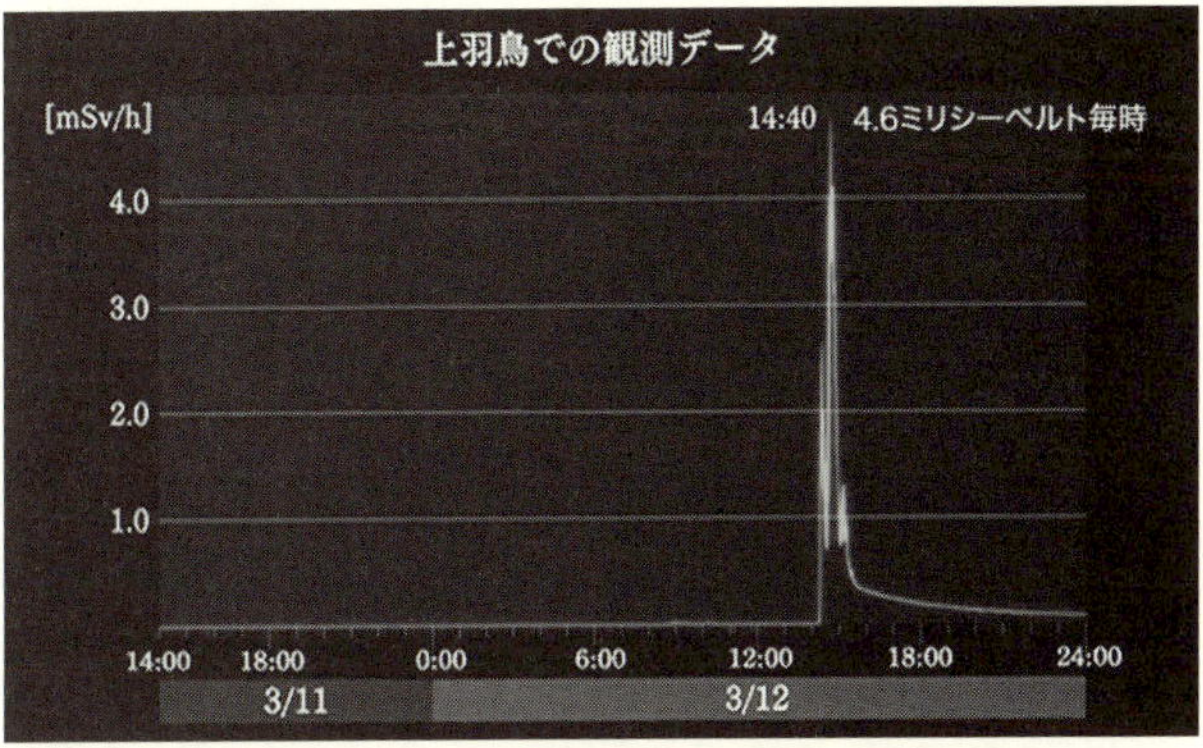

上羽鳥のモニタリングポストに記録された20秒間隔の詳細データ。午後2時10分から20分にかけて線量率が急上昇していた
写真：NHKスペシャル『メルトダウンⅣ　放射能〝大量放出〟の真相』

の年間の被ばく許容量をわずか15分で超えてしまうような高線量が記録されていたのだ。

高線量の謎をSPEEDIによって解明せよ

事故から3年を経て明らかになった上羽鳥の20秒ごとの詳細な線量データ。このデータを解析すればベントが実施された正確な時間がわかるのではないか。取材班は入手したデータを持って、日本原子力研究開発機構の茅野政道原子力基礎工学研究部門長を訪ねた。

茅野は、長年、SPEEDIの開発を行ってきた研究者だ。福島第一原発の事故後は、放射能汚染の観測データをSPEEDIのより広域バージョンであるWSPEEDIに入力することで、いつ、どれだけの量の放射性物質が原発から放出されたのかを解明する研究を続けていた。
茅野が、上羽鳥の詳細データで注目したのは線量が上昇した時刻だった。20秒間隔のデータでは午後2時10分から20分にかけて線量率が急上昇していた。これまで茅野は、東京電力の事故報告書に基づき、1号機のベントの開始時刻を午後2時30分としてWSPEEDIによる試算を行っていた。しかし、これでは、上羽鳥のMPが記録した、午後2時18分からの線量の急上昇を説明できない。そこでWSPEEDIを使って、福島第一原発で午後2時00分に放射性物質の大量放出が始まったと仮定して再度シミュレーションすると、上羽鳥のMPで観測されたデータとほぼ一致することがわかった。
この頃、福島第一原発では何が行われていたのか。東京電力の事故報告書には、この時間帯に行われたベントに関わる作業内容について、次のように記載されている。

「午後2時00分頃　S／Cベント弁（AO弁）大弁を動作させるため、仮設コンプレッサーをIA系に接続し加圧」

放射性物質の大量飛散が始まった時刻と仮設コンプレッサーを用いたベントの開始時間がピタリと一致した。上羽鳥のMPが記録した異常ともいえる高線量はやはりベントによるものだったのだ。

仮設コンプレッサーで圧縮空気を送り、ベント弁（AO弁）大弁を開放したとされる3月12日午後2時頃、１、２号機の排気筒から白い煙が上羽鳥のモニタリングポストのある北西方向に流れていた
写真：NHKスペシャル『メルトダウンⅣ　放射能〝大量放出〟の真相』

さらに、午後2時ごろ行われていたベントが成功したことを裏付ける証拠が極めて身近なところに残されていた。ＮＨＫにある映像のアーカイブスだ。

東日本大震災の発生の瞬間から各地で撮影された地震と原発事故関連の映像が大量に保存されている。その中に３月12日午後２時の前後に、福島第一原発をとらえていた映像があった。ヘリコプターからの空撮だ。午後１時59分、１号機から４号機が並んでいる。59分30秒ごろから、カメラはいったん海の方向を向き、原発は視界から消える。そして午後２時00分40秒ごろから再び原発の方に向き直す。このとき、映像の中に１分前には無かったものが映っていた。１、２号機の排気筒から放出されるうっすらとした白い煙のようなもの。徐々に濃くなり、午後2時1分には、はっきりと濃い白になった。煙のたなびく方向は北西。上羽鳥のある方向だ。

当時、1、2号機の中央制御室で事故対応にあたっていた運転員の井戸川隆太は、1号機のベントを行ったときの外部への放射性物質の影響について、次のように証言している。

「中央制御室は、鉛でかためられたところにいるので外部の状況というのは見られなくて、窓一つないですから、ただ構外で放射線の量をはかる指示計が（中略）異常に高い値だったというのを覚えています。指示計がもう振り切れちゃっているところもありました。なので（建屋の）外の状況がどれだけひどいものなのかは推測ができました」

吉田が「成功したかどうかわからない」と証言していた1号機のベントは3月12日午後2時頃に確かに実施されていた。しかし、これは「成功」と言って手放しで喜べるものではなかった。1号機のベントにより、国の試算の100倍を超える想定外の大量の放射性物質が放出され、福島の地を汚染することになったからだ。

放射性物質の量を1000分の1に減らせるはずのベントでなぜ

なぜ想定を大幅に超える大量の放射性物質が放出されたのか。3月12日に行われた1号機のベントは、放出される気体に含まれている放射性物質の量を1000分の1にまで減らせるとされていたウェットウェルベントだった。

ウェットウェルベントでは、格納容器の中の気体を、ベント管を通して、いったん、サプチャンの中にためられている水の中に吹き込む。そして、サプチャンの水を通り抜けてきた気体を排気筒から外に放出する。このとき、サプチャンの水が放射性物質を取り除くフィルターの役目を果たすとされている。本当に、この仕組みで100分の1から1000分の1にまで減らすことができるのか、その様子を実験で再現し、確かめてみることにした。

国内の複数の大学や研究機関に実験を依頼したが、残念ながらすべて断られてしまった。そこで、イタリア北部のピアチェンツァにある世界的な巨大実験施設SIET（シエット）に相談してみた。SIETは、1982年に運転を停止した火力発電所をそのまま利用した実験施設で、原子炉のような巨大な圧力容器や、大量の水蒸気をつくる蒸気発生器などを所有し、世界各国の発電装置メーカーからの依頼を受けて様々な実験を行っていた。SIETから、ヨウ素やセシウムそのものを使った実験は難しいが、代替物を使った実験であれば可能だという回答が寄せられた。

2014年2月中旬、取材班はエネルギー総合工学研究所部長の内藤正則と内田俊介、

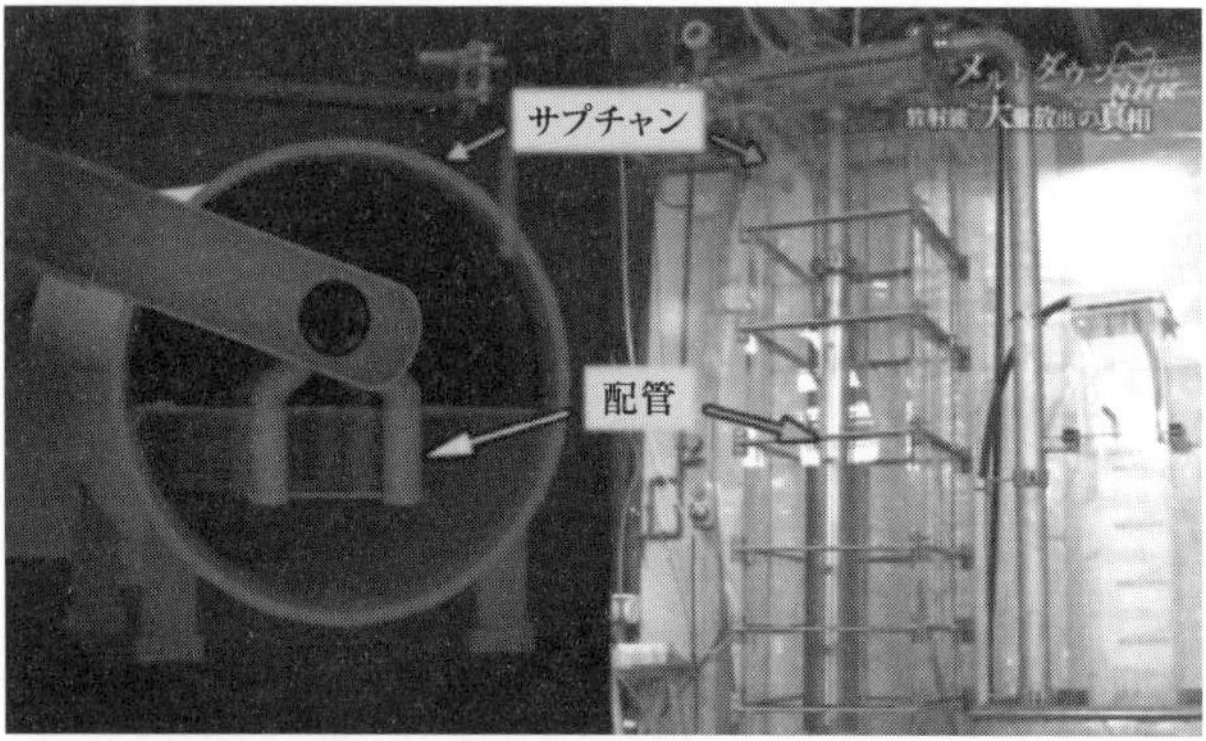

SIETで行われたサプチャンを模した実験。サプチャンに見立てた高さ3メートルの透明な水槽とベント管に見立てた配管が見える
写真・CG：NHKスペシャル『メルトダウンⅣ　放射能〝大量放出〟の真相』

そしてマルコ・ペレグリニとともにイタリアに向かった。現地で、原子力工学が専門で、ミラノ工科大学教授の二ノ方壽、同大教授のマルコ・リコッティも合流してくれた。

SIETでは、サプチャンを模した高さ3メートルの透明な水槽を用意。中には、格納容器からの気体が吹き込んでくるベント管がぶら下げられている。管の直径は実物の2分の1のスケールだ。管の中に吹き込むガスの流量も、事前にペレグリニがシミュレーションで試算し、当時の状況を実験装置のスケールに合わせて可能な限り再現した。一方で、圧力は実験装置の強度の問題で再現できなかった。格納容器からサプチャンに吹き込む気体には、放射性物質

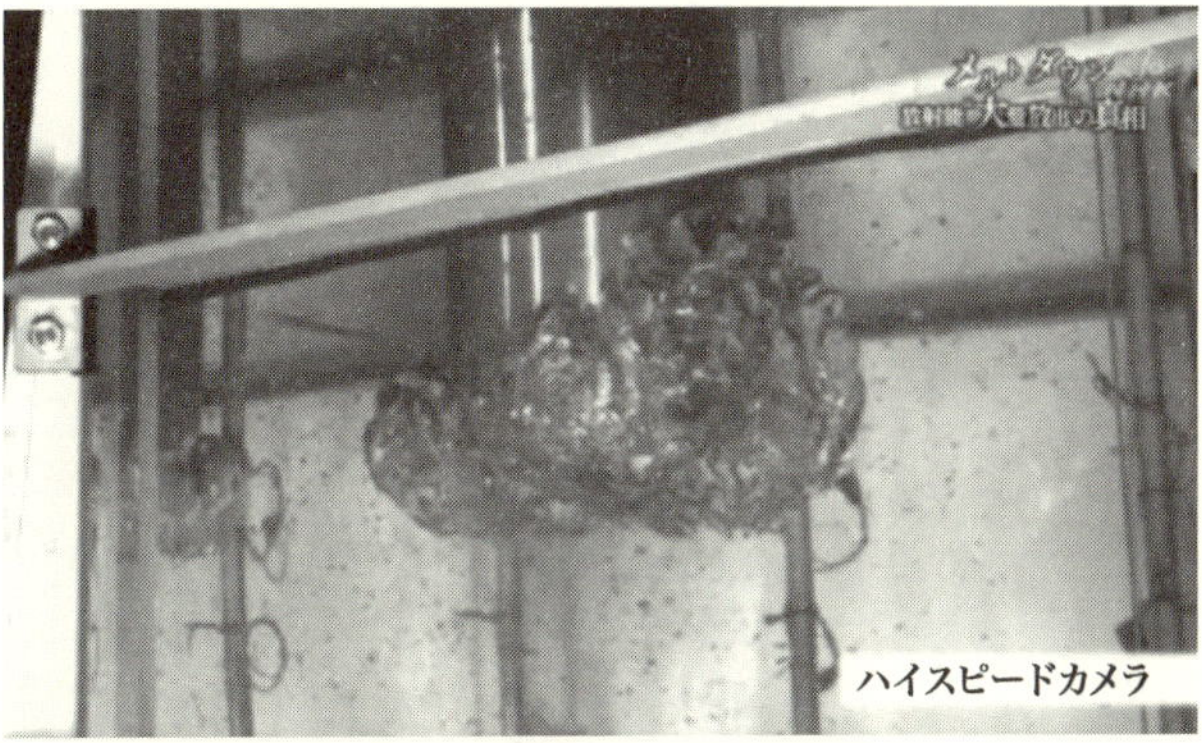

格納容器中の気体に模した高温のガスを常温の冷却水の中に入れたところ、配管から噴き出した瞬間に、写真のような大きな泡ができるものの、一瞬で消えてしまった
写真：NHKスペシャル『メルトダウンⅣ　放射能〝大量放出〟の真相』

の代替物として粒径0・5マイクロメートルのヘマタイト（酸化第二鉄〈Fe_2O_3〉）を混ぜ、その放出量を測定することにした。

いよいよ実験開始。格納容器の中の気体に模した高温のガスをベント管に吹き込んでみる。すると、噴き出した瞬間、直径30センチを超えるような大きな泡ができるが、その直後「ドン」という大きな衝撃音とともに泡が消えてしまう。その後も、泡が発生してはすぐに消える、という状態が続いた。実は、この泡が消えてしまう現象が、放射性物質が取り除かれる秘密だという。

サプチャンに吹き込んでくる気体には高温高圧の水蒸気が大量に含まれている。サプチャンの水は通常は27度程度の常温だ。

そのため、気体は一気に冷やされることになる。すると、気体の中に大量に含まれている水蒸気が水に変わる。「凝縮」と呼ばれる現象だ。配管の排気口から噴き出した瞬間、大きな泡を作るが、周囲の水に冷やされてすぐに水蒸気が水に変わるため、泡がまるで消えたように見えるのだ。そして、このとき、気体の中に含まれていたセシウムなどの放射性物質も水に溶け込み、水の中に捉えられる(左図参照)。このように水の中に気体を吹き込むことで、中に含まれている放射性物質が取り除かれる仕組みは「スクラビング」と呼ば

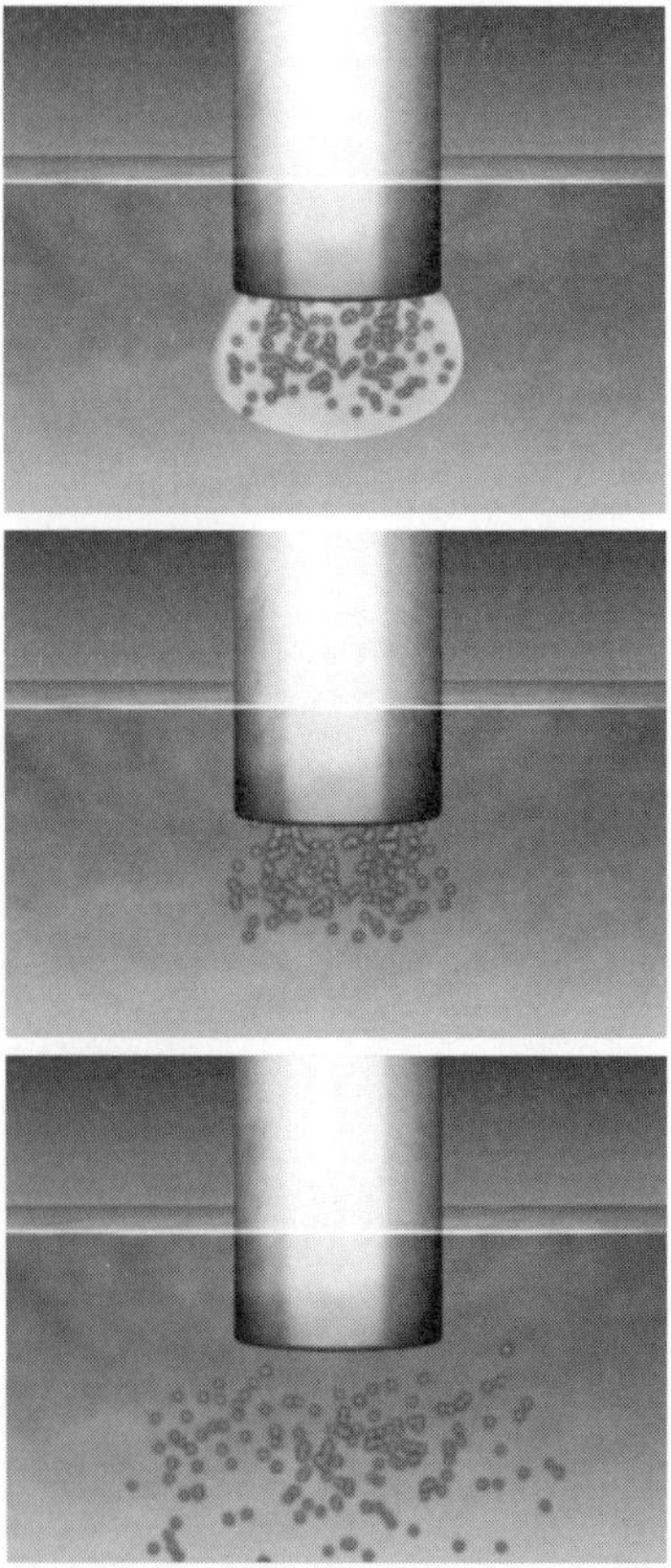

格納容器から送られてきた放射性物質を含む気体は、サプチャンの冷却水に吹き込まれた瞬間に気泡が消えて、放射性物質も空気中に飛散することなく冷却水の中に取り込まれる
CG：NHKスペシャル『メルトダウンⅣ 放射能〝大量放出〟の真相』

れ、取り除かれる効果のことは「スクラビング効果」と呼ばれている。

ウェットウェルベントではこのスクラビング効果によって、放出される気体中の放射性物質の1000分の999は水に捉えられ、残りの1000分の1、すなわち水に溶け込まなかった0・1％の放射性物質だけがサプチャンの水を通り抜けて、外部へ放出されるというわけだ。

温度成層化の罠

前述の放射性物質の99・9％を除去できた実験モデルは、「格納容器から吹き込む気体がほぼ100％水蒸気」で、「サプチャンの水温が27度程度の常温」だった場合である。

では、実際の1号機ではどうだったのか。内藤とペレグリニは、ベントが行われた時のサプチャンの水温に注目し、事故時の状況の分析を行っている。1号機では、3月11日津波の襲来によって全ての電源が失われ、電源がなくても冷却ができるICも停止していたため、核燃料の崩壊熱によって、原子炉内の温度が上昇、圧力も高まっていった。

そして、ICが停止してから10分後の11日午後3時47分にはSR弁が作動を始めた。SR弁は、圧力が高くなりすぎて原子炉が破損してしまうのを防ぐための弁で、原子炉の圧力があらかじめ決められた圧力を超えると、自動的に弁が開き、原子炉の中の気体を放出

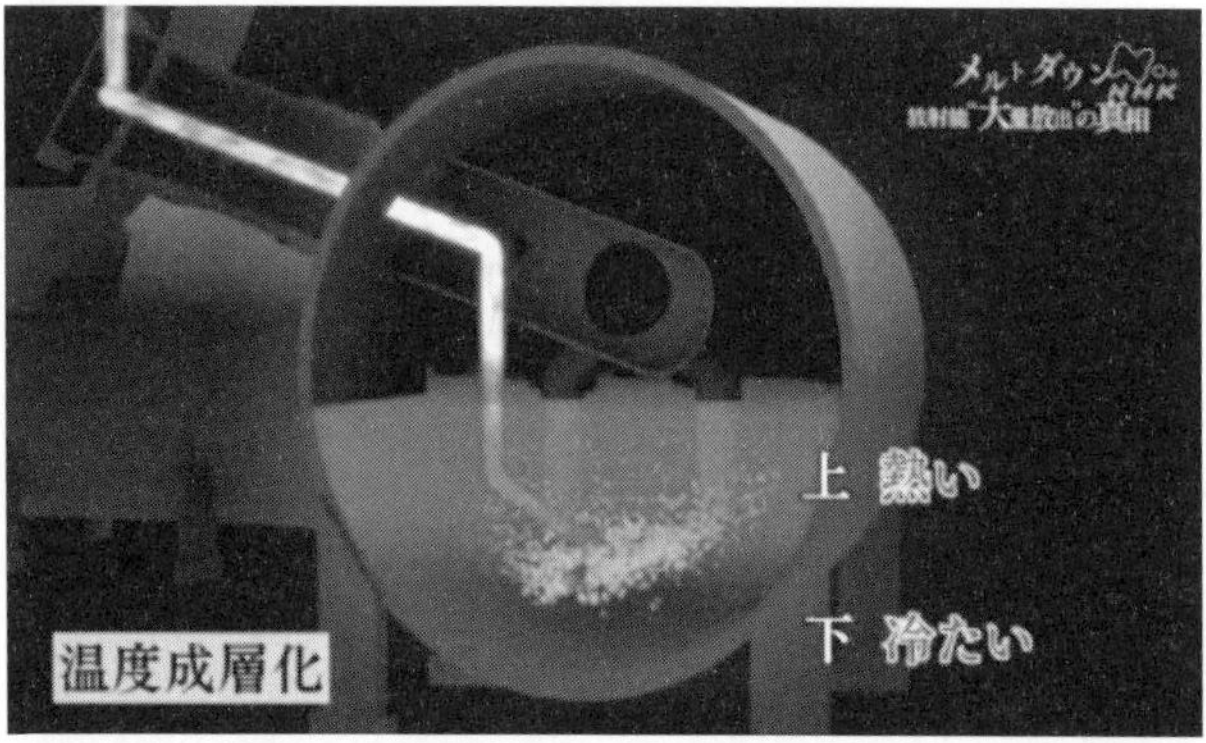

1号機のサプチャンには、原子炉から送られた高温・高圧のガスが送り込まれた結果、温度の高い部分と低い部分が層状に分かれる「温度成層化」と呼ばれる現象が起きたと推測される
CG：NHKスペシャル『メルトダウンⅣ　放射能〝大量放出〟の真相』

する。放出される先はサプチャンの水の中だ。サンプソンと呼ばれる原子炉の挙動の計算プログラムによる解析では、その後、およそ3時間41分にわたって、SR弁から高温の水蒸気が、サプチャンに噴き出し続けたと推定されている。

このときサプチャンでは「温度成層化」と呼ばれる現象が起きていた可能性が高いと内藤は言う。温度成層化とは、温度の高い部分と温度の低い部分が混じり合わず、層状になる現象だ。身近な例にたとえると、お風呂のお湯を混ぜずにおいておくと、上の方が熱く、下の方は冷たくなる。お湯は水に比べて密度が小さいため、水面に上昇し、水は底の方に沈んでいく。いったん層ができると混ざらなくなるためだ。

内藤はペレグリニとともに、イタリアのＳＩＥＴで、３号機のＲＣＩＣと呼ばれる冷却装置から噴き出す高温の水蒸気による、サプチャンの水温の変化の模擬実験を行った。３号機のＲＣＩＣの排気口の形は、１号機のＳＲ弁からの排気口やベント管の排気口とは形状や水深は違うが、サプチャンの水の中に高温の蒸気を噴き出すという点では同じだ。

この実験で、サプチャンの底の方は水温が50度以下にもかかわらず、水面付近は１００度近く、ほぼ沸騰温度まで上昇することがわかった。サプチャンで温度成層化が起きることがわかったのだ。

実は、東京電力も、全交流電源を喪失した場合にサプチャンの水温が急上昇する危険性をかねてより把握していた。事故前に作成していた事故時運転操作手順書（事象ベース）には、サプチャンの水温は全交流電源喪失から8時間後には90度程度になると記載されている。

しかも、この例では、直流電源（バッテリーなどの非常用電源のこと）を使ってＩＣを駆動させて原子炉が冷却できる想定だった。

しかし、今回の事故では、１章で述べたように1号機は津波により直流電源が失われ、ＩＣも動いていなかった。このため、サプチャンは想定を上回る高温高圧状態になったと考えられる。放射性物質の99・９％を除去できる常温状態とはほど遠いものだったのである。

サプチャンの水が高温になった場合のベントへの影響は

サプチャンの水が高温になると、スクラビング効果はどう変化するのか。ＳＩＥＴでの検証実験の結果は衝撃的なものだった。

ガスを吹き込み続けていると、ガスの熱によってサプチャンの水が温められ、温度が上昇し始める。水温の上昇とともに、徐々に泡が消えにくく、つまりガスが凝縮しにくくなってくる。そして水温が沸騰温度近くになると、吹き込んできたガスが凝縮せず、ゴボゴボと泡のまま水面に到達するようになる（119ページの写真）。こうなると、ガスの中に含まれていた放射性物質も水に取り込まれることなく、サプチャンの上部の気層に放出される。放射性物質の代替物として使用したヘマタイトの場合、およそ10％が放出されてしまうことがわかった。

しかし、これはあくまでも代替物であるヘマタイトの場合の放出率だ。セシウムだった場合、どうなるのか。換算に必要な関係式を求めるため、取材班は、エネルギー総合工学研究所の内田とともに、茨城県水戸市にある株式会社化研を訪ねた。化研は化学物質の分析等を得意とする調査研究会社で、放射性物質を扱うＲＩ室も備えており、日本原子力研

サプチャンの水が高温になると、配管から吹き込まれた水蒸気の泡は消えることなく、透明の容器の内部が泡でまったく見えなくなった
写真：NHKスペシャル『メルトダウンⅣ　放射能〝大量放出〟の真相』

究開発機構などからも委託を受けて実験や研究を行っている。ビーカーレベルの規模だが、実際にヨウ素やセシウムを使った実験ができる。

1リットルのガラス容器をサプチャンに見立て、ミニ実験装置を作り、セシウムとヘマタイトを混ぜたガスを吹き込んで、それぞれの放出率を調べた。その結果、サプチャンの水が沸騰している条件では、セシウムの放出率はヘマタイトの放出率のおよそ4倍になることがわかった。

SIETでの実験でサプチャンの水温が沸騰している場合のヘマタイトの放出率は10％だった。ということは、セシウムの場合はその4倍の40％が放出されてしまうと考えられる。つまり、理想的な条件ではおよそ1000分の1に低減できるが、今回の事故では、サプチャンの

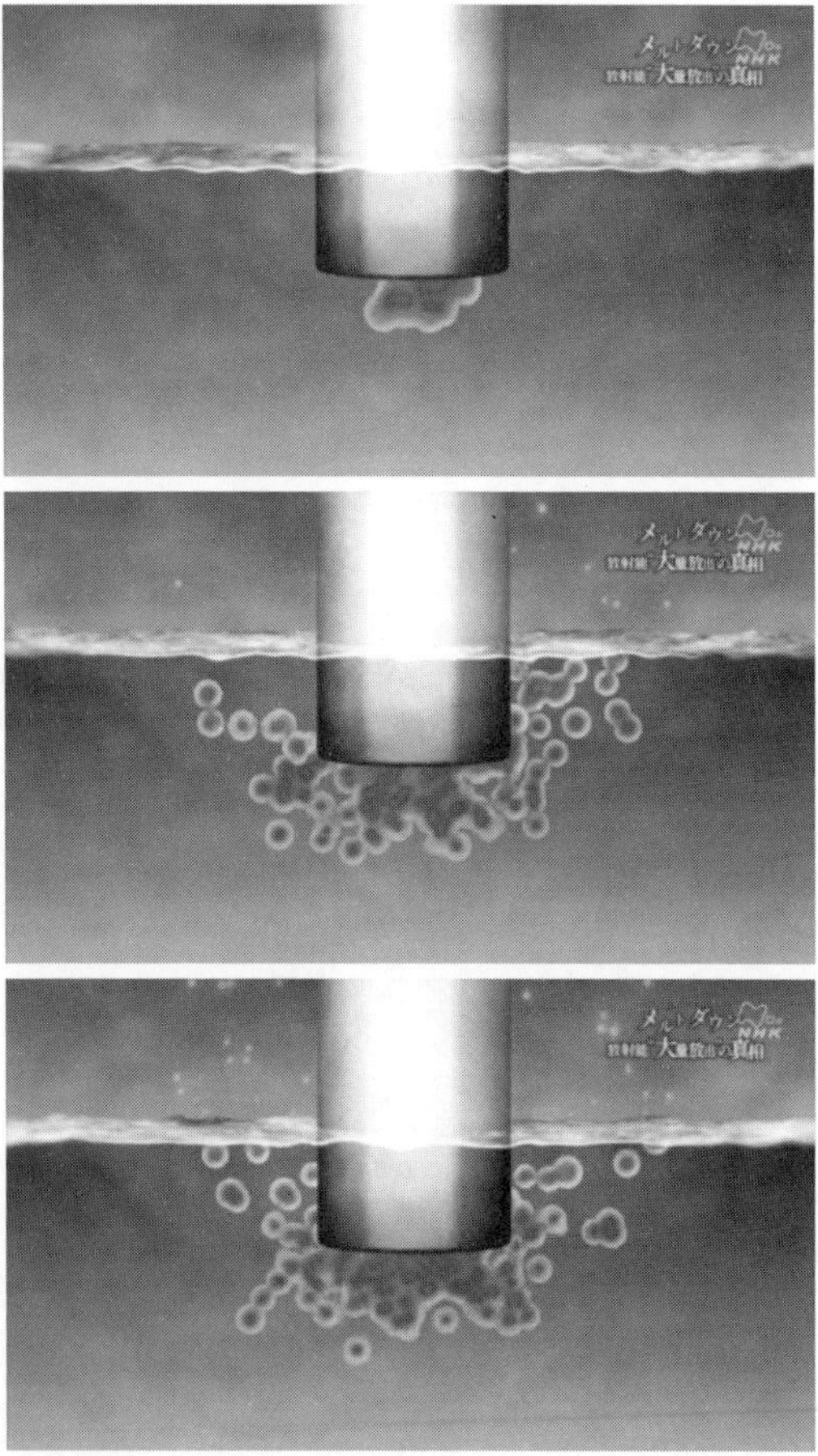

格納容器から送られてきた放射性物質を含む気体は、サプチャン内の沸騰した水に吹き込まれても気泡が消えることはない。そのためスクラビング効果も弱まり、気泡に含まれている放射性物質も空気中に飛散してしまう
CG：NHKスペシャル『メルトダウンⅣ　放射能〝大量放出〞の真相』

水温が高くなってしまった結果、およそ半分の放射性物質が外部にそのまま放出された可能性が高いのだ。

メルトダウンによって発生するガスは凝縮しない!?

ここまで、サプチャンの水温上昇による影響を見てきたが、水温が低くても放出量が増加する場合がある。冷たい水に吹き込んでも凝縮しない気体が多く含まれている場合だ。凝縮しない気体を非凝縮性ガス（あるいは、不凝縮性ガス）と呼ぶ。

そもそも格納容器を満たす窒素が非凝縮性ガスの代表である。さらに、核燃料がメルトダウンする際に発生する水素ガスも非凝縮性ガスだ。そして、キセノンなど、メルトダウンによって核燃料から放出される放射性の希ガスも非凝縮性ガスだ。こうして考えると、メルトダウンのような過酷事故が起きた場合、格納容器からサプチャンに吹き込むガスが完全に凝縮することなど、現実的にはあり得ない。ウェットウェルベントの際、放射性物質が1000分の1まで低減されるというのは、あくまでも、放射性物質を含む水蒸気が一気に凝縮されることが大前提となっている。つまり、放射性物質を取り除くスクラビング効果の理論は、ひとたび過酷事故が起これば通用しない、机上の空論でしかなかったのだ。

事故の教訓は生かされているのか

1000分の1まで放出量を低減できると言われてきたウェットウェルベント。しかし実際には大量の放射性物質が放出されていた。事故後、原子力規制委員会は原発の新規制基準において、福島第一原発事故のような過酷な事故への対策として、次のような事項を要求している。

「炉心の著しい損傷が発生した場合において原子炉格納容器の破損を防止するため、原子炉格納容器内の圧力及び温度を低下させるために必要な設備を設けなければならない」

「排気中に含まれる放射性物質を低減するものであること」

これは、ヨーロッパ諸国では20年以上も前から取り入れられているフィルターベント設備の設置か同等以上の効果がある措置をとるように求めたものだ。そして、福島第一原発と同じタイプの沸騰水型軽水炉（BWR）についてはこの条件に適合しないと再稼働を認めず、加圧水型軽水炉（PWR）についても2018年7月8日までに適合することを求めている。

しかし、このフィルターベントをもってしても、福島第一原発事故のような過酷事故が起きた場合にはどれだけ除去効果を維持できるかは未知数だ。取材班は、2014年3月の時点で、福島第一原発と同じタイプの原発を持つ電力6社に、フィルターベントで使用する水が沸騰した場合でも放射性物質の除去率に問題が生じない設計になっているかどうか、アンケート調査を行った。その結果、東北電力、東京電力、中部電力は、沸騰した場合でも十分な除去率が確保されていると回答した。一方、中国電力は、回答は差し控える、日本原電は検討中、北陸電力は設計中とのことであった。

原子力規制委員会は、事業者から再稼働の申請があった沸騰水型軽水炉について、新規制基準に適合しているかどうかの審査を始めている。事業者が「十分な除去率が確保されている」と主張しているフィルターベント設備の性能をどのように審査、確認しようとしているのか、その審査の方法や内容についても、きちんと検証していく必要がある。

吉田が、本当に成功したのかどうか、最後まで疑っていたというベント。その謎を追っていくと、確かにベントは行われていた。しかし、事前の予測をはるかに超えた大量の放射性物質が放出されていた現実が明らかになった。そして、なぜ大量放出が起きたのか、そのメカニズムの詳細は、いまだ解き明かされていない。

過酷事故が起きた際に大量放出を防ぐ最後の切り札とされてきたベント。それは本当に信頼できるものなのか。粘り強い検証が求められている。

水に溶けない粒子は可溶性の成分よりもスクラビング効果が小さい。ヘマタイトがベントの際のセシウムの放出量を増加させた可能性があることが示されたのだ。サプチャンの水の中には、ヘマタイトだけでなく、セシウムイオンを吸着する可能性のある化学物質がほかにも含まれている。その影響については全く未解明のままだ。内田は、こうした化学物質の影響をきちんと解明していく必要があると訴えている。

エネルギー総合工学研究所の内田俊介特任研究員は、サプチャンの冷却水が汚染物質を含んだ「汚い水」になることは想定外の事態であり、放射性物質の挙動も予測不可能なものになったはずだと指摘する
写真：NHKスペシャル『メルトダウンⅣ　放射能〝大量放出〟の真相』

検証：ベントで放射性物質の大量放出を招いた もうひとつの理由

ベントで放射性物質が大量放出されてしまった原因について、さらに詳しく解明していく必要があると指摘している研究者がいる。エネルギー総合工学研究所の内田俊介特任研究員だ。

「メルトダウンした原子炉では、さまざまな化学物質が発生している。その種類や量によっても、放射性物質の放出量に違いが出るのではないか」

内田は原子炉の水の中での化学反応の専門家だ。内田によると、水の中の酸化鉄の微粒子が、冷却水に溶け込んだ放射性物質であるコバルトイオンを吸着し、その挙動に影響を与えることがわかっているという。こうした知見をもとに、今回の事故で、内田が注目しているのが、サプチャンの水の中に含まれている酸化鉄の一種、ヘマタイトだ。そう、SIETで放射性物質の代替物として使用したものだ。このヘマタイト、あるいは事故を起こした原子炉で大量に存在するとみられる酸化ジルコニウム粒子がセシウムを吸着し、その放出量を増加させた可能性があるというのだ。内田は東北大学の三村均教授らと化研で、この可能性について実験を行った。すると、ここでもサプチャンの水温が大きな鍵を握っていることが明らかになった。

水温が低い場合、ヘマタイトはセシウムを吸着しない。ところが、水温が高温になるとヘマタイト粒子の表面がマイナスの電荷を帯びるようになり、陽イオンであるセシウムイオンを吸着。その後、水温が下がっても吸着したままの状態であることがわかったのだ。そしてセシウムイオンの粒子への吸着に伴い、セシウムの放出量も増加する傾向が見られた。

第４章
爆発しなかった２号機で放射能大量放出が起きたのはなぜか？

白煙をあげる福島第一原発２号機原子炉建屋　写真：ＮＨＫ

最大の危機にあった2号機

1号機から3号機までの3つの原子炉がメルトダウンした福島第一原発の事故。いったい、どの号機が最も深刻な影響を与えたと思うか尋ねると、多くの人から、3号機ないし1号機という返事が返ってくる。恐らく、震災当時に放送された1号機や3号機の水素爆発の映像とその衝撃が、こうした印象を作り出しているのかもしれない。1号機も3号機も建屋の水素爆発によって、がれきが散乱し、骨組みがむき出しになるという無残な姿をさらしていたのに対し、2号機は、ブローアウトパネルと呼ばれる最上階フロアに設置された通気孔が開いているのを除いて、佇《たたず》まいは事故前とほとんど変わらない。

また、完全ではなかったが、1号機から3号機の中で、2号機は最も長く冷却機能が維持されていた。1号機は震災当日、一部のバッテリーが一時復活、3号機はバッテリーが水没を免れたのに対し、2号機は津波の到来とともにバッテリーが水没し、すべての電源を一瞬にして失うという最も過酷な状況にあった。にもかかわらず、2号機で唯一残った冷却装置、RCICは細々と冷却機能を維持してきた。震災当日の3月11日深夜に1号機、2日後の13日午前中に3号機と続けざまに原子炉がメルトダウンしたものの、2号機は震災発生から3日あまりの14日夜まで持ちこたえた。

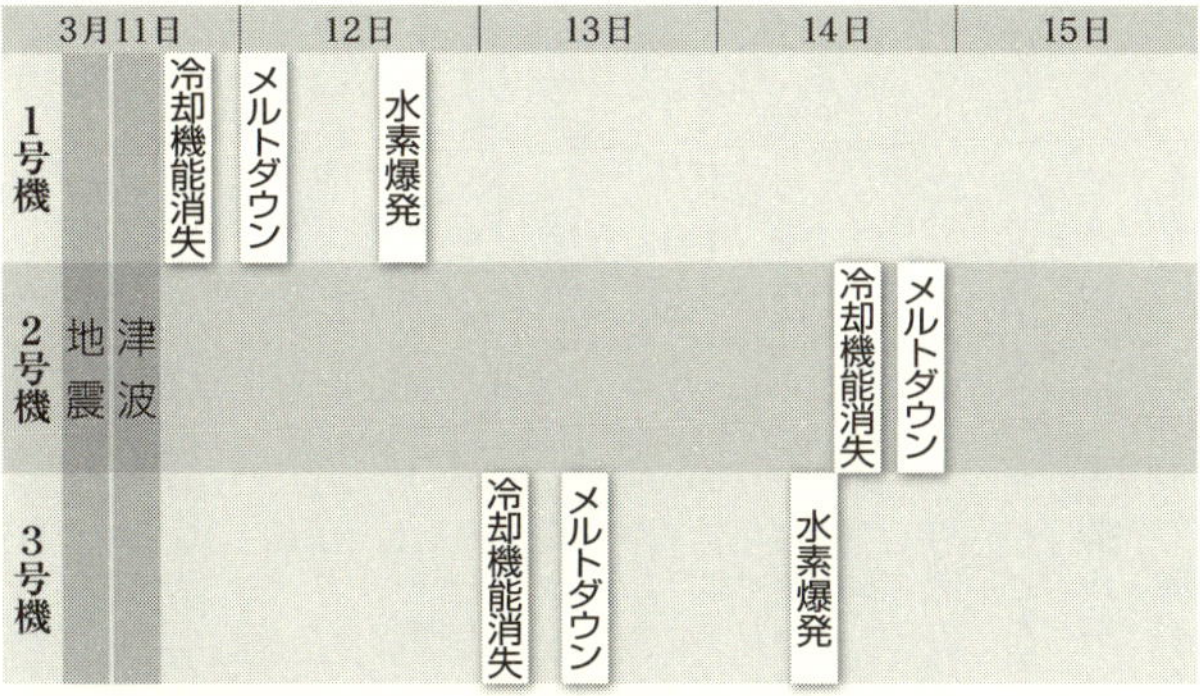

２号機の冷却装置RCICは、奇跡的に震災後３日目まで維持された。しかし、RCICが停止すると、事態は急速に悪化して短時間でメルトダウンし、大量の放射性物質を放出することになった

図：NHKスペシャル『メルトダウンⅣ　放射能〝大量放出〟の真相』

しかし、この2号機こそが現場の多くの社員をはじめ、所長の吉田にまで「死ぬかと思った」と言わしめた、福島第一原発事故最大の危機を迎えた主戦場だった。そして2号機は、所長以下、多くの作業員たちの奮闘虚しく、人間の抑制の利かないまま大量の放射性物質をまき散らし、やがて、東京電力の対応とはほとんど無関係に、いつしか沈静化していった。この時、放出された放射性物質は、原発から北西部を中心とした広大な面積の帰還困難区域や居住制限区域を生み、今も多くの住民たちを苦しめる原因となっている。

大量放出の爪痕

事故から1年2ヵ月あまりが経った2012年5月24日。東京電力は、独自の解析プログラム・DIANAを使った「放射性物質の大気中への放出量の推定」という解析結果を公表した。東京電力の広報担当であった松本純一は、「全体の放出量のうち、1号機からは2割程度、2号機は4割強、3号機からは4割弱が放出されたとみている」と発表した。

取材班が取材を進めると、シミュレーションの結果以外にも2号機からの大量放出を裏付ける直接的な証拠となる貴重な試料が日本原子力研究開発機構にあった。日本原子力研究開発機構の木村貴海主任研究員らのグループは、東京電力から委託を受けて、2号機と4号機の建屋の最上階にある使用済燃料プールなどの水に含まれる放射性物質の濃度を測定した。いずれも事故から1ヵ月ほど経った2011年4月半ばに採取された水である。

ヨウ素131とセシウム134、セシウム137などの核種の分析が行われているが、このうち半減期が30年と長いセシウム137の濃度で比較すると、4号機が1リットルあたり14万ベクレルなのに対し、2号機は9300万ベクレルと、2桁以上も濃度が高くなっていた。これは、2号機の格納容器から出てきた放射性物質が、建屋の最上階を通って建屋の外に放出されたことをうかがわせる結果である。

さらに木村らは、事故から2週間程度経った後に、1号機から4号機のタービン建屋にたまった水についても、放射性物質の濃度分析を行っている。この結果では、例えばセシウム137の濃度でみると、1号機と3号機がともに1リットルあたり16万ベクレル、4号機は22万ベクレルだったのに対し、2号機は280万ベクレルと桁外れに高い。事故から3年が経ち、除染や放射性物質の半減期によって放射線量は大きく下がっているものの、2号機には今も、高濃度の放射性物質による建屋内の汚染という、大量放出の爪痕が残されていたのだ。なぜ、水素爆発をしなかった2号機が深刻な影響を及ぼす放射性物質の大量放出に至ったのか。4章では、この謎に迫っていく。

偶然立ち上がったRCIC

2011年3月11日の深夜。福島第一原発はメルトダウンへと転がり落ちる危機的な状況にあった。この頃、免震棟や東京電力本店が最も危険な状態にあると思っていたのは、1号機ではなく、2号機であった。2号機では、非常用の冷却装置、RCICの稼働状態がわかっておらず、一方の1号機では、非常用の冷却装置、ICが動いていると考えられていたからだ。翌12日未明に経済産業省で行われたベントをめぐる記者会見でも、東京電力の小森常務は、2号機のベントを先行して実施すると発表した直後に、1号機への方針変更を明らかにするなど事故当初はどこの号機が危機を迎えているのか、混乱が多かった。では、なぜ2号機は当初の危機を免れたのだろうか。

奇跡的に震災４日目まで冷却機能が失われなかった２号機のRCIC
CG：NHKスペシャル『メルトダウンⅣ　放射能〝大量放出〟の真相』

ひと言でいえば、それは偶然と幸運以外の何ものでもない。２号機の運転員がＲＣＩＣのレバーを操作して装置を起動させたのが11日午後3時39分。津波の浸水によって、中央制御室の1号機側の操作パネルのランプが次々に消えて、一部の非常灯を除いて部屋の明かりが消えていった直後のことだ。

ＲＣＩＣを起動した直後、２号機側の中央制御室も停電に見舞われた。この後、午後９時50分まで、２号機の原子炉の水位はわからない状態となり、ＲＣＩＣの操作もいっさいできなくなる。もしＲＣＩＣを起動する判断があと１分、いやあと数十秒遅れていたら、２号機は冷却機能を失って1号機と同様に早々にメルトダウンしていたかもしれない。まさに首の皮一枚で2号機の冷却機能は維持されたわけだ。

1、2号機を操作する中央制御室では、まず1号機側が停電し（写真手前）、続いて2号機側が停電した（写真奥）。幸運にも、2号機のRCICは停電の直前に起動していた　写真：NHKスペシャル『メルトダウンⅢ　原子炉〝冷却〟の死角』の再現ドラマより

原子炉冷却の鍵を握る「ベント」

2号機で立ち上げたRCICは、原子炉から発生する蒸気の力でタービンを回してポンプを動かし、原子炉に冷却水を送り込む仕組みになっている。起動時には電源は必要だが、いったん起動させてしまうと電源がなくても動く。ただし、バッテリーを使って蒸気量をコントロールするため、すべての電源を失った状況で、安定して動き続ける保証はなく、いつまで動くのかも、誰も予想できない状態だった。

RCICがいつ止まるかわからない中、12日には、電源復旧を試みるも、1号機の水素爆発で断念。翌13日からは、消防車による海水注入の準備を進めていた。しかし、14日午

水素爆発して、水蒸気を上げる3号機原子炉建屋　写真：東京電力

前11時すぎに今度は3号機で水素爆発が起きて、いったんできあがっていた注水ラインは、爆風や落ちてきたがれきによって破損してしまう。

そして、悪夢の瞬間は、最も悪いタイミングでやってきた。14日正午すぎから原子炉の水位が急に下がってきたのだ。午後1時25分、吉田はRCICがついに動きを止めたと判断する。そもそも、RCICが実に3日間近くも機能し続けたこと自体が奇跡だった。

社員たちは急ピッチで、注水ラインの再構築に取りかかるが、2号機原子炉の圧力は徐々に高まり、それに伴って格納容器の圧力も上昇していく。消防車で原子炉に注水するには、原子炉の圧力を下げなければならない。しかし、原子炉の圧力を逃がす先は、原子炉を覆う格納容器で、その格納容器の温度や圧力が高ければ、原子炉の圧力も一定以上下がらなくなってしまう。このためにやらなければならないのが、格納容器の圧力を抜くベントと呼ばれる操作だった。

ベントは、格納容器の圧力を抜く際に内部にたまった放射性物質が放出されるおそれがあるため、電力会社にとっては、いわば「最後の手段」である。国内はおろか世界でも過去に行われたことはなく、福島第一原発の事故で世界で初めて実施された対応だった。所長の吉田は、まずベントを行って、その後に原子炉の圧力を下げる操作を行おうとした。

しかし、そのベントが思うようにいかない。午後4時をまわった頃、免震棟と2号機の中央制御室の間では、怒号のようなやりとりが交わされた。

「ウェットウェルベント。AO弁、開にします」

「ドライウェル圧力低下、確認できません！」

「ベントができているのか？」

「空気が足りないと思われます」

「2号機、中央制御室、ベントできていません！」

ベント作業にあたっていた復旧班から悲鳴のような報告が吉田にあがった。電源が失わ

2号機の事故対応では、1号機と3号機では成功したベント弁開放のオペレーションにことごとく失敗し、危機的な状況を迎える
写真：NHKスペシャル『メルトダウンⅢ　原子炉〝冷却〟の死角』

れているため、AO弁と呼ばれる空気圧で動くベント弁を開く作業に入ったのだが、備え付けられていた空気ボンベでは空気圧が足りないのか、弁が開かなかったのだ。復旧班は、空気ボンベに加えて、2号機のタービン建屋の近くに配備した可搬式のコンプレッサーを配管に接続して、空気を入れ込もうとした。ベント弁につながる配管がタービン建屋の入り口までのびていることに目をつけたのだ。これは、3月12日に1号機で行われた方法だった。

しかし、今回はなぜかコンプレッサーを起動し、圧縮空気を送り込んでも、ベント弁が開く気配がない。1号機で通じた作戦が2号機では通用しない。復旧班は混乱した。

「すぐにはベントできません」

報告を受けた吉田が思わず大声をあげた。

「それは、どれくらいのスピードでやるの？」

「これは（空気）圧が見えないので……動くまで待つしかないですね」

「それじゃあだめだよ」なんとも頼りない復旧班の返答に、吉田が頭を抱えている時だった。

本店のテレビ会議でやりとりを聞いていた社長の清水正孝が突然発言した。

「吉田さん。班目先生の方式で行って下さい」

ベント作業に入る直前に、免震棟には、原子力安全委員長の班目春樹が電話で、ベントよりもまず原子炉の圧力を下げて注水するようアドバイスしてきていた。清水は、それに従うよう指示したのである。

思わぬ社長の指示に、吉田は、反射的に「はい。わかりました」と答える。

しかし、清水は会社トップとはいえ、慶應義塾大学経済学部卒。資材畑が長く、原子力は全くの専門外である。吉田は思い直したように原子力部門トップの副社長の武藤栄に助けを求める。

「本店の社長の指示が出ましたけど、技術的に武藤本部長、大丈夫ですか？」

しかし、この時、武藤はオフサイトセンターからヘリコプターで本店に移動中だった。

返答はない。結局、吉田は、ベントの準備を同時並行で進めながら、原子炉の圧力を格納

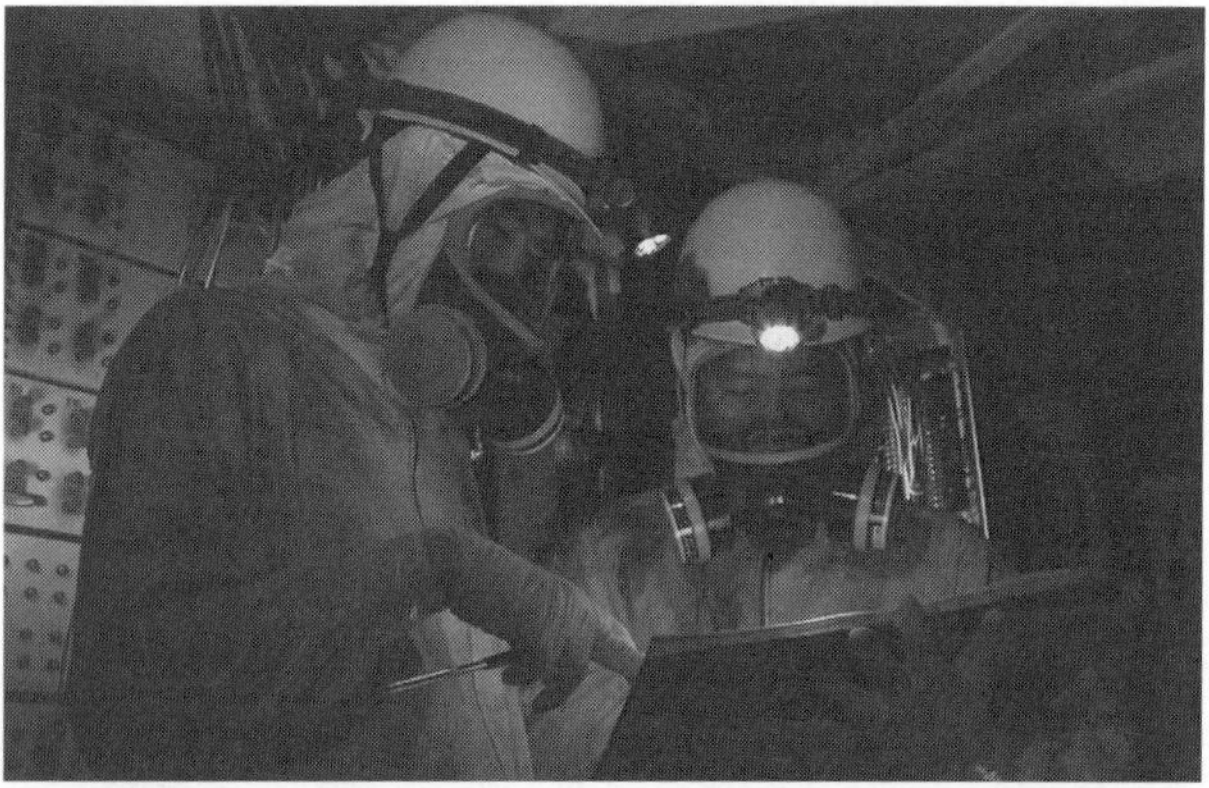

SR弁を開放するための電源確保のため、苦肉の策として、発電所内から自動車用の12ボルトのバッテリーを10個集めて接続した。しかし、3号機では成功したSR弁の開放操作がうまくいかず、作業は難航した
写真：NHKスペシャル『メルトダウンⅢ　原子炉〝冷却〟の死角』の再現ドラマより

容器へ逃がすSR弁（主蒸気逃がし安全弁）を開く作業に取りかかることにした。

しかし、SR弁を開ける作業も困難を極める。2号機の中央制御室には、発電所内で集められた1個12ボルトの自動車のバッテリーが次々と運び込まれた。これをつないで120ボルトの電圧をつくった上で、電源盤につなぎ込みながら操作パネルのスイッチをひねり、遠隔操作で開こうとしたのだ。しかしSR弁は思うように動かない。ベントもできない。SR弁も開かない。2号機の操作は完全に行き詰まってしまった。こうしている間にも、原子炉の水位は刻一刻と下がっていく。

最悪の事態が現実のものになろうとしていた。

対応にあたった免震棟の幹部の顔から、血の気が引いていた。このままいったら、やがては格納容器が高圧破損して、チェルノブイリ事故のように大量の放射性物質がまき散らされることになる。

吉田の右腕として、その隣で指揮をしていたユニット所長の福良昌敏はこう振り返っている。

「それはもう切迫感があった。2号機が減圧して、次のステップにいけなければ大変な事態になる。大量の放射性物質が外に出ることになりかねない。そうなれば、外に出られなくなり、いずれ1号機、3号機も注水できなくなる。2号機を減圧して、水を入れられるような状態にしなければならないというのは、全員がそう思っていました」

もし、2号機が減圧できずに格納容器が壊れ、大量の放射性物質が外部にまき散らされたとしたら。それは取り返しのつかないことを意味する。

吉田は、調書のなかで、この時のことを次のように証言している。

「何せ焦っていたんで、早く減圧させろと。(中略)私自身、パニックになっていました。(中略)廊下にも協力企業だとかがいて、完全に燃料露出しているにもかかわらず、減圧もできない、水も入らないという状態が来ましたので、私は本当にここだけは一番思い出し

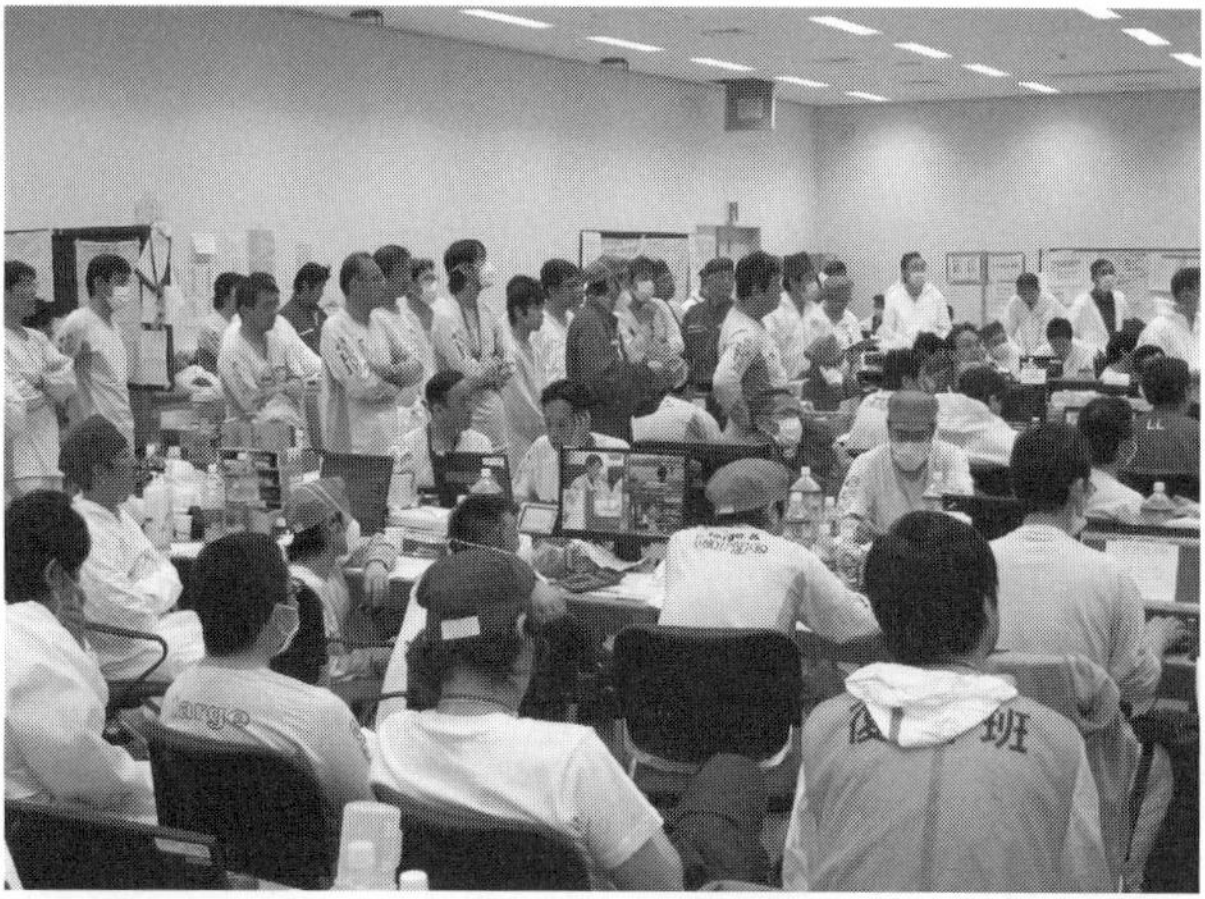

2号機が危機を迎えていた3月14日午後8時時点で、免震棟には、700人以上の東電社員が残っていた　写真：東京電力

たくないところです。（中略）ここで本当に死んだと思ったんです。これで2号機はこのまま水が入らないでメルトして、完全に格納容器の圧力をぶち破って燃料が全部出ていってしまう。そうすると、その分の放射能が全部外にまき散らされる最悪の事故ですから。チェルノブイリ級ではなくて、チャイナシンドロームではないですけれども、ああいう状況になってしまう。そうすると、1号、3号の注水も停止しないといけない。（中略）ここから退避しないといけない。（中略）放射能は、今の状態より、現段階よりも広範囲、高濃度で、まき散らす部分もありますけれども、まず（中略）免震重要棟の近くにいる人間の命に関わると思って

いました（中略）みんなに恐怖感与えますから、電話で武藤に言ったのかな。（中略）ここは私が一番思い出したくないところです、はっきり言って」

事故から1年あまり経った2012年5月24日の東京電力の会見で、広報担当の松本純一は、「2号機のみ格納容器ベントができていない」と発言している。まがりなりにもベントが実施された1号機と3号機と違って、2号機は最後までベントができなかった。その結果、圧力に耐えきれなくなった格納容器の配管のつなぎ目が壊れたり、蓋の部分に隙間ができたりして、断続的に放射性物質が漏れ出したのではないかとみられている。放射性物質を閉じ込める〝最後の砦〟と言われていた格納容器の閉じ込め機能が失われた結果、大量の放射性物質が放出されたと推測されているのだ。

では、なぜ2号機はベントができなかったのか。2号機のベントのオペレーションをもう一度詳細に検証してみよう。

なぜ、ベントができなかったのか

2号機では、ベントの操作を繰り返したが、一向にベント弁は開かなかった。そこで復旧班の社員たちは、ベント弁を作動させるための空気圧が足りないのではないかと疑った。実際、この前日の3月13日に危機を迎えた3号機では、原子炉建屋に設置されていた

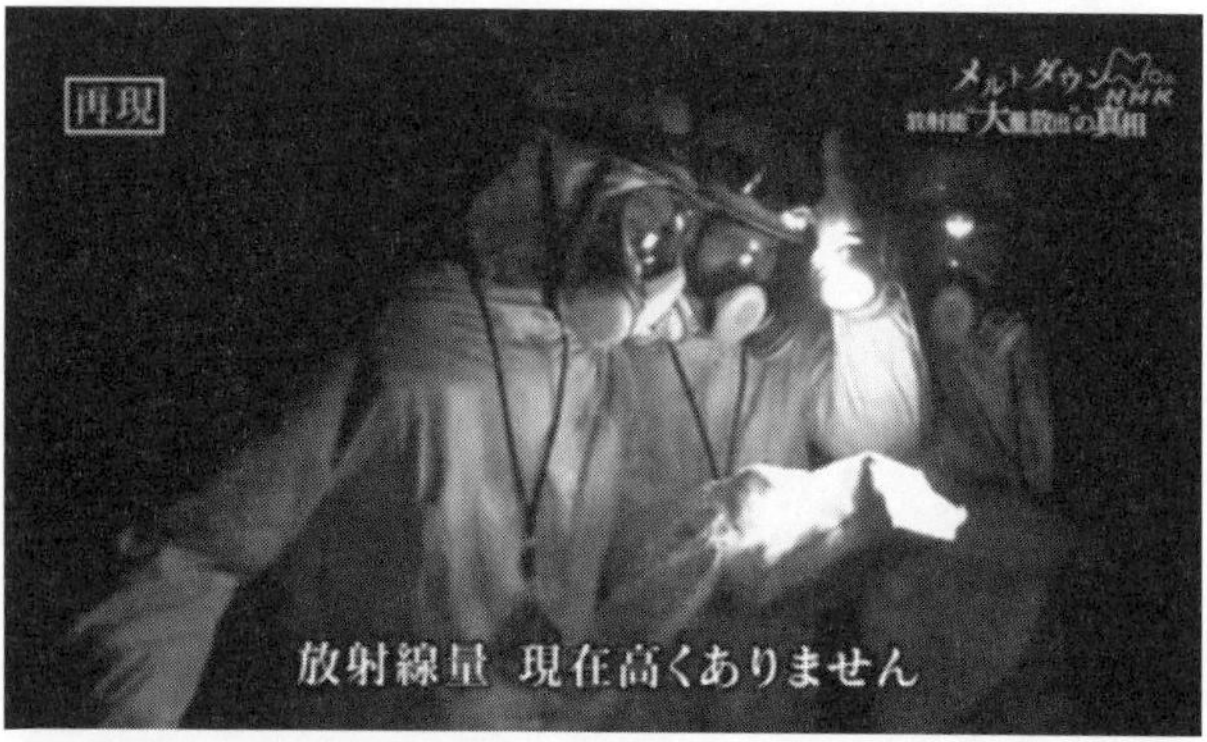

3月14日正午すぎ、2号機のRCICが停止し、原子炉の冷却機能を喪失したが、午後6時時点では、原子炉建屋の放射線量はそれほど高くなかった。同時刻、復旧班の社員が、2号機原子炉建屋に入り、ベント弁を作動させる空気ボンベやホースに異常がなかったことを確認している
写真：NHKスペシャル『メルトダウンⅣ　放射能〝大量放出〟の真相』の再現ドラマより

空気ボンベの空気圧が抜けていて、ボンベを交換するとベントができたという経緯があったからだ。

東京電力は、免震棟から復旧班の社員をボンベの交換のため、2号機の原子炉建屋の中へと送り込んだ。14日の夕方6時すぎのことだ。社員たちは、全面マスクと防護服を身にまとい、建屋へと通じる二重扉を開け、恐る恐る建屋へと入っていった。メルトダウンが迫る原子炉からわずか10メートルの距離。社員は懐中電灯の灯りと放射線量計を頼りに現場へと向かっていった。この時、放射線量はそれほど高くなく、原子炉建屋内の作業は問題ない状況だった。ベント弁を作動させるための空気ボンベに到着した復旧班は、早速、圧力計を確かめる。圧力はかかった状態で異常はない。ボンベから伸びるホースにも特に損傷は見あたらない。この情報は、免震棟に戻った彼らによって、すぐに中央制御室と共有された。

空気圧があるならと、中央制御室では再び、つなぎ込んだバッテリーによってベント弁を開ける操作を行った。しかし、格納容器の圧力は下がらず、ベントはできていないようだった。そこで復旧班は、ベント弁の電磁回路の故障を疑った。回路が壊れてしまえば、今の状況では、すぐに復旧することは不可能だ。そうしている間も刻一刻と、核燃料の温度は上昇し、メルトダウンが差し迫っていた。

2号機では、この頃、ベント弁の操作とは別に、SR弁を開いて原子炉の圧力を抜く作業も同時に進められていた。14日の夕方6時すぎ、SR弁が開いたためか、一気に原子炉の圧力が下がった。しかし、不運にもこの時間帯、2号機へと注水していたはずの消防車が燃料切れのため止まっていたのだ。現場は放射線量が高く、消防車の操作を担当している作業員をその場に常駐させることができなかったためで、原子炉の圧力が大きく下がってから1時間近くたった後にこの事実が判明する。その後、午後8時前に消防車を再起動させるも、SR弁は開いた状態が維持できていないのか、再び原子炉の圧力がじわじわと上がってきた。

原子炉の圧力が、消防車が送り出す水の圧力を上回ってしまうと原子炉には水が入らなくなる。そこで東京電力は、SR弁が開いた状態を維持しようと、14日のかなり夜遅くなってから、SR弁につながる空気タンクに窒素ガスを補給すべく、再び原子炉建屋に2人のベテラン社員を派遣した。しかし、原子炉建屋へと入る二重扉を開けて2、3歩入ったときだった。2人は、予期せぬ光景を目の当たりにする。内部は蒸気で真っ白だったのだ。視界も悪く、身の危険を感じた2人は進むことをあきらめ、すぐに免震棟へと引き返した。わずかな時間だったが、2人は、数十ミリシーベルトというかなりの線量を浴びていた。蒸気には、高い線量の放射性物質が含まれていたのだ。この後、2号機の原子炉建屋の中に入ることは一切できなくなってしまった。

一方、14日午後9時を過ぎても、2号機の格納容器の圧力は4気圧以上あった。免震棟はなんとかベントを行おうと様々な作戦を練っていた。その最も有効な方法が回路の故障で開かなかったベント弁に併設された予備の小弁を、空気ボンベを使って開く方法だった。しかし、この小弁を開くにも原子炉建屋の中に入って、配管の接合部分を修理し、新たな空気ボンベに取り替える必要があった。結局、ベント部隊も原子炉建屋に充満していた高い放射線量の蒸気のため、小弁を開く作戦を断念せざるを得なかったのだ。

こうして、2号機ではベントができないまま格納容器の圧力が高まり、やがて人間が全

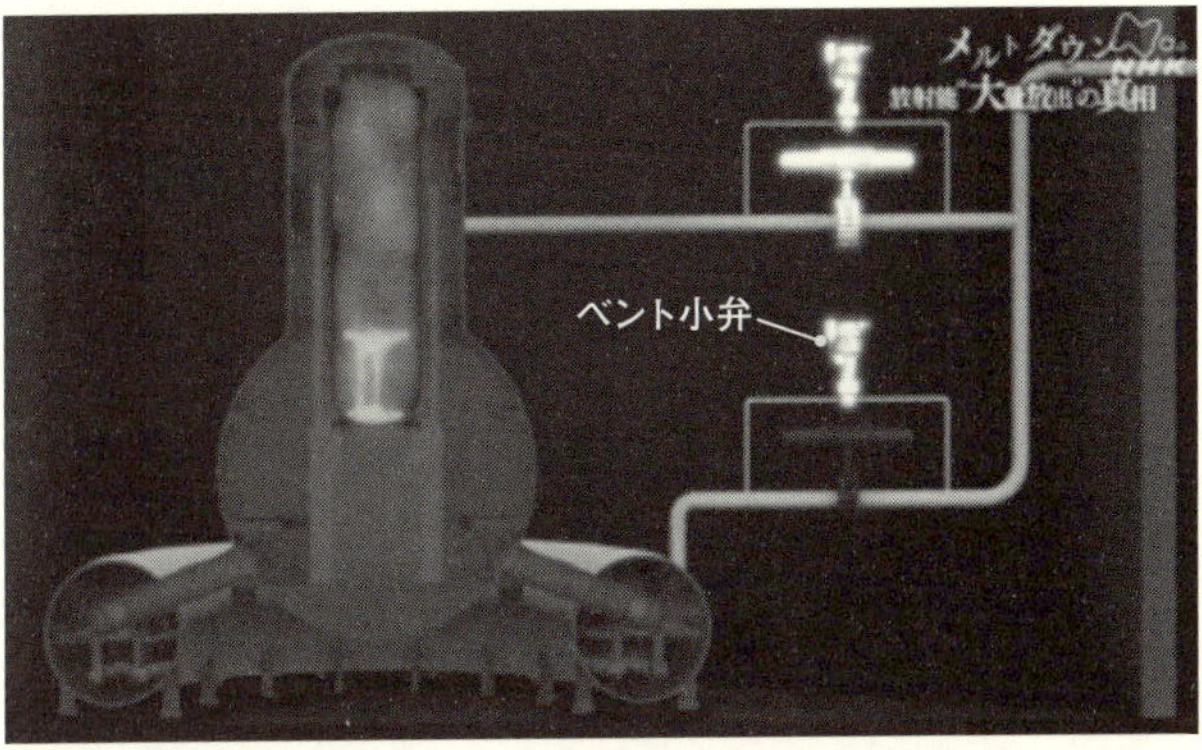

２号機では、回路の故障でベント弁が開けなかったため、ベント弁に併設された予備の小弁を開くことが検討されたが、設備が放射能で汚染された原子炉建屋内部にあるため、作業員を派遣することができなかった
CG：NHKスペシャル『メルトダウンⅣ　放射能〝大量放出〟の真相』

くコントロールできないまま放射性物質の外部への大量放出へとつながっていく。ベント操作を妨げたのは、原子炉建屋の中に充満していた高い線量の放射性物質を含んだ白い蒸気だった。一体、この蒸気は、どこから漏れてきたのだろうか。

思いがけない漏えいルート

原発では、たとえメルトダウンしても、放射性物質は、いわば最後の砦、格納容器の内部に封じ込められ、すぐに原子炉建屋に漏れ出すことはないと考えられてきた。しかし、２号機の原子炉建屋は、メルトダウンの後、比較的短時間で蒸気に包まれ、放射線量が急上昇していた。事故を巡る新たな謎だった。

放射性物質を含んだ蒸気は、どこから漏れてきたのか。取材班は、原子力工学や流体工学の専門家たちに協力を要請して、配管計装線図と呼ばれる原発の配管の系統図から読み解くことにした。配管計装線図は、各号機ごとにあり、原子炉建屋やタービン建屋にある全ての配管に加え、配管に設置されている弁やポンプ、それに計器などの位置関係を示している。機密扱いの図面だったが、取材班は秘密裏に入手していた。

計装線図の読み解きから、専門家たちが漏えいを疑ったのは、意外な抜け道だった。それは、ＲＣＩＣを通るルートだった。2号機がほかの号機に比べて想定外に長く冷却機能を維持し、危機的状況に陥るのを遅らせる立役者ともなった最後の冷却手段が、皮肉にも放射性物質の漏えいに絡んでいるというのだ。

ＲＣＩＣは、格納容器の外側にある地下1階の原子炉建屋に設置されている。専門家が疑ったのは、ＲＣＩＣのタービンを回す蒸気は原子炉から直接流れ込むため、そこが放射性物質の漏えいルートになるのではないかということだった。

可能性が高いとされた場所は、ＲＣＩＣのタービンの軸の部分だ。しかし、軸は円盤形の4重のパッキンで厳重に塞がれている。果たして、ＲＣＩＣの軸から漏れることはあり得るのだろうか。

取材班は、流体工学の専門家で、タービンやポンプの構造に詳しい東京海洋大学教授の

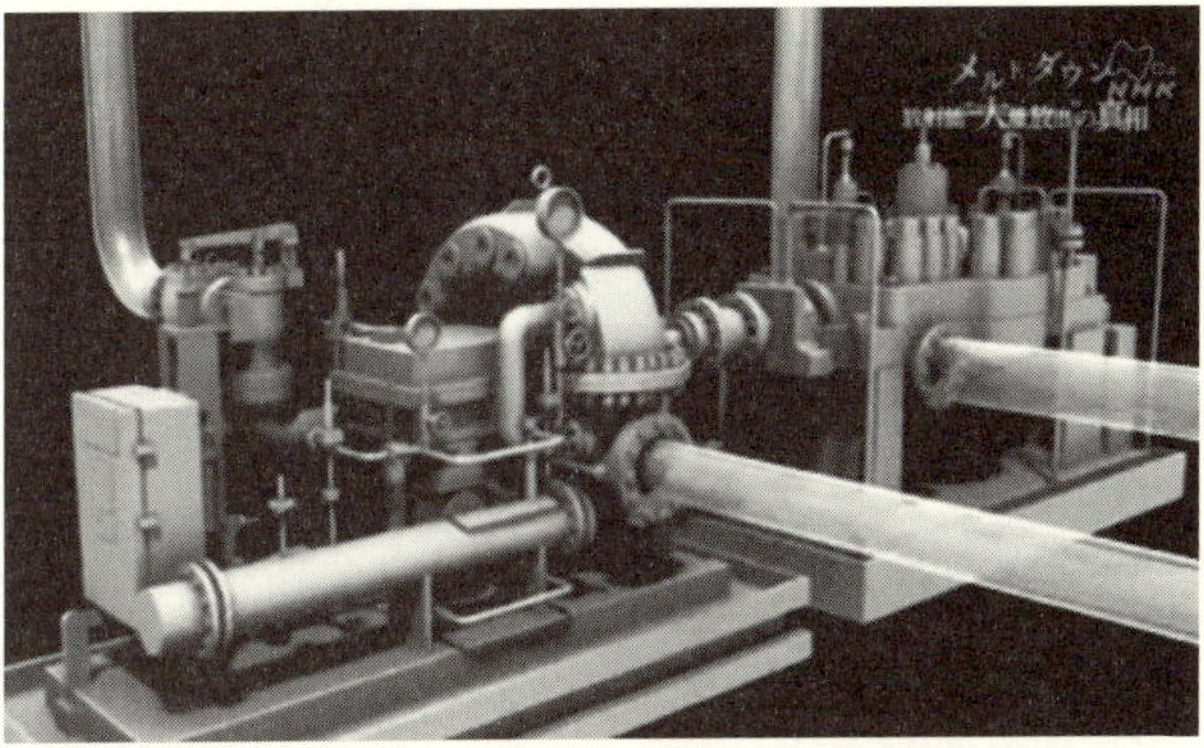

放射性物質の漏えいが疑われたのは、奇跡的に津波の被害を逃れて、２号機を３日間にわたって冷却してきたRCICのタービンの軸部分だった
CG：NHKスペシャル『メルトダウンⅣ　放射能〝大量放出〟の真相』

刑部真弘に協力を依頼し、実験によって確かめることにした。まず、入手したＲＣＩＣの詳細な図面を元に、軸とパッキンの部分を実際のＲＣＩＣと同じように再現。そして、装置に蒸気を流し込んでいく。まずは、事故が起きる前の状態を再現し、パッキンにかかる圧力を事故前と同じにする。この状態では軸から蒸気は漏れることはなかった。今度は、事故の状況を再現し、圧力を当時と同じ状態に徐々に上げていった。すると、圧力の上昇に伴って、軸の隙間の部分から大量の蒸気が噴き出し始めたのだ。刑部は、思わず言葉を漏らした。

「私が思っていたよりもかなり多い蒸気の量だ。放射性物質がかなり出てきた可能性がある」

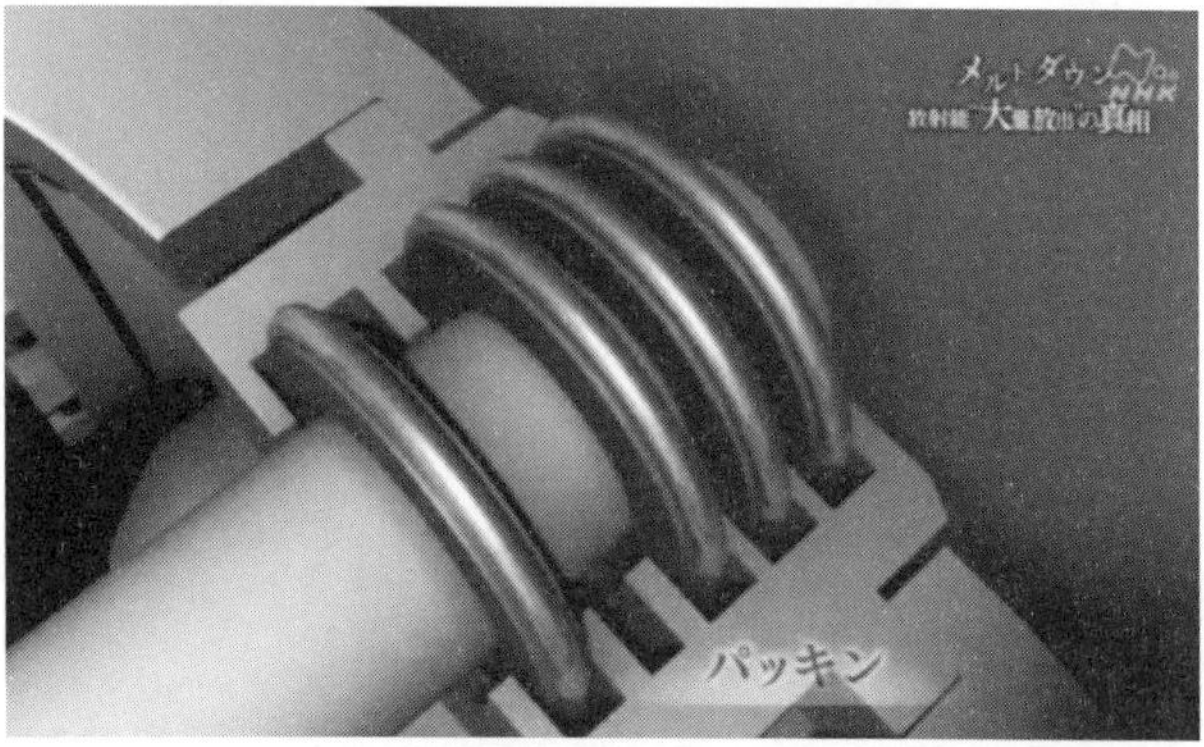

RCICのタービンには、原子炉からの蒸気が送り込まれるため、漏えい防止のため、軸部分は円盤形の４重のパッキンで厳重に塞がれている
CG：NHKスペシャル『メルトダウンⅣ　放射能〝大量放出〟の真相』

実はパッキンの間には、軸を回転させるために、わずかな隙間が作ってあり、ここから蒸気が漏れ出る可能性があった。しかし、ＲＣＩＣの軸には、蒸気が漏れ出すことのないように入念な対策が施されていた。パッキン部分は、バロメトリック・コンデンサーと呼ばれる装置に繋がっていて、配管を通して蒸気を吸い出すことで軸の隙間を負の圧力に保つ仕組みになっている（150ページ図）。

この装置によって吸い出された蒸気を持っていく先は、格納容器の下部に当たるドーナツ形の設備・サプレッションチェンバー（圧力抑制室）だ。ここには、原子炉の圧力をコントロールするための水がたまっている。

原子炉の中の水や水蒸気には、通常時でも放射性物質がわずかに含まれているため、決

東京海洋大学の刑部真弘教授の研究室で、2号機のRCICを模した装置で事故当時の状況を再現して、圧力を高めていったところ、軸の隙間から大量の蒸気が噴き出した
写真：NHKスペシャル『メルトダウンⅣ　放射能〝大量放出〟の真相』

して外部に漏らしてはならない。原子炉の蒸気を格納容器の外に直接引いてくるRCICは、こういう考えの下、設計されているのだ。封じ込めは万全のはずだった。

しかし、RCICには死角があった。このバロメトリック・コンデンサーは、電気がなくなると止まってしまうのだ。蒸気を吸い出す配管の圧力を下げられないまま、原子炉から来る蒸気の圧力だけが高まると、蒸気はRCICの軸の隙間から一気に漏れ出してしまう。本来は吸い出した蒸気を運ぶ先となるサプレッションチェンバーの圧力は、通常は大気圧と同じ1気圧程度だが、当時は、原子炉から出た蒸気によって、4気圧を上回る高い値になっていたため、蒸気は外に漏れざるを得なかった。RCICから蒸気が漏れ出す

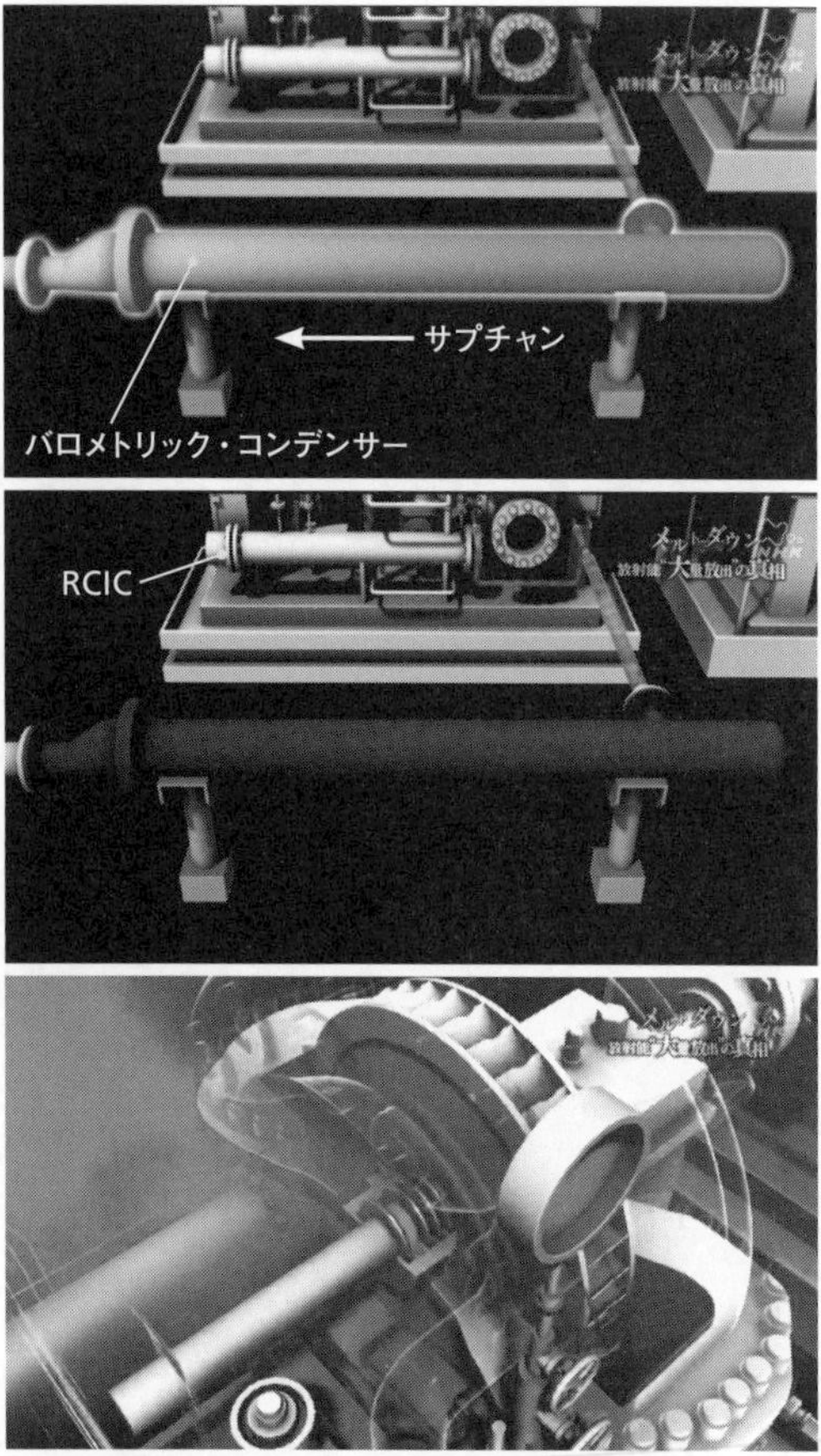

RCICには、軸の隙間から漏れ出す蒸気を吸い出すバロメトリック・コンデンサーという装置があり、漏えいした高温高圧の蒸気をサプチャンに送るようになっている（CG上）。しかし電源が失われたため、蒸気を吸い出すことができずに（CG中）、放射性物質を含む蒸気が大量に漏えいした（CG下）
CG：NHKスペシャル『メルトダウンⅣ　放射能〝大量放出〟の真相』

と、そこはもう格納容器の外であり、通常、作業員が行き来する原子炉建屋の中の空間だった。

では、一体どれくらいの量が漏れ出たのだろうか。ＲＣＩＣの軸のパッキン部分の隙間はわずか数ミリ程度である。このため、解析にあたった専門家の多くは、当初、ＲＣＩＣからの漏れが、ベント部隊が原子炉建屋へ入るのを妨げた要因にまで至ることには懐疑的だった。しかし、刑部が計算すると、漏れる量は１時間におよそ50キログラムの量にのぼった。水の量としては、それほど大きな量とは感じにくいが、高校の化学で習うボイル・シャルルの法則から計算すると、大気圧下では、水は水蒸気になると体積はおよそ１７０0倍近くに膨らむ。こうなると漏れ出した蒸気の量からみると、建屋内部の放射線量が上昇しても不思議ではないというのだ。原子炉の設備に詳しい、元東芝原子力技師長で法政大学客員教授の宮野廣は、「蒸気が出ると建屋の中が真っ白になってしまう。蒸気って体積がすごいですから、辺りは真っ白になる。蒸気が拡散していくスピードはかなり速いと思う」と指摘している。

取材に対し、11日の夕方に2号機のＲＣＩＣ室に入った運転員は、「部屋の中は、もやがかかっていた」と証言していた。この時、電源は失われていて、しかも炉圧が高かったことを考えると、この現象を裏付ける状況だった可能性もある。ただし、この時は原子炉の中の核燃料は損傷していなかったために、蒸気が漏れても大量の放射性物質が含まれていることはなかっただろう。2号機で核燃料が損傷したのは14日の夜遅くで、また、この頃になると、サプレッションチェンバーの圧力も通常の大気圧の4倍以上もの高さにまで上がってきている。こうなると、RCICの構造上、間違いなく放射性物質は外に漏れ出してしまうのである。

当時1、2号機の運転員として事故対応にあたった井戸川隆太は、RCICから放射性物質が漏れているとは思いもよらなかったと話す。

「事故の当時は、私はそこまで気が回らなかったですけれども、今振り返れば、そこはリーク（漏えい）する箇所のひとつではあるなっていうのはありますね」

2号機のベントに向かった復旧班が、原子炉建屋に入れなかった要因として、RCICからのリークがどれほど支配的だったのかについては、今後、さらに深く検証しなければならない。しかし、2号機のベントの作業を阻んだ要因の一つとして新たに浮かび上がったのは、皮肉にも非常時の安全装置からの漏えいという事実だった。RCICという非常用の冷却装置が、電源が失われた途端、放射性物質を直接、格納容器の外にまで漏れ出させてしまう抜け道となり得ることを誰が想定していただろうか。

思わぬ地震の影響

2号機のベントを巡っては、もう一つ残された謎がある。それは、2号機だけが、遠隔操作によるベントに失敗していることである。RCICなどから漏れ出した放射性物質によって原子炉建屋内が汚染され、復旧班は、ベント弁を作動させる装置に近づくことができなくなった。しかし、遠隔操作によるベントの道は残されていた。実際、1号機や3号機では、原子炉建屋の外に、可搬式のコンプレッサーを設置して、圧縮空気を配管に送り込んでベント弁を開くことに成功している。しかし2号機だけは、同じ作戦を試みても、最後の最後までベント弁は開くことができなかったとされている。原因として、東京電力はベント弁の電磁回路の不具合をあげているが、本当にそれだけなのだろうか。

2012年5月の東京電力の会見で、広報担当であった松本は2号機のベントができなかった理由について、AO弁と呼ばれる空気で動くベント弁を開けるための電磁回路に不具合があった可能性を指摘する一方で、「AO弁を開くための、空気圧が維持できなかった」とも述べている。

取材班はこの発言に注目した。「2号機のベント失敗の謎を解く鍵は、空気圧を維持できなかった理由にあるのではないか」

実は、1号機の遠隔操作によるベントでは、可搬式のコンプレッサーを、原子炉建屋のすぐ近くに設置している。ところが、2号機では、原子炉建屋からやや離れたタービン建屋近くに設置しているのだ。これは、原子炉建屋近くの放射線量がすでに高くなっていたからだ。このためAO弁まで圧縮空気を送り込む配管が直線距離で70メートルと長くなってしまったのだ。しかも、圧縮空気を送り込む配管は、原子炉建屋内部の重要機器が、耐震性の最も高いSクラスで設計されているのとは異なり、最も耐震性が低いCクラスで設計されていた。AO弁に連なる70メートルの配管とAO弁との接続部分は地震後に本当に健全だったのだろうか。

今回の事故で、東京電力は一貫して、「安全上重要な設備に関して地震の影響はなかったと見られている」という趣旨の発言を繰り返し行ってきた。いわゆるクロスチェックを行うのが経済産業省の原子力安全・保安院であったが、実質的な技術面での解析は、当時すべてJNES（独立行政法人・原子力安全基盤機構）が担っていた。

2012年6月、取材班は、2号機のAO弁につながる配管への地震影響の可能性について見解を聞くため、東京・虎ノ門にあるJNESのオフィスを訪ねた。取材に対応した耐震安全部次長の高松直丘は、部内でもその技術力を高く評価されている原子力メーカー出身の技術者だ。東京電力も国も、今回の福島第一原発事故で、地震による影響で事故が

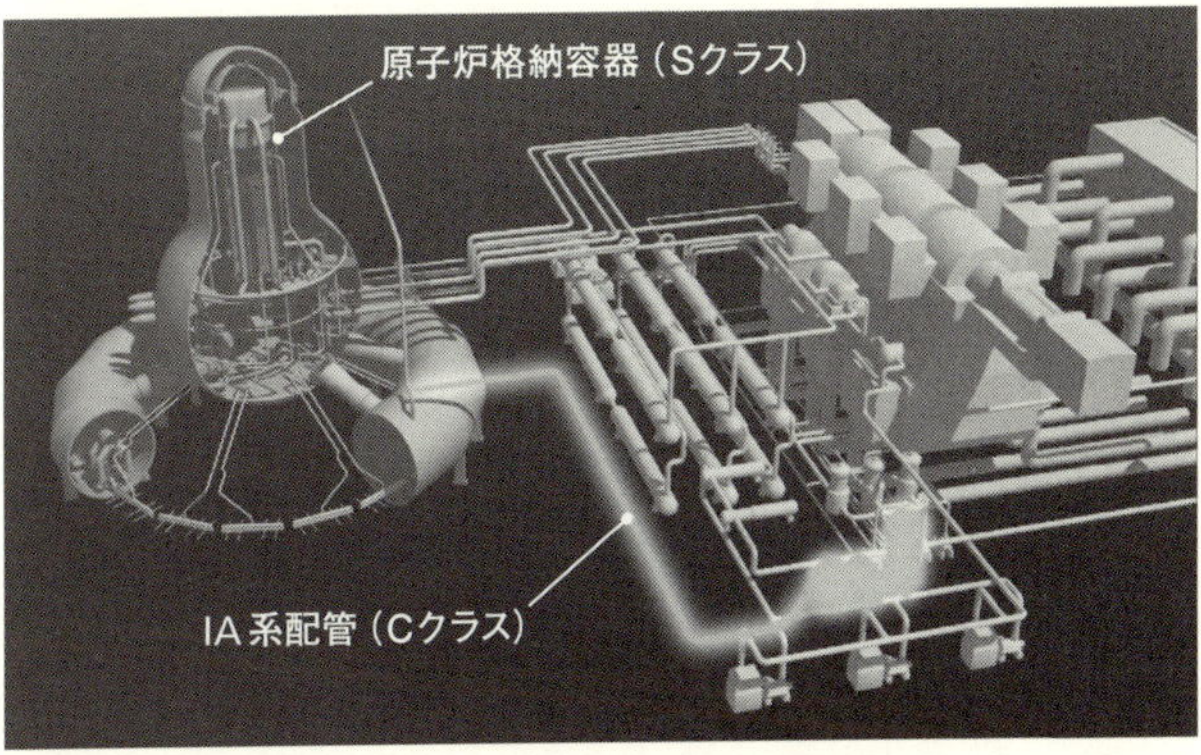

可搬式コンプレッサーとAO弁を結ぶIA系配管の距離は約70メートル。
この配管の耐震性は最も低いCクラスだった
CG：NHKスペシャル『メルトダウンⅡ　連鎖の真相』

悪化したとは明確に述べていない中、高松は慎重に言葉を選びながら語り出した。

「今回の地震が非常に大きかったこともありまして、そういう機器配管系が、一部損傷して、何らかのリークとか、そういうものがおきた結果としてベントがうまくできないという可能性は否定できないと考えています」

地震による配管の損傷の可能性、そしてそれが、ベントができなかった原因になった可能性について言及した高松は、さらにこう続けた。

「今回は格納容器ベントが着目されていますけれど、このAM（アクシデントマネージメント）設備は他にもありますので、他のことも忘れてはいけない。今回の貴重な、あまりに悲しい経験として、他の設備の耐震性もみて

原発の耐震性評価の権威である原子力安全基盤機構・耐震安全部次長の高松直丘は、地震による影響で事故が悪化した可能性を否定しない
写真：NHKスペシャル『メルトダウンⅡ　連鎖の真相』

いくということも、同じように大切なことだと私は思っています」

2号機のAO弁に連なる70メートルの配管には、地震の影響があったのか。あったとすれば、どのようなものなのか。地震大国・日本の原発の安全性を考えていく上で、検証すべき極めて重要な課題である。しかし、この重要な謎は、高い放射線量に阻まれ、現場の配管を十分に調査することができないため、事故から3年半以上経った今も謎のままである。このように福島第一原発の事故では、高い放射線量に遮られ、重要な現場に入れないため、検証取材で浮かび上がった謎をそれ以上解き明かせないことに何度もぶつかる。事故の検証は、全くの途上なのである。

2号機が突きつけた重い現実

２０１１年3月14日深夜、２号機では、建屋内の作業ができない中、事態は最悪の局面に近づいていった。格納容器の圧力がついに限界を超えようとしていたのだ。当時の免震棟でのやりとりを記録した内部資料、柏崎刈羽メモでは、核燃料のメルトダウンが進み、格納容器内部の放射線量が上昇していく状況が克明に記されていた。

２号機の冷却が止まり、危機に陥ってからおよそ11時間。炉心の損傷率は５％から７％に上昇し、サプレッションチェンバー内の放射線量も１時間あたり30シーベルトにまで達している。その一方で、格納容器の圧力は15日の未明になっても一向に下がらず、格納容器からの放射性物質大量放出が現実味を帯びる状態にまで達した。そして15日の午前8時45分。２号機の原子炉建屋から白い湯気が出ていることが確認された。放射線量は、正門付近で１時間あたり１万１９３０マイクロシーベルトと、今回の事故で最大の放射線量が原発敷地内で計測されたのだった。この値は、仮にこの状態が続いた場合、一般の人が１年に浴びて差しつかえないとされる被ばく限度にわずか5分程で達するものだった。この時、東京・渋谷でも通常の2倍の放射線量を記録していることが、現場の福島第一原発と東京の東京電力本店とを結んだテレビ会議でも発言されている。

2号機からの放射性物質の飛散は吉田所長が恐れたほどではなかったが、1～3号機の中で最も大量の放射性物質が漏えいしたことが、その後の検証で判明した
CG：NHKスペシャル『メルトダウンⅣ　放射能〝大量放出〟の真相』

吉田は、調書の中で2号機から放出された大量の放射性物質について、こう証言している。

「3号機は水入れていましたでしょう。1号も水入れていましたでしょう。(2号機だけは)水入らないんですもの。水入らないということは、ただ溶けていくだけですから、燃料が。燃料が溶けて1200度になりますと、何も冷やさないと、圧力容器の壁抜きますから、それから、格納容器の壁もそのどろどろで抜きますから、チャイナシンドロームになってしまうわけですよ。(中略)燃料分が全部外へ出てしまう。プルトニウムであれ、何であれ、今のセシウムどころの話ではないわけですよ。放射性物質が全部出て、まき散らしてしまうわけですから、我々のイメージは東日本壊滅ですよ」

ベントもできないまま、ついに圧力に耐えきれなくなった2号機の格納容器からは、配管のつなぎ目や蓋の部分などから一気に放射性物質が漏れ出したのではないかと、専門家は見ている。

放射性物質の大量の放出を免れることができなかった2号機だったが、結果的には幸運にも、吉田が恐れたように、原子炉の核燃料全体が一気に放出されるまでは至らなかった。2号機の格納容器の封じ込め機能は、東日本壊滅をもたらすほど決定的には壊れなかったのである。しかし、なぜ決定的に壊れずにすんだのかは、いまだによくわかっていない。

いまも人々の帰還を阻む高濃度の汚染。最後の砦、格納容器に放射能を封じ込めることがいかに困難なことかを、2号機をめぐる一連の事故対応は問いかけている。

るためのボンベが備え付けられている。このボンベから電磁弁を介してAO弁に空気を供給し、弁を開けるのが通常のオペレーションである。

13日午前2時42分、3号機の冷却装置であるHPCI（高圧注水系）を停止させたのち、午前5時15分、ベントラインにあるMO弁、AO弁を開放し、ベントの準備を進めるよう吉田所長から指示が出る。現場に出た復旧班が目にしたのは、ベントを行うために最も重要な機器の一つ、この空気ボンベの圧力の「0」の表示だった。ボンベから何らかの理由で空気が抜けていたのだ。

配管からボンベにつながる最後の部分は、フレキシブルチューブと呼ばれるやわらかい配管でつながり、ボンベとの接続部分はねじ止めになっている。このねじ止めの部分が、地震、あるいは1号機爆発の振動なのか、何らかの理由で緩み空気が抜けていたのだ。すぐに原子炉建屋内にあった別のボンベの取り換え作業にかかり、ようやく13日午前8時41分にAO弁を開けることに成功し、やがてベントが実施された。

通常はボンベの圧縮空気を用いてAO弁を開く　CG：NHKスペシャル『メルトダウンⅣ　放射能“大量放出”の真相』

検証：三者三様のトラブルが起きた　格納容器ベント

福島第一原発事故では、1号機、2号機、3号機のそれぞれでベントが計画されたが、そのどれ一つとして順調に進んだものはなかった。1号機と3号機ではかろうじて成功したとされるものの、綱渡りのオペレーションを重ねた、まさにアクロバティックなものだった。

実は、ベントといっても、1号機、2号機、3号機の実施手順はまったく異なっていた。ベントを行うために最も重要なバルブは原子炉建屋の地下階にあるサプレッションチェンバーの上部に備えられているAO弁である。AO弁には大弁と小弁がある。1号機の小弁だけは、作業員が現場で、手動で弁を開けられるよう唯一ハンドルが備え付けられている。これが12日の午前、現場の運転員たちが高い放射線量のなか〝決死隊〟を組んで弁の開放に取り組んだ1号機のAO弁小弁である。

しかし、決死の思いで現場に向かった運転員たちは、わずか数分で100ミリシーベルトに近づく被ばくをしたことからAO弁小弁を手動で開放することを断念し、仮設コンプレッサーを使い、遠隔でAO弁小弁に対して、空気を送るオペレーションに切り替えた。1号機では原子炉建屋の大物搬入口付近にAO弁小弁につながる細い配管が見つかり、ここに協力企業の事務所から運んだ持ち運び可能なコンプレッサーを接続し、12日午後2時頃に起動し、圧縮空気を送り込むことで、格納容器の圧力が下がったことから、ベントが成功したと判断している。

1号機に続いて冷却機能が失われた3号機では、作業員が直接AO弁を開くためのハンドルがないため、ベント作業は専ら遠隔で行われた。ベントラインのAO弁に、圧縮空気を供給す

第５章
消防車が送り込んだ400トンの水はどこに消えたのか？

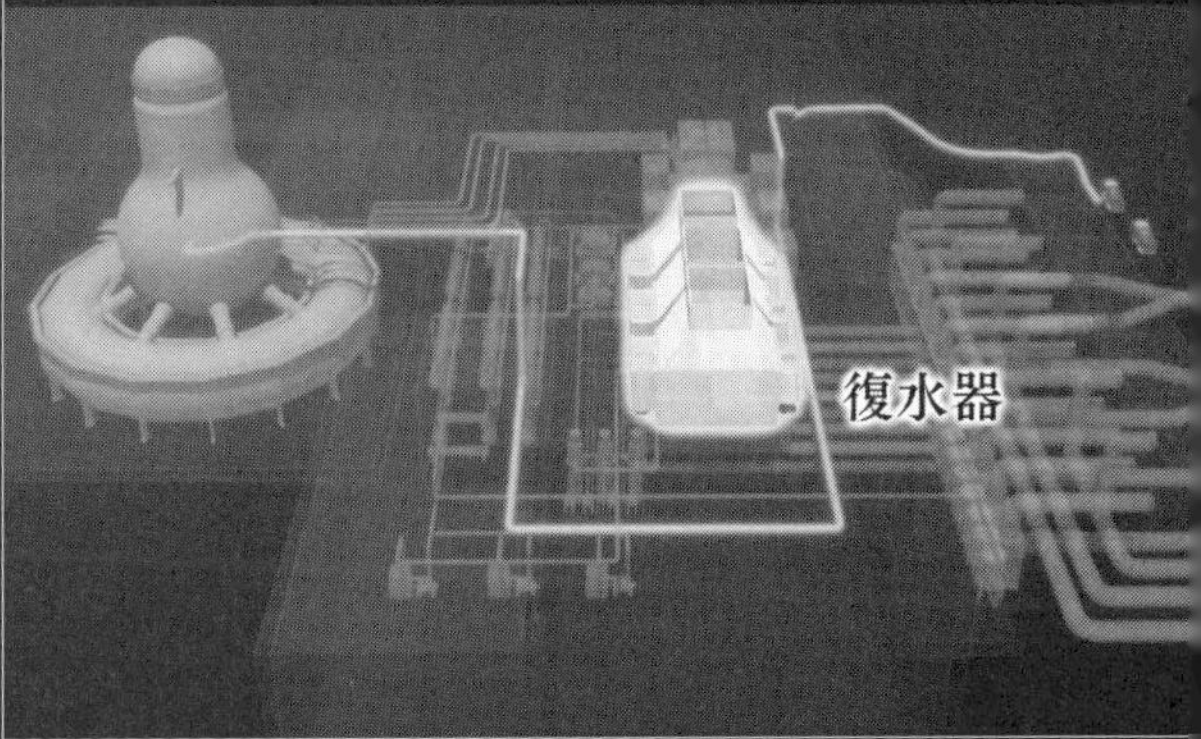

福島第一原発３号機では、消防車から400トン以上の水が注入された。原子炉冷却には十分な水量だったはずだが、燃料棒の融解は止まらず、大量の水素が発生し、１号機と同様の水素爆発が起きた。原子炉に届かなかったとされる大量の水はどこに消えたのか？　謎を解く鍵は復水器という装置に隠されていた
CG：NHKスペシャル『メルトダウンⅢ　原子炉〝冷却〟の死角』

2年9ヵ月後の事故検証

福島第一原発の事故から2年9ヵ月が経った2013年12月。東京電力は、自ら行った事故の新たな検証結果を発表した。この1年半前に、東京電力は、社内の事故調査委員会による最終報告書を公表していたが、この報告書の内容では不十分だと訴えた原子力部門の一部のグループが、その後も自ら事故の検証を続け、途中経過を公表したのである。

この中で、メルトダウンした1号機から3号機について、非常用の冷却装置の機能が早い段階で低下したうえに、その後の消防車による注水も配管の抜け道から漏れた可能性が高く、十分な冷却が行われなかったとする検証結果が明らかにされた。

報告書では、「消防車から吐出された冷却水は全量が原子炉へ注水されたわけではなく、配管図面上の分岐の存在や、主復水器での溜まり水が確認されたことから、代替注水の一部が原子炉へ通ずる配管だけでなく他系統・機器へ流れ込んでいた可能性が考えられる」と記されている。

そして、抜け道になる可能性として、1号機については10の経路、2号機については4つ、3号機についても4つのルートを示した。このラインの直径は、大きいもので20センチ、小さいものは5センチもない配管で、多くは復水器と呼ばれる巨大なタンク型の装置へと流れていくラインだった。復水器はタービン建屋地下階にあり、タービンを回して発電に使われた蒸気を、海水で冷やして再び水に戻す装置である。つまり、消防車で注水された水の一部は、原子炉ではなく復水器へと流れ込んでいた可能性を示したのである。東京電力はさらに、この報告書の中で、原子炉に消防注水が届いた場合、核燃料に触れて蒸気が発生し、原子炉や格納容器の圧力に変化が出るとみて分析を試みているものの、結局、当時のデータが乏しいことから、実際にどれくらいの量が原子炉へと届いたのかは、依然不明であると結論づけていた。

消防車による注水が原子炉に十分届いていなかった可能性がある。事故から2年9ヵ月が経って、ようやく東京電力が公的に認めた衝撃的な報告だった。報告書の公表後、報道各社は、原発の安全対策に大きな不安を投げかける検証結果として大きく報じた。しかし、取材班は、事故後しばらく経った段階で、この問題に気がつき、東京電力が発表する9ヵ月前に検証番組を報じていた。なぜ、消防注水は、十分に機能しなかったのか。そこには、原発の安全対策の死角と言える大きな問題が潜んでいる。5章では、この問題に切り込んでいく。

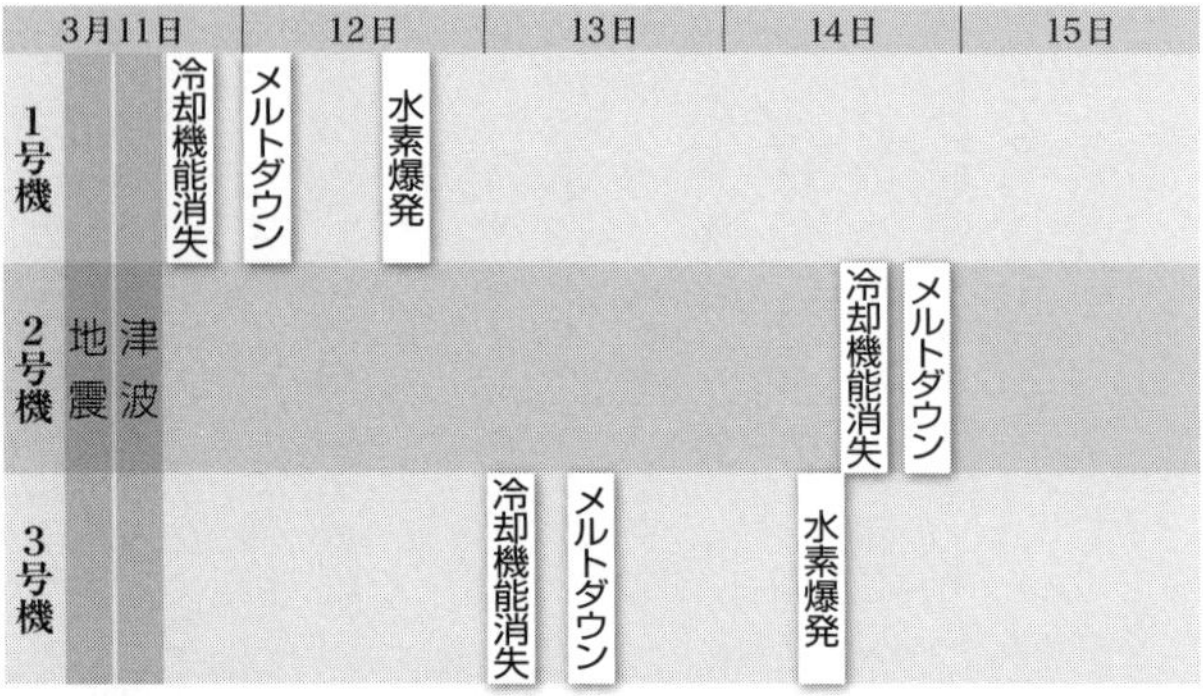

福島第一原発事故では、稼働中だった1号機、２号機、3号機の原子炉がすべてメルトダウンした。各号機が次々に冷却機能を失う中、唯一残った冷却手段が、消防車による注水だった
図：NHKスペシャル『メルトダウンⅢ　原子炉〝冷却〟の死角』

吉田の奇策・消防注水

２０１１年3月11日、福島第一原発は、地震による外部からの電源喪失と津波による水没によって、1号機から3号機のバッテリー以外のすべての電源を失った。東京電力は、電源車を全国から緊急に集めて電源復旧を急いだものの、メタクラと呼ばれる電源盤が海水で浸水していたことや、ケーブルや電源車の電圧の不一致などで、電源復旧に手間取り、電源を必要とする冷却設備を活かすことはできなかった。

　また、原発には電源を必要としない非常用の冷却装置も備えられていたが、もともと8時間以上の停電を想定していなかったバッテリーは、やがて消耗し、次々に機能を失って

３号機冷却のために大量の海水が原子炉に注水されたが、目に見える効果はなかなか現れなかった
写真：NHKスペシャル『メルトダウンⅢ　原子炉〝冷却〟の死角』

いった。こうした中、唯一残った冷却手段が、消防車による注水だった。事故発生の翌日の3月12日から1号機で実施され、その後、危機を迎えた3号機や2号機でも採用された。

この消防車による注水は、もともと緊急時のマニュアルに明記された対応ではなかった。1号機のIC、2号機のRCIC、3号機のHPCIなどの冷却装置が次々と機能を失っていく中で、吉田のとっさの判断によって考え出されたいわば奇策だった。

そもそも原発の敷地内に消防車が配置されていた理由にも、東京電力にとって皮肉な因縁があった。2007年7月に発生した新潟県中越沖地震で、東京電力の柏崎刈羽原発では3号機の外に設置された変圧器で火災が発生。当時、火災の様子はテレビで中継され、原子力施設での火災という前代未聞の事態の行方を多くの人々が固唾を飲んで見守った。放射性物質が放出されるような事態には至らなかったものの、地震の影響で、自治体の消防車の到着に手間取ったことから、この火災をきっかけに各地の原発の敷地内に消防車が何台も配備され、電力各社は自衛消防隊を結成して万一の事態に備えることとなった。この消防車が福島第一原発の事故では、火を消すためではなく、原子炉を冷却する最後の手段として使われたのだった。

そして、事故から20日目にあたる3月30日、海江田経済産業大臣が臨時の記者会見を開いて、緊急時に原子炉に注水できるよう全国の原発に消防車を整備するよう指示する。消防注水は、名実ともに日本の原発における冷却の切り札として位置づけられたのだ。

消防注水は機能したのか

吉田が奇策として編み出し、事故後全国の原発の緊急対策の切り札とされた消防注水。取材班は、事故の当初、その実効性については何の疑問も持たなかった。東京電力から消防車による注水作戦の説明がなされた際も、その事実をニュース原稿として伝えるのが精一杯だった。核燃料が出し続ける崩壊熱と呼ばれる莫大な熱に対し、真水であれ海水であれ、とにかく原子炉に水を入れ、核燃料を一刻も早く冷却することは、最優先の策という共通認識だった。

しかし、消防注水に関するデータが徐々に公開されるにつれて、消防注水がはたして有効に機能しているのかという疑問が、頭をもたげてきた。

原子炉への消防注水を行う前にまず整えておかなければならない条件がある。それは、消防車のポンプから送り出す水の圧力が、その時の原子炉の圧力より高くなければならないというものだ。原子炉の圧力が、消防車から送り出される冷却水の水圧よりも高ければ、水は押し戻されて原子炉へは入らない。消防車の水の吐出圧力はおよそ9気圧。消防注水を成功させるためには、格納容器に充満した高圧の水蒸気などをベントによって外部に逃がして、格納容器の圧力を下げるとともに原子炉の圧力を下げる必要がある。

最初にメルトダウンした1号機では、原子炉の圧力は3月12日午前3時前の時点で8気圧あり、午前4時頃から消防車による冷却水の注水が始まったものの、この時点でベントも実施できていないことから、送り込まれた冷却水は原子炉に十分に入ってはいなかったと推定される。その後、1号機ではベントが成功し、原子炉の減圧に成功、消防注水も並行して行われたが、原子炉建屋は水素爆発へと至ってしまった。

1号機に続いて爆発した3号機では、13日の午前9時20分頃には、ベントが実施され、そのおよそ5分後には、消防ポンプ車による注水が開始された。当時、原子炉の圧力は

3・5気圧まで下がり、消防ポンプ車の水の吐出圧力9気圧を下回るレベルになっていた。途中で中断はあったものの、消防ポンプ車からは20時間にわたって400トン以上の冷却水が原子炉に流し込まれた。しかし、3号機原子炉建屋は、その翌日、14日の午前11時すぎに水素爆発を起こした。400トンもの水が入っていれば、核燃料は再び冠水した状態になり、原子炉も冷却されてもおかしくないはずだった。当時、消防注水に対する疑いが見え隠れするデスクとのやりとりが記憶に残っている。

デスク「消防注水は、1時間何トン入れているんだ？　原子炉の圧力容器の容積と比較すれば、満水になる時間は想像できないか？」

記者「東電発表では1時間あたり36トン。原子炉の容積から単純計算すると、翌日0時までには満水になるはずです」

しかし、その時間が過ぎても、状況の報告はない。記者会見でも、現場の記者が国や東電に詰め寄ったが、いっこうに満水になったという回答は得られないままだった。もしかしたら、1号機のように圧力容器にすでに損傷があって、そこから漏れている可能性もあるかもしれない。こうした疑念を抱えながら、3号機の水素爆発の直後から、今度は2号機が危機的状況を迎え、一息つく暇もなく、その対応に追われることになってしまった。

3号機に対する消防注水は、その後も続けられたものの、3月15日を過ぎるとやがて原子炉や格納容器はすでに大気圧に近い状態になってしまい、圧力の状況に大きな変化が見られなくなってしまった。この頃になると原子炉や格納容器は損傷によって、圧力はほとんど保てない状態に達し、障害となる圧力がない以上、消防注水は滞りなく進んでいるはずであった。

また、取材班はこの頃になると、使用済燃料を保管するプールの冷却状況や周辺で観測される放射線量の値の変化に大きな注目を向ける状況になり、いつしか消防車による注水の効果そのものを疑うことを忘れていた。

奇妙な現象

事故発生から2週間以上経った3月27日の深夜。事故対応を説明する東京電力の広報担当者が、ある奇妙な現象に触れた。

東京・千代田区内幸町の東京電力本店では、事故直後から記者会見が断続的に続けられ、その日の原発の状況と事故対応を説明してきた。この頃、福島第一原発では、1号機から3号機のタービン建屋の地下に、高濃度の放射性物質を含む大量の汚染水が溜まって

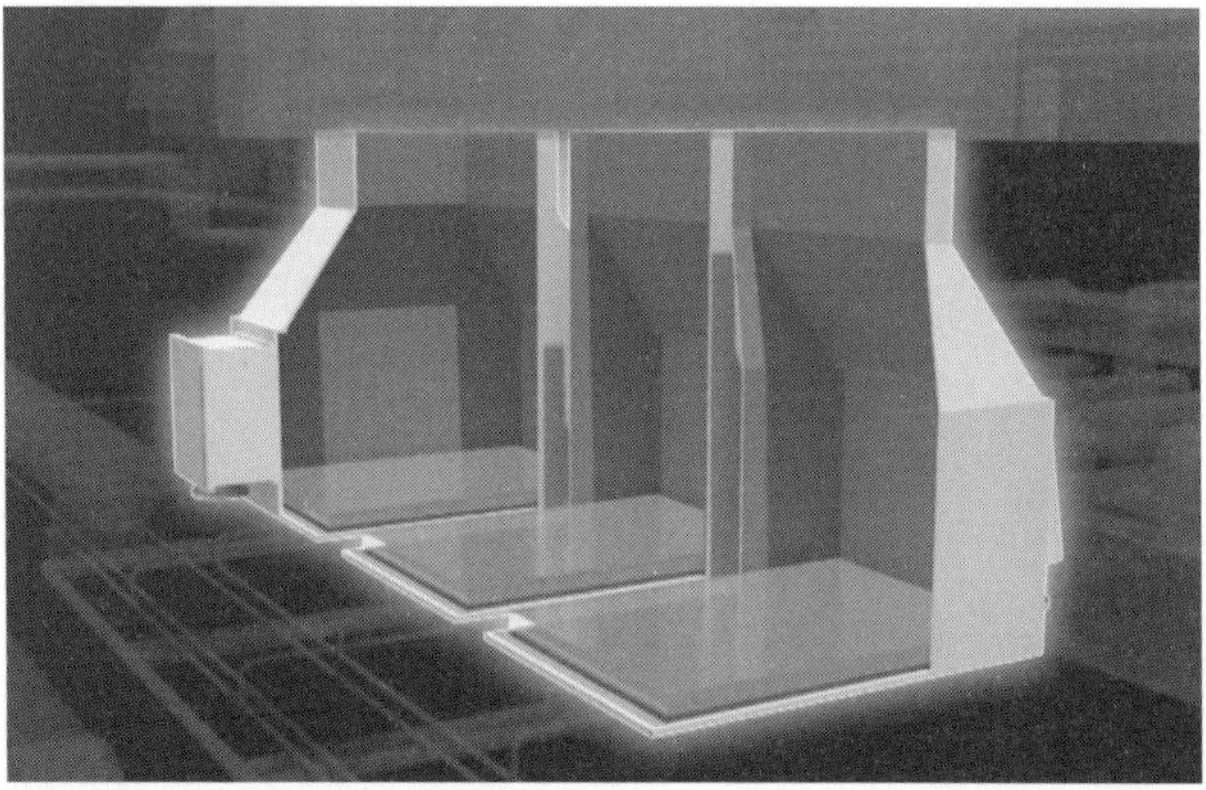

復水器は、原子炉から出る蒸気をタービン建屋の中で冷やして水に戻し、配管を通して再び原子炉に送るための装置で、3000トンほどの容量がある。通常は、高さ16メートルあるタンクの70センチから80センチほどの高さに水が溜まっている程度で、復水器の中にはほとんど水は溜まっていない
CG：NHKスペシャル『メルトダウンⅢ　原子炉〝冷却〟の死角』

いるのが見つかり、東京電力はその対策に追われていた。汚染水は収束作業の妨げになることから、別の場所に移送しなければならない。この汚染水は、タービン建屋が津波に襲われた際に地下に流れ込んだ大量の海水に核燃料を含んだ冷却水が混ざったもので、放射性物質の濃度は、通常時の原子炉の水に比べ１万倍から10万倍にあたる値だった。

東京電力は、この汚染水の移送先として、タービン建屋地下階にある復水器と呼ばれる巨大なタンク型の装置を予定していた。ところが、移送先となる2号機と3号機の復水器のハッチを開けたところ、復水器に大量の水が溜まっていて、満水になっているというのだった。

広報担当者は、今さら特に驚くべきことでもないかのように淡々とした表情で「復水器が満水でして……」と説明し、次の方策として、まず、復水器の水を別のタンクへと移したあとに、汚染水を玉突きに移送する計画を説明した。

復水器が満水になっていることは、本来あり得ない現象だった。復水器は、原子炉で発生し発電に使われた蒸気を冷やして水に戻し、再び原子炉に送るための巨大な装置で、3000トンほどの容量がある。大地震によって原子炉が緊急に停止した当時の状況では、緊急停止とともにタービン建屋側に送られる蒸気が遮断されるために、配管などに残った蒸気が水となって溜まる程度で、高さ16メートルあるタンクの70センチから80センチほどの高さに水が溜まっている程度というのが想定だった。このため、東京電力は、ここに汚染水を移送しようと計画していたのだった。

取材班はその後、この理由について専門家に細々と取材を続けてきた。そして浮かび上がったのは、原子炉が緊急停止した際に、タービン建屋側に送られる蒸気を遮断する主蒸気隔離弁の本来の機能が作動せず、きちんと閉まらないまま原子炉からの蒸気が流れ続けて復水器に溜まったという可能性だ。もしこの仮説が正しいとすれば、原発の大きな安全機能の一つが地震の影響によって作動しなかったことになり、大きなニュースになる。しかし、その可能性は2つの事実によって否定された。

1つは復水器の中の水の放射性物質濃度が比較的低かったのだ。メルトダウンした原子炉から蒸気が流れ続けたのであれば、復水器に溜まった水でも高濃度の汚染が確認されるはずである。

もう1つは、地震直後1時間近く、3号機の非常用のディーゼル発電による電源供給が行われていた状態で、誰も異常に気づかなかったという事実である。原子炉がスクラムして停止したにもかかわらず、仮にタービン側への蒸気流が遮断されていないような非常事態になれば、警報装置などが作動して、運転員は必ず気づくはずである。結局、取材を進めても謎は深まるばかりで、3000トンにも近い大量の水がどこから来たのか、原因はわからなかった。その謎も、次々と押し寄せる膨大な事故対応に忙殺され、やがて忘れ去られていった。

テレビ会議に残されていた手がかり

復水器満水の謎に再び取材班が注目したのは、事故から1年5ヵ月近くが経過した2012年8月6日のことだった。

この日、東京電力の事故対応をめぐる生々しい貴重な記録が公開された。東京電力が、事故直後の免震棟と東京本店とのやりとりを記録したテレビ会議の映像を公開したのだ。プライバシーや社内資料を理由に東京電力はこの映像の公開を拒み続けていたが、報道機関の度重なる要請や枝野経済産業大臣の事実上の行政指導を受け、事故直後の3月11日から15日までの150時間分の映像を公開した。

公開された映像には、連鎖的に危機に陥っていく各号機に対して動揺する現場の様子や、事故対応に介入する総理大臣官邸とのやりとりに困惑する東京電力の幹部の言動が克明に記録されていた。

テレビ会議の映像はその後も追加で公開されたが、映像の大半は、期日を限った閲覧の形で開示され、東京電力担当者の監視の下、録画も録音も認められないという制限が設けられた。報道機関の記者たちは、やむを得ず、朝から東京電力の本店に通っては、設置されたパソコンで長時間の映像を見ながら、そのやりとりを自分のパソコンやノートに文字起こしする作業に追われた。

膨大なテレビ会議のやりとりの記録を読み解くなかで、取材班は、消防注水をめぐる、ある会話に注目した。それは3号機への消防車による注水が始まった13日午前9時25分からおよそ18時間後の14日午前3時30分になされた免震棟の吉田とオフサイトセンターにいた原子力部門トップの武藤の間のやりとりだった。

武藤「3号はこれまで注入を始めて、どのくらいになるんだっけ？」
吉田「20時間くらい」
武藤「400トン近くぶちこんでいるってことかな」
吉田「ええ」
武藤「ということは、ベッセル（原子炉）満水になってもいいぐらいの量入れているってことなんだね」
吉田「そうなんですよ」
武藤「ということは何なの？　何が起きてんだ？　その溢水《いっすい》しているってことか？　どっかから？　わからん……」
吉田「これも1号機と同じように炉水位上がってませんから注水してもね。ということはどっかでバイパスフローがある可能性高いですね」
武藤「バイパスフローって、どっか横抜けしているってこと？」
吉田「そう、そう、そう」

前述の取材班のデスクと記者の当時のやりとりにもつながるが、このとき3号機には、

吉田昌郎・福島第一原発所長は、３月14日未明の時点で、消防車を使っておよそ400トンの注水を行ったにもかかわらず原子炉水位が回復していないことを不審に思い、それをオフサイトセンターの武藤副社長に報告していた
写真：NHKスペシャル『メルトダウンⅢ　原子炉〝冷却〟の死角』

13日だけでも午前中の淡水注入も合わせて400トン以上もの水が消防車によって送り込まれていたはずだった。その量は、原子炉をほぼ満水にするはずの量に値する。しかし、吉田と武藤は、原子炉水位が思いのほか上がっていないことから、消防車によって注ぎ込んだ水が、どこからか漏れていることを強く疑っていたのだった。

燃料を冠水させるのに十分な量が原子炉に届いていなかったために、3号機のメルトダウンを防ぐことができなかったのではないだろうか。では、その水は一体どこへ漏れたのだろうか。とっさに思い浮かんだのは、あの復水器に溜まっていた謎の大量の水の存在だった。

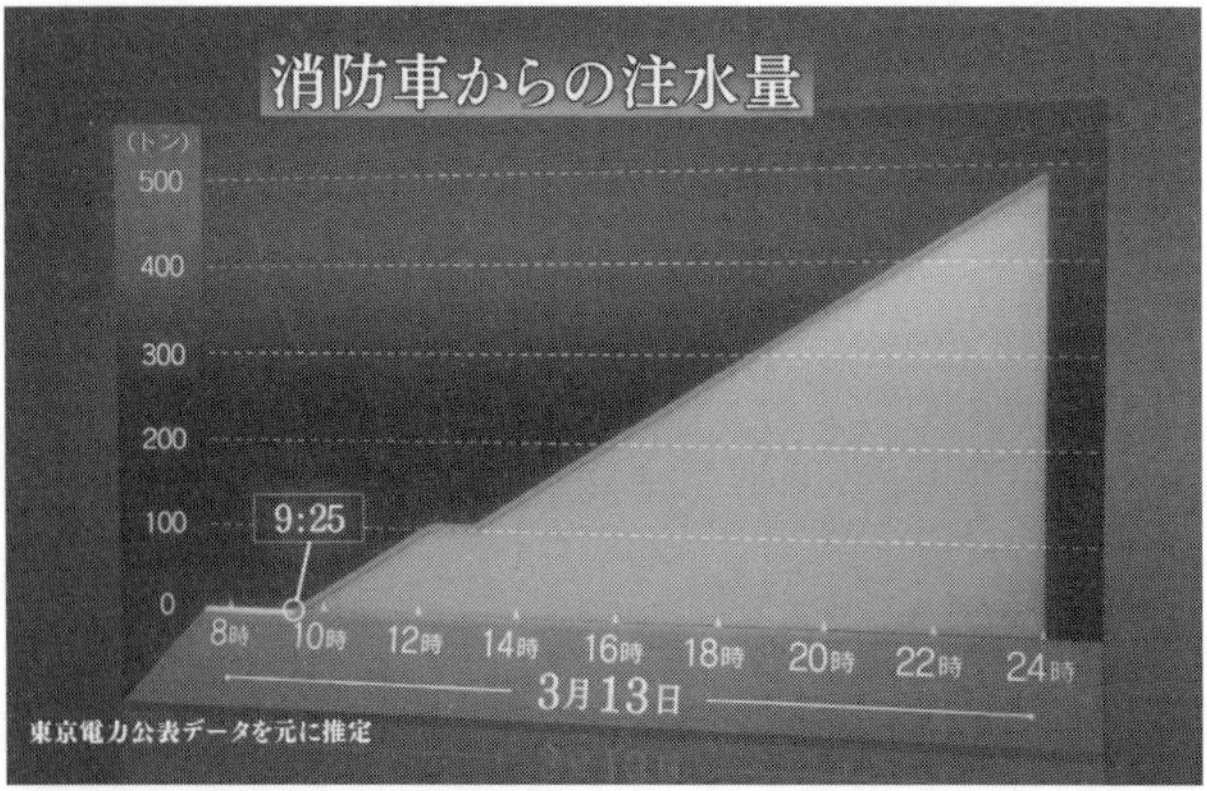

３月13日午前９時25分には消防車からの代替注水が始まった。約14時間で400トン以上の水を原子炉に流し込んだが、いつまで経っても原子炉水位計は満水にならなかった
グラフ：NHKスペシャル『メルトダウンⅢ　原子炉〝冷却〟の死角』

配管計装線図が結んだ点と点

消防車によって建屋の外から注入された水は、どういう経路で原子炉へと到達するのだろうか。この謎を解くには、原発内部を血管のごとく走る配管を詳細に把握しなければならない。そこで役立ったのが、4章にも登場した配管計装線図と呼ばれる原発の配管の系統図である。図面には、原子炉建屋やタービン建屋にある全ての配管に加え、配管に設置されている弁やポンプ、それに計器などの配置が示されている。取材班は、独自ルートでこの機密扱いの図面を入手していた。事故からまもなく2年になる2013年2月14日。3号機の配管計装線図を

NHK取材班は、独自ルートから、3号機の配管計装線図の内部資料を入手、原子力工学や流体工学の専門家6名に、3号機の代替注水をめぐる不可解な現象の原因を探る検証を依頼した。そこで浮かび上がってきたのは、専門家でさえ気づいていなかった意外な落とし穴だった
写真：NHKスペシャル『メルトダウンⅢ　原子炉〝冷却〟の死角』

前に、専門家たちの議論が白熱した。

東京電力は、この図面にある緊急時対応用の配管から、原子炉を冷やすために注水を計画していた。3号機のタービン建屋にある消火用送水口から注ぎ込まれた水は、複雑な配管の系統図のなかで、1本のラインをたどって原子炉に向かうはずだった。注水の前に、3号機と4号機の中央制御室の運転員たちは、あらかじめ消火用のディーゼルポンプで原子炉に水を入れるために弁を操作して水のラインを作っていた。このラインは、1号機と2号機の中央制御室の運転員たちが、全ての電源が失われた11日夕方から夜にかけて作った注水ラインと同じもので、マニュアルに従って、タービン建屋

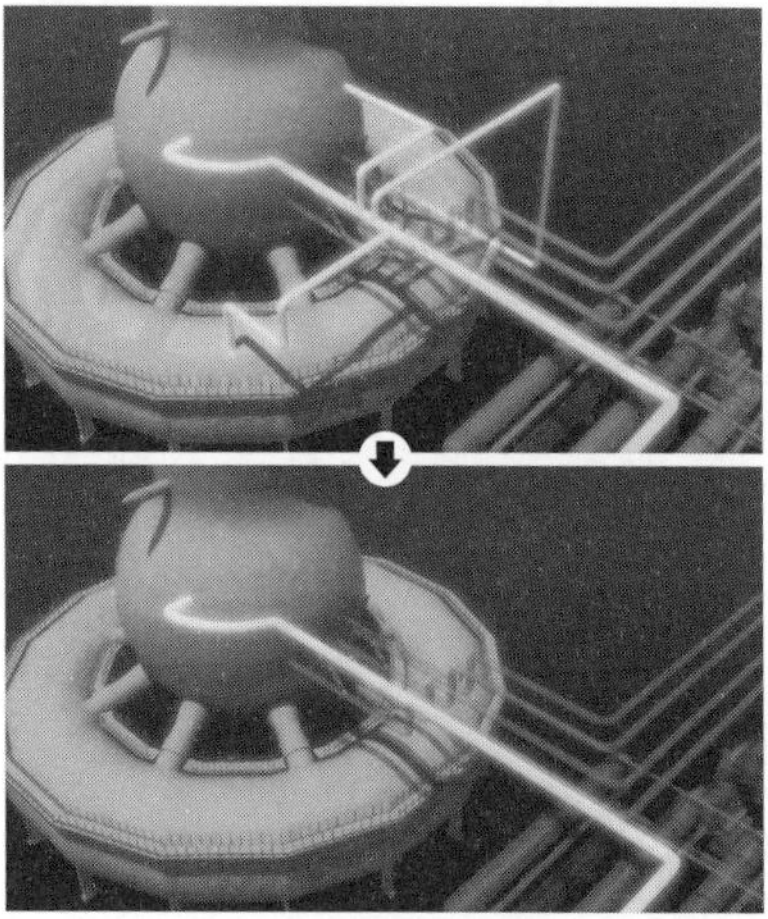

消防車による代替注水は、過酷事故を想定して作られていた消火用ディーゼルポンプによる注水ラインを利用して行われた。複雑に張り巡らされた配管も、途中のバルブ（弁）を操作するとシンプルな1本のラインになる（CG下）
CG：NHKスペシャル『メルトダウンⅢ　原子炉〝冷却〟の死角』

と原子炉建屋にある7つの弁を操作して作ることになっていた。専門家と取材班が配管計装線図をたどると、確かに一本道で、消火用送水口から原子炉へと向かっていた。

しかし、図面に目を落としていた法政大学客員教授の宮野廣が、復水器へと繋がる抜け道を指摘した。宮野は、かつて東芝の技術者として原発の設計にも携わっていて、設備の機能や位置関係にも詳しい。宮野が指摘した道は、低圧復水ポンプという装置を通り抜けていくルートだった。その先には、事故の2週間後、3000トンものタンクが満水になっていたことが明らかになったあの復水器があったのだった。

消防車による注水は原子炉に行くラインから漏れて、復水器へと向かったのかもしれな

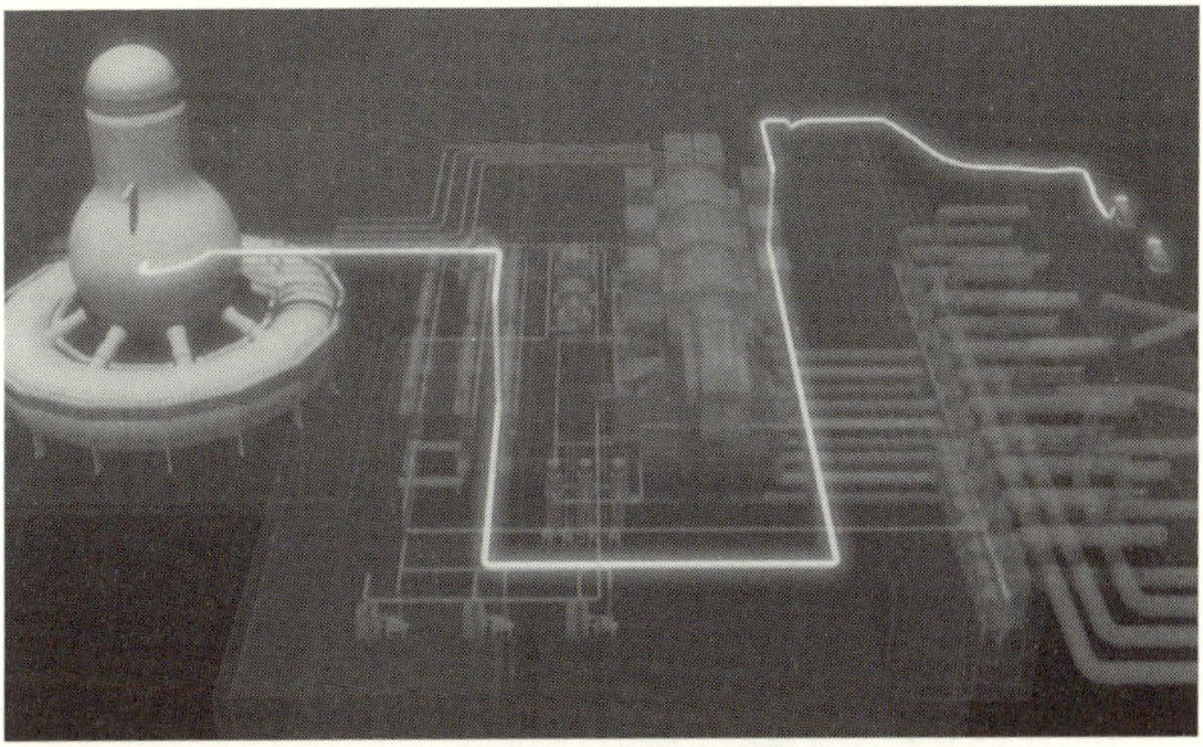

消防車から原子炉までの注水ライン。消防車のポンプから送り出された水は一直線に原子炉に向かうはずだったのだが……
CG：NHKスペシャル『メルトダウンⅢ　原子炉〝冷却〟の死角』

い。吉田と武藤がなぜ原子炉水位が上がらないのか、疑問を提示した謎と、復水器があり得ない大量の水によって満水になっていた謎。配管計装線図を読み解くことによって謎だった点と点が結びついた瞬間だった。

仇となった原発特有の設計

消火用送水口から復水器へと向かうルートの途中には、低圧復水ポンプがあり、本来ここを水がすり抜けることは考えられないはずだった。なぜ、水は止まらなかったのか。そこに、原発特有の落とし穴があることが浮かび上がってきた。流体工学が専門でポンプの構造に詳しい東京海洋大学教授の刑部真弘が、この落とし穴を解き明かした。

低圧復水ポンプは、原子炉から出た蒸気を

東芝で原発設計にも携わった法政大学客員教授の宮野廣は、配管ルートの中の「抜け道」を見つけ出した。宮野は、蛍光ペンを用いて、消防車からの注水が復水器に漏れ出していくルートを描いた
写真：NHKスペシャル『メルトダウンⅢ　原子炉〝冷却〟の死角』

復水器で冷やして水に戻した後、再び原子炉へと循環させるための設備である。ポンプの中には、電動モーターで回転する羽根があり、この羽根の回転によって、圧力を上げた水を原子炉へと送り込む構造となっている。このとき、羽根は猛スピードで回転するため、モーターと繋がる軸の回転部分では摩擦による高熱が生じる。この熱を取り除くために、軸の回転部分に少量の水を送り込んで冷却する仕組みが備わっているが、原発の場合、放射性物質を含む水が外に漏れるのを防ぐため、特殊な構造をしている。それが、「封水」と呼ばれる仕組みだった。

「封水」は、ポンプの羽根が回転する際に発生する水の圧力によって、ポンプか

消防注水の失敗の原因となった低圧復水ポンプ。電源が失われると、復水器への流入を食い止められなくなる致命的な欠陥があった。写真上は福島第一原発にある低圧復水ポンプと同型のポンプ。消防車からの注水で抜け道となったルートの最後は直径わずか3センチの細い配管（写真右）であった
写真：NHKスペシャル『メルトダウンⅢ　原子炉〝冷却〟の死角』

ら出た水の一部を、軸の部分に送り込んで冷却に使い、再びポンプに戻すという仕組みである。ただし、この仕組みはポンプが動いているときには有効に作用するが、ポンプが停止しているときは機能しない。そこで、ポンプを起動してからモーターの回転が十分に速くなるまでの間、一時的に外部から冷却水を送り込む「別の配管」がある。実は、消防車によって注入された水は、この「別の配管」に繋がっていたのだ。

　全ての電源が失われてポンプが止まっていた事故当時、消防注水によって送り込まれた水の一部は、外部から水を送り込む「別の配管」からポンプを素通りし、復水器へと流れ込んだとみられる。

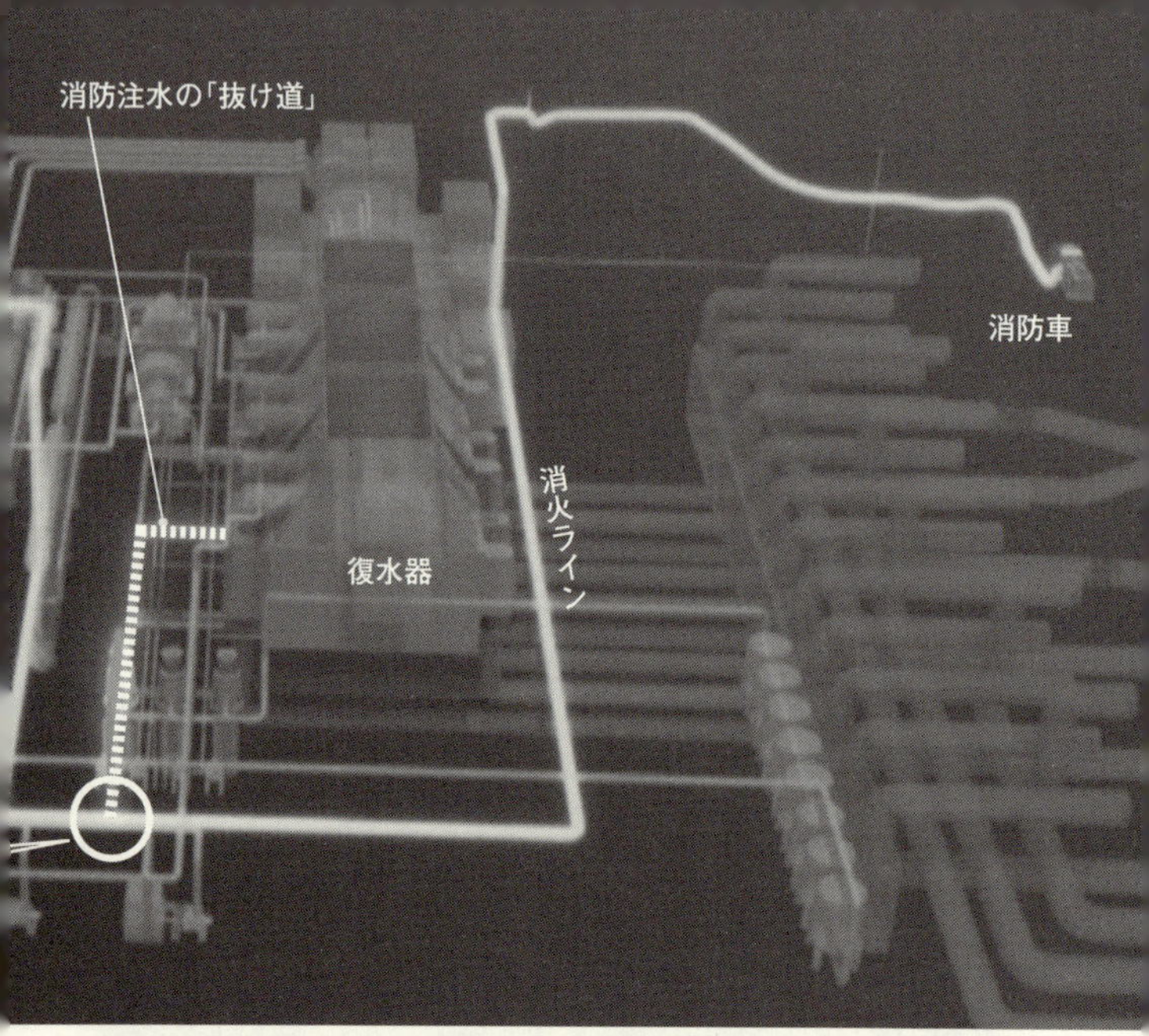

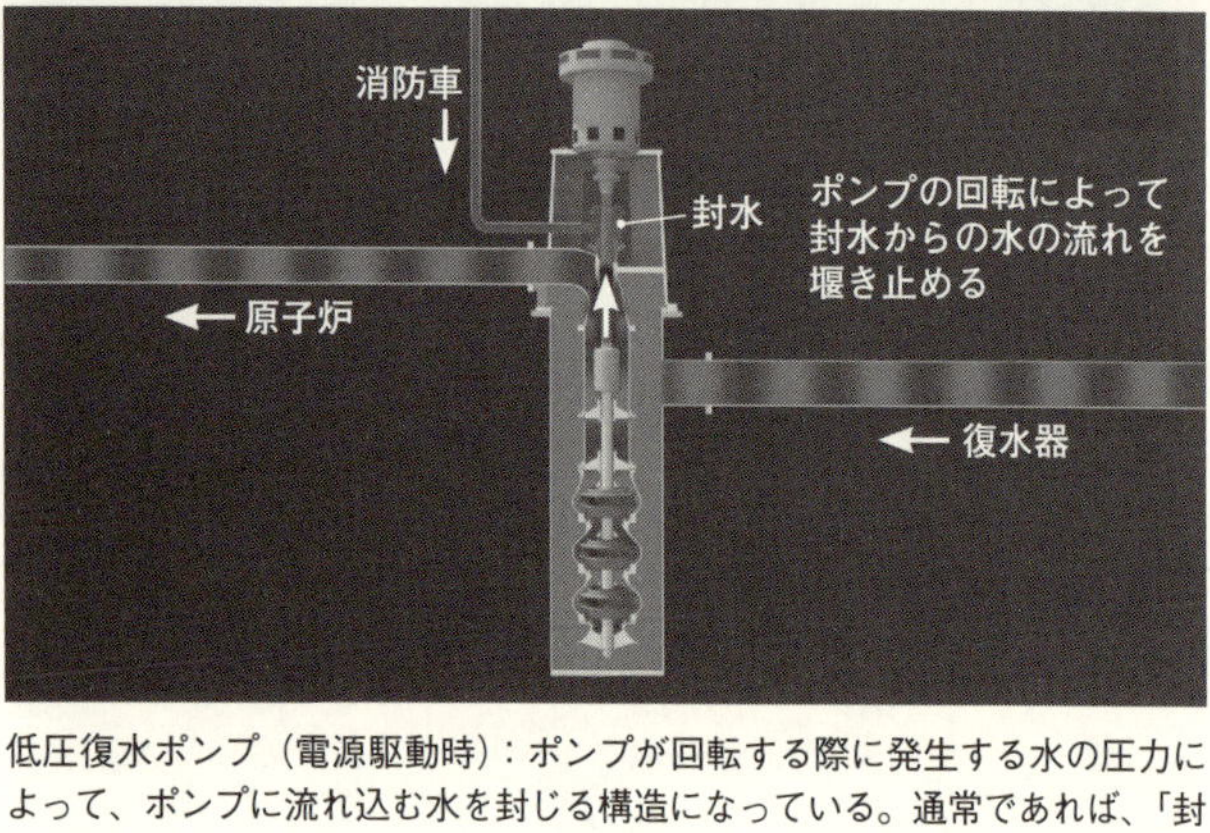

低圧復水ポンプ（電源駆動時）：ポンプが回転する際に発生する水の圧力によって、ポンプに流れ込む水を封じる構造になっている。通常であれば、「封水」部分に入った水は、ポンプの羽根が回転する圧力や熱によって堰き止められる。左右の配管は復水器と原子炉を結ぶライン、上から下のラインは封水の仕組みが有効に機能するまでの間、外部から冷却水を送り込む「配管」

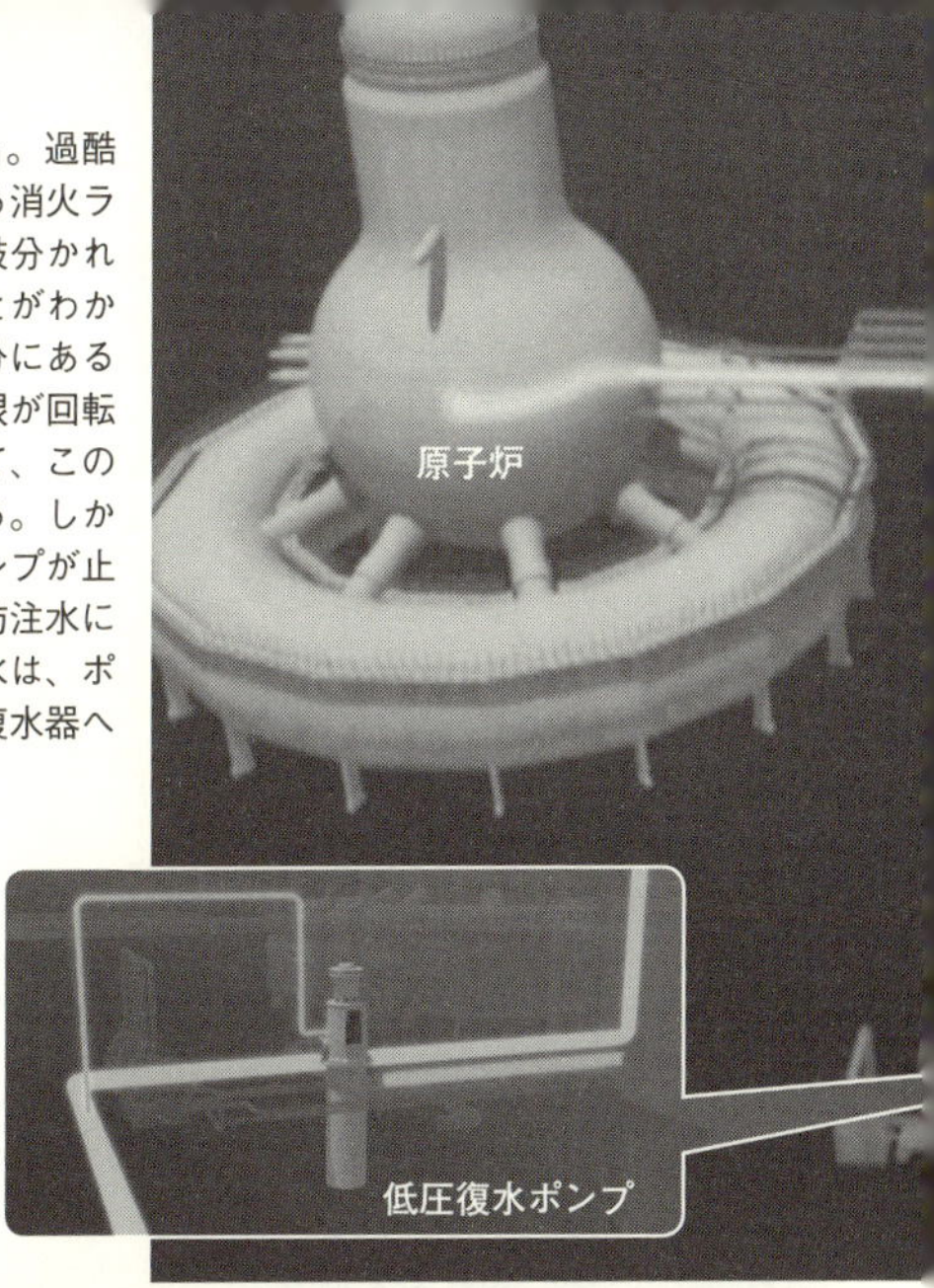

消防注水の「抜け道」。過酷事故の際に用いられる消火ラインには、復水器に枝分かれするラインがあることがわかる。通常は、分岐部分にある低圧復水ポンプの羽根が回転する圧力や熱によって、この流れは堰き止められる。しかし、全電源喪失でポンプが止まっていたため、消防注水によって送り込まれた水は、ポンプを素通りして、復水器へと流れ込んだ

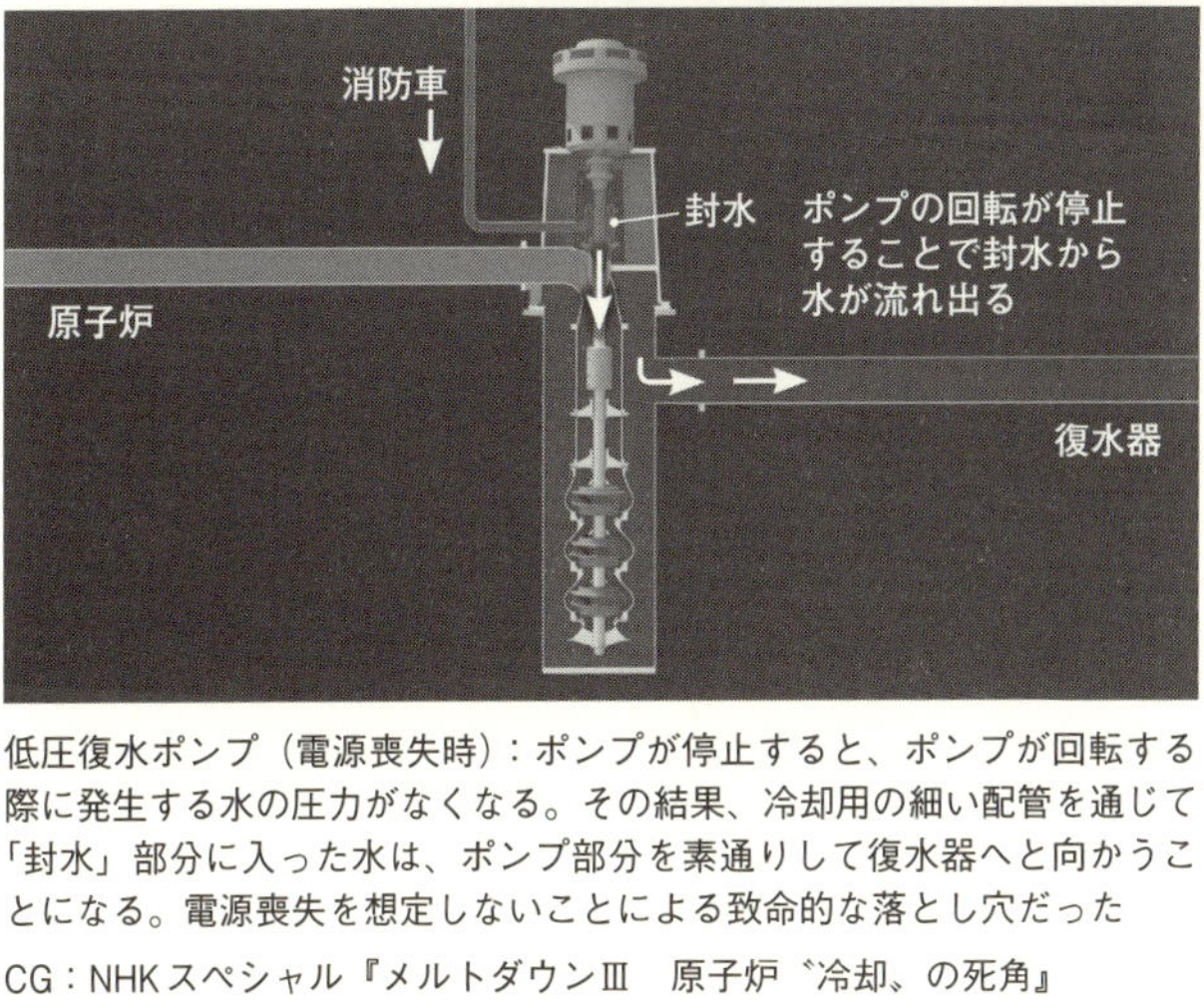

低圧復水ポンプ（電源喪失時）：ポンプが停止すると、ポンプが回転する際に発生する水の圧力がなくなる。その結果、冷却用の細い配管を通じて「封水」部分に入った水は、ポンプ部分を素通りして復水器へと向かうことになる。電源喪失を想定しないことによる致命的な落とし穴だった

CG：NHKスペシャル『メルトダウンⅢ　原子炉〝冷却〟の死角』

放射性物質を漏らしてはいけないという理由で作られた特殊な構造が、全電源喪失によって、思いがけない抜け道を作ってしまったのだ。

刑部は「封水は、原発のように汚染水を絶対に漏らしてはいけない状況では、非常によくできた仕組みだが、今回のように電源が失われた場合は、思わぬ落とし穴になる」と語った。

検証実験がはじき出した漏えい量

果たして3号機では、どれくらいの水が原子炉へと入っていたのだろうか。当時の状況を推定するために、取材班は2013年2月、イタリア北部のピアチェンツァにある巨大実験施設SIETで、独自の検証実験を行った。SIETは、高い圧力の実験が可能で、世界各地の原発メーカーも利用している。実験に参加したのは、日本とイタリアの原子力工学などの専門家。原子炉を模した装置で、当時の福島第一原発の消防注水を検証するというのが、実験の目的だった。実験に予算を含め全面的に協力してくれたのが、ミラノ工科大学だ。ミラノ工科大の工学部長を務めるファビオ・インゾリは「福島の事故に世界中から大きな関心が集まっている。今回の実験の結果は、イタリアや日本だけでなく、世界中の原発に影響をもたらす可能性があり、だからこそ科学的な観点からの検証が求められている」と語っている。

日本からは、原子炉のシミュレーションが専門で、エネルギー総合工学研究所部長の内藤正則が合流した。ミラノ工科大学教授の二ノ方壽もイタリア人研究者とともに実験に加わった。

実験施設では、原子炉までの距離や高さ、それに配管の太さの情報を元に配管の圧力の抵抗値を算出し、当時の3号機と同じ条件になるように原子炉と復水器を模した装置を組み立てた。この模擬装置で、事故当時の原子炉と復水器の圧力を再現したうえで、消防注水と同じ圧力で水を流し込み、原子炉と復水器にそれぞれどの程度の水が流れ込むのか、その割合を計算するのだ。

3号機で消防注水を開始した13日の午前9時25分の原子炉圧力は3・5気圧。一方、復水器は、大気圧と同じ1気圧である。消防車のポンプ圧力は、およそ9気圧だった。水がアクリル製の透明の配管を流れ始めた。水は分岐点で原子炉と復水器に見立てた水槽へと流れ込む。実験には、水の流れを可視化するためにプラスチックの粉末をあらかじめ混ぜてあった。

ハイスピードカメラの映像で、その様子を観察すると、水は一定程度、原子炉へと流れるものの、抜け道となる復水器にも激しい勢いで流れていく。シミュレーションの専門家

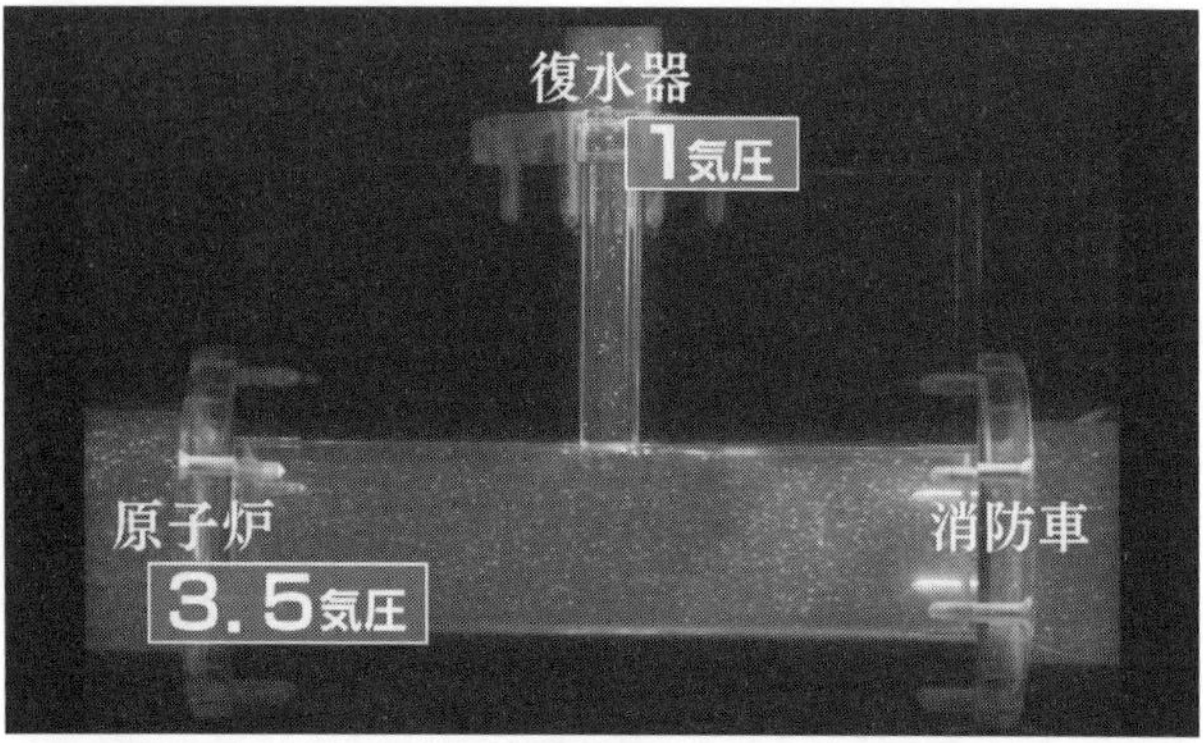

３号機の原子炉に消防注水を開始した時点で、原子炉の圧力は3.5気圧、復水器は１気圧だった。そのほか、配管の太さや長さ、形状などを模した器具で実験を行った
写真：NHKスペシャル『メルトダウンⅢ　原子炉〝冷却〟の死角』

の内藤らが、この実験結果を元に、コンピューターでそれぞれの流量の割合を計算した。すると3号機に消防車で注入した水は、45％が原子炉へと流れ込み、55％もの水が復水器へ流れていたという結果になった。消防注水のうち、半分以上の水が漏れ出ていたのだ。

メルトダウンは防げたのか？

内藤は、この実験結果から原子炉への注水がどれくらいできていれば、3号機のメルトダウンを食い止められたのか、さらに計算を進めた。解析に使ったのは「サンプソン」と呼ばれる日本独自の計算プログラムだ。原子炉内の状態を再現する計算プログラムは、仮に核燃料が冷却できない事態

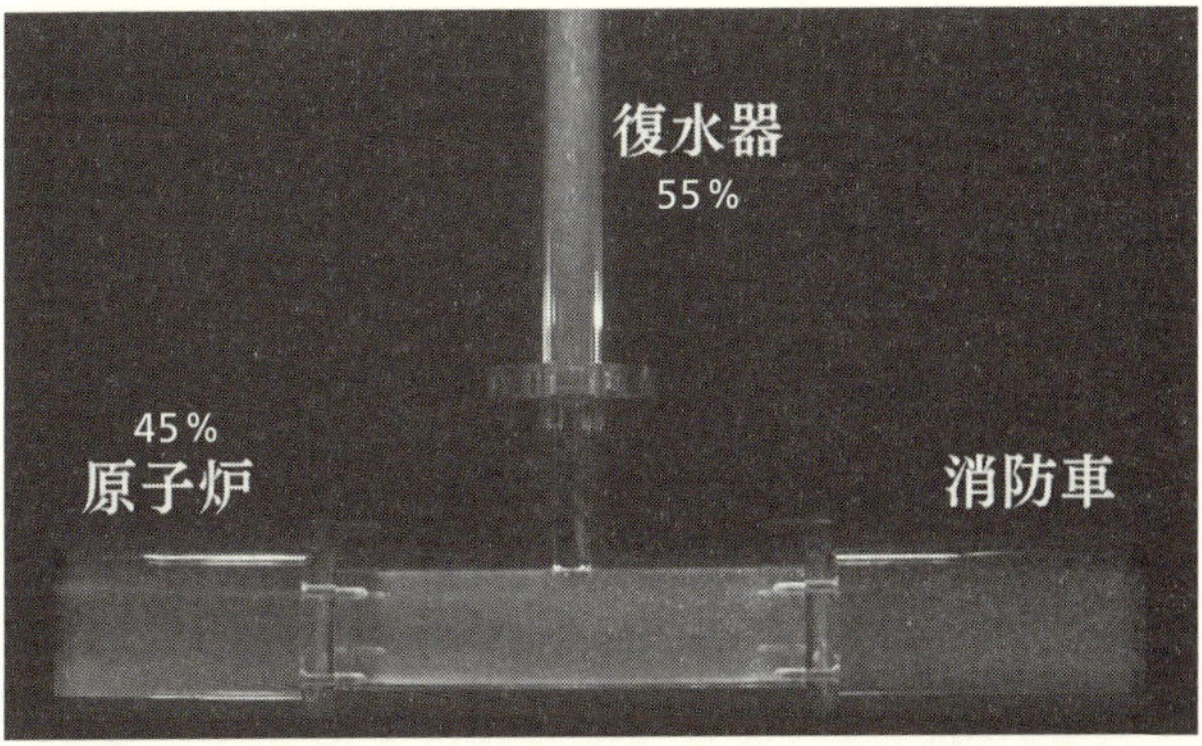

低圧復水ポンプの分岐部で、消防車からの水が、復水器と原子炉に分岐するが、水の勢いは復水器側のほうが激しいことが一目でわかる。水の流入量は復水器55%、原子炉45%だった
写真：NHKスペシャル『メルトダウンⅢ　原子炉〝冷却〟の死角』

に陥った場合、核燃料の温度がどのように変化し、メルトダウンに至るのか、あるいはどこが損傷するのかなどを推定することで、原子力の安全規制に生かそうと開発が進められてきた。日本では、電力会社が「マープ」を、そして規制側が「メルコア」と呼ばれる計算プログラムを使用している。

福島第一原発の事故が起きた直後の3月末から、内藤は開発に携わった「サンプソン」を使って、事故進展を再現することを試みていた。1号機から3号機について、最初の計算結果が出たのは、3ヵ月後の6月末だった。

「サンプソン」は、原子炉内で起きる物理現象だけを手掛かりに、事故進展を再現する計算プログラムである。燃料の温度や状態が、原子炉の圧力や冷却水の蒸発にどのように影響するのか、その状態が核燃料にどういう変化をもたらすのかを、秒単位で計算して、原子炉全体の状態を表すことができる。「マープ」や「メルコア」が、実測値に合うように計算者が入力値を調整する余地があるのに対し、「サンプソン」はそういった調整を行わないことを前提としているため、科学的に説明できない部分がないという点で、物理現象に正直だといわれている。

この「サンプソン」の計算を事故検証の道標とするためには、電源喪失時に、核燃料がどれほど燃焼していたのか？　また、事故収束のために中央制御室が行った操作によって、核燃料をどれくらい冷却できたかなどの条件を正しく設定する必要がある。実はイタリアでの実験の検証で最も難しかったのがこの条件設定だった。

計算の前提となる条件によってその結果が大きく変わってくるため、計算条件に関しては、綿密な取材を重ねるなど、当時の運転状況の詳細を把握する必要があった。そもそも福島第一原発事故の検証を困難にしている大きな要因の一つが、全電源喪失によって原子炉の圧力や冷却水の水位など、当時の原子炉の状態を示す「数値」が断片的にしかないことだ。これらの数値は、事故の収束作業にあたった運転員などが、かろうじて中央制御室で直流のバッテリーをつなぎ込みながら、原子炉の状況など必要最小限のパラメータを見るために採集したものだった。そこで、取材班は、実測値の洗い出しとともに、運転員やメーカーOBへの取材を通じて、考え得る限り正確な計算条件をはじき出していった。

イタリアでの実験から帰国後、内藤は部下のイタリア人研究者、マルコ・ペレグリニとともに「サンプソン」を使って、シミュレーションを行った。2人は、イタリアでの実験結果に基づいてシミュレーションを繰り返し、消防注水のうち75%の水が原子炉に入っていれば、メルトダウンを防げた可能性があるという解析結果をはじきだした。

2013年3月、取材班は、専門家たちと行った実験や解析をもとに、消防注水が十分に原子炉に届かなかった可能性があるという検証番組を放送した。東京電力が、同様の検証結果を公表するのは、この9ヵ月後のことだった。

消防注水冷却の死角

取材班が専門家たちと行った実験や解析は、もちろん福島の事故を完全に再現できているわけではない。ただ、今回確認された問題は、原子炉のどこに弱点があるのか、何に目を向けるべきなのかを示すことはできたのではないだろうか。

内藤らが示した、消防注水のうち75%の水が原子炉に入っていれば、メルトダウンを防げた可能性があるというシミュレーションの結果については、今後、全国の原発が再発防止策をとっていく上で、重要な教訓になるはずだ。

　全国各地の原発では、福島第一原発の事故を踏まえた緊急安全対策として、消防車が配備され、非常用冷却装置が使えなくなった場合の最後の砦として、消防注水が位置づけられている。しかし、取材班と専門家が積み上げてきた実験とシミュレーション結果は、たとえ消防注水をしても、重大な漏えいルートがあれば、原子炉を冷却できずにメルトダウンが起きるという衝撃的なものであった。

　その漏えいルートとは、直径わずか3センチほどの配管だった。それも、その先にあるポンプが電源を失っていたことによって、思いもよらない水の抜け道ができてしまったのだ。それは、にわかに現れた原子炉冷却の「死角」とも言える。福島第一原発の事故を踏まえて準備が進められている安全対策には、原発のプロフェッショナルですら気づかない「死角」が他にも存在しているかもしれない。

抜け道が教える教訓

　2013年7月には、原発の新しい規制基準が法律として施行され、全国各地の原発では、それを先取りした形で、さまざまな安全対策が打ち出されてきた。国や電力会社は、事故直後に行った緊急安全対策で、各地の原発に消防車や注水ポンプを複数配備するなど

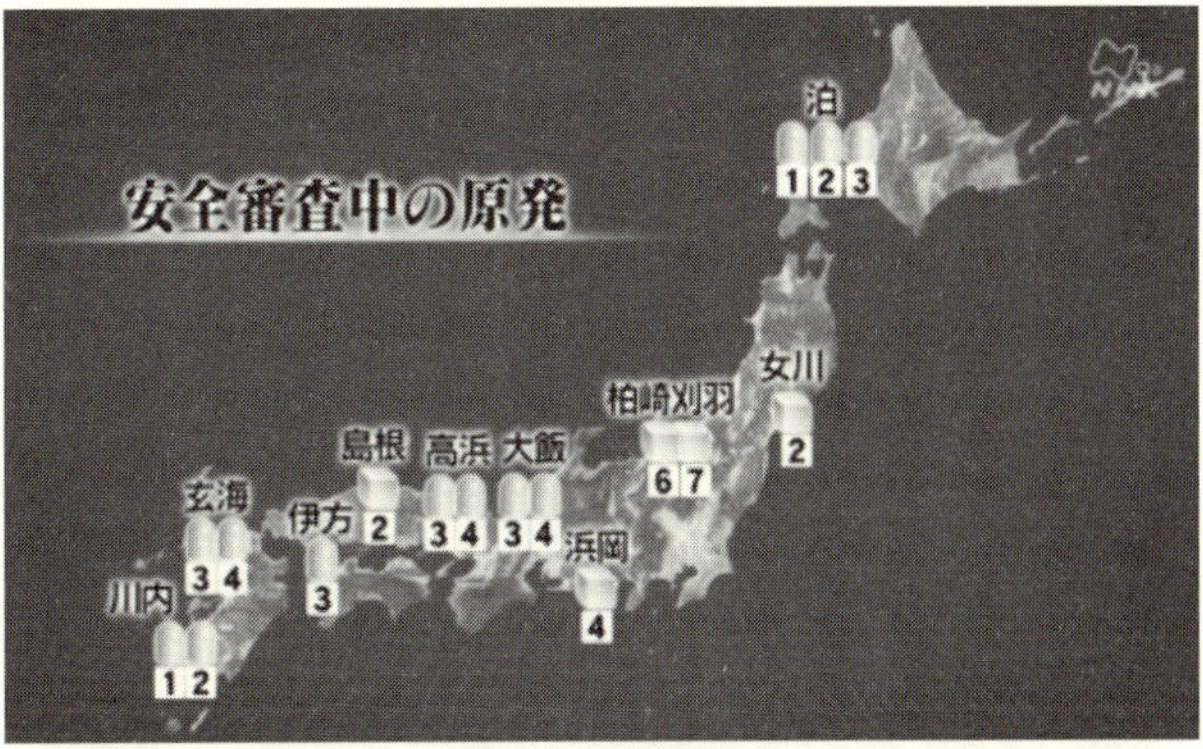

2014年8月21日時点で安全審査中の原子力発電所。数字は原子炉の数
CG：NHKスペシャル『メルトダウンⅣ　放射能〝大量放出〟の真相』

の対策によって、福島第一原発のような事故は起きないとしている。

全国の原発を抱える電力会社は、原子力規制委員会に対して、新規制基準への適合検査に次々と申請し、原発の再稼働に向けて、日々、審査が続けられている段階に入っている。

しかし、こうした新たな規制基準は、本当に万全のものといえるのだろうか。緊急時の原子炉冷却の最後の手段として位置づけられた消防注水ひとつをとっても、どこまで福島の事故が検証され、その教訓が反映されているか、疑問を感じざるを得ない点も多い。取材班は、一連の検証報道を通じて、最後の砦となる消防注水の「死角」を明らかにして、漏えい対策の重要性を強く訴えた。こうした「死角」について、規制委員会では具体的な議論や検証を十分尽くしているのだろうか。

大阪大学教授の片岡勲は、「今回の消防注水はぶっつけ本番で行っただけに限界もあった。消防車を配備すれば終わりではなく、本当に核燃料を冷やすのに十分な量の水が入るのかを確かめなければ意味がない。事故の検証は不十分だ」と警鐘を鳴らしている。

東京電力が２０１３年12月に公表した報告書の中では、東京電力が消防注水に漏えいルートが存在することに早くから気づいていたことを示す表現もみられる。

報告書では、３号機への消防注水について、「事故対応当時より配管図面上の分岐の存在や、主復水器での溜まり水が確認されたことから、代替注水の一部が原子炉へ通ずる配管だけでなく他系統・機器へ流れ込んでいた可能性については把握されていた」と書かれている。

取材班は、検証番組を報じる前の２０１３年2月の段階で、原子炉に消防注水のように外部から確実に注水ができるよう対策を行っているのか、福島第一原発と同じ沸騰水型（ＢＷＲ）と呼ばれる原発を持つ全国の電力会社にアンケート調査を行った。すると、東京電力は、再稼働に向けた安全審査を申請している柏崎刈羽原発について、当時の時点ですでに、注水が配管の抜け道から漏れ出さないよう、水漏れを防ぐ弁を取り付けていたことを明らかにした。このほか、東海第二原発を持つ日本原子力発電が、消防車などを用いて外部から直接原子炉へ注水可能な配管を新設したと回答したものの、それ以外は工事中や検討中、あるいは未検討と、電力会社によって対応がまちまちとなっている実態が浮かび上がった。

東京電力が報告書で、抜け道の可能性として指摘した多くには、本章で論じてきた「封水」と呼ばれる原発特有の機構が深く関わっていた。「封水」は、放射性物質を含む水が外に漏れるのを防ぐために、ポンプの羽根などが回転する際に発生する水の圧力によって、水を閉じ込める仕組みである。非常によく考えられた安全対策だったが、この仕組みが機能するには、交流電源だけでなく、バッテリーも含めたすべての電源があることが前提となる。福島第一原発事故では、全電源喪失によってこの仕組みが働かずに想定外の冷却水の漏えいラインとなってしまった。

これは福島第一原発固有の問題にとどまらない。「封水」という仕組みは、沸騰水型（BWR）と呼ばれる福島第一原発と同じタイプの原発に限らず、加圧水型（PWR）と呼ばれる原発でも、いろいろな設備で採用されている。つまり、東京電力が報告書で認めたような重大な漏えいルートがあるとすれば、全国の原発に配備されている消防車による注水は、深刻な事故が起きた際に必ずしも有効な冷却機能を持ち得ないかもしれないのだ。

だとすれば、東京電力は、原発の安全対策の根幹に関わる重大な事実に気づいた段階で、検証結果をいち早く公表し、他の電力会社に注意を呼びかける必要はなかったのだろうか。原発の安全対策の死角を無くしていくためには、事故を巡る謎を一つ一つ粘り強く解き明かし、そこから明らかになった教訓を、電力会社や国が即座に共有し、不断に対策に取り入れることが求められているはずである。

証言：日立グループ
福島第一原発事務所所長　河合秀郎
九死に一生を得た「３号機爆発の瞬間」

消防注水で十分に冷却されずメルトダウンした３号機は、３月14日午前11時すぎに水素爆発する。当時、３号機近くでは、日立グループの社員ら二十数人が電源復旧の作業を行っていた。爆発の瞬間は、たまたまタービン建屋の中で作業をしていた時だったという。作業を率いていた河合秀郎福島第一原発事務所所長は、こう振り返っている。「まさにすぐ脇の道路で仕事していたんですから、みんなが仕事を外でやってる時に爆発してたら、たぶん、私含め二十数名は全員死んでましたよ。だから危機一髪ですよ。我々が乗って行った車はもう、ぺしゃんこになってました。だからほんとにね、そういう意味では、運がよかったと言えばよかったんですよね。

１号機と３号機と４号機、３つの爆発があって、死者が出なかったというのは奇跡だと思いますよ。ほんとに。１号機が爆発した直後は、ああ、他の号機も爆発するかもしれないっていう思いはあったんですよ、当然。でも、仕事やってる時は、忘れてますから、そういうことは。いつ、今にも爆発するかもしれないなんていう思いはなかったですね。今目の前にある仕事をやるだけですよ、その時は」

写真：東京電力

証言：福島第一原発復旧班　副班長
「戦場のようだった」

３号機の爆発後も、現場では、２号機の消防注水のための作業を進めなければならなかった。自ら志願して現場に向かった復旧班の副班長は、爆発直後の現場をこう語っている。

「そこらじゅうに原子炉建屋のがれきが散乱して、ガラスなんかがメチャメチャに割れている。それは想像を絶するというか、驚きました。それで、全面マスクを通して見える景色というのが現実感がないんですよ、私の中で。なんていうのか、音がないんですよね。やけに静かなんですよね。静かだけども、ものすごく、そこらじゅう壊れているし、本当にもう戦場って、こんな感じを言うのかなって。原子炉建屋なんかも、仮に、空爆されたとしたら、こんな状況になるのかな。そういう印象を持ちました。数日前までは、普通に行っていたプラントが、そのような状況になっていたというのが、ちょっと、言葉が出なかったですね」

写真：東京電力

第6章
緊急時の減圧装置が働かなかったのはなぜか？

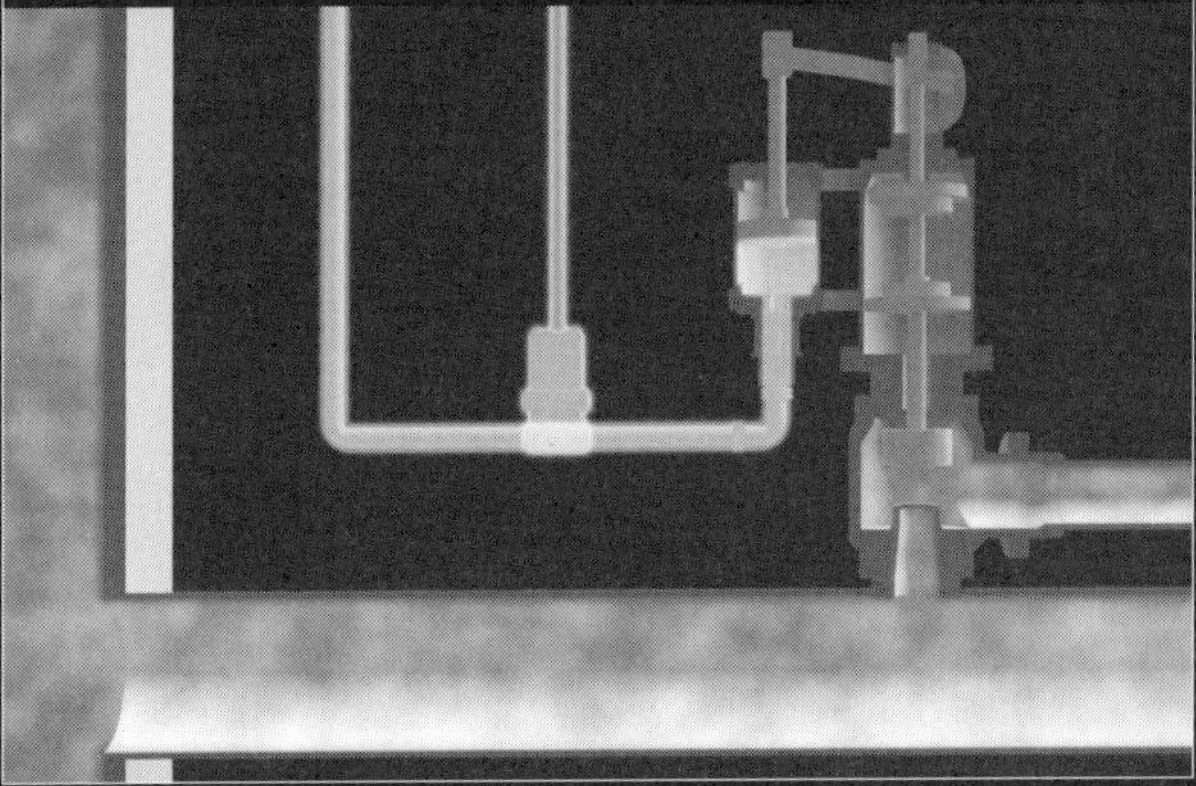

緊急時の減圧装置〝ＳＲ弁〟は、原子炉圧力容器の破損を防ぐ極めて重要な装置だが、今回の事故で、正常に操作できなくなる可能性があることがわかった
CG：NHKスペシャル『メルトダウンⅢ　原子炉〝冷却〟の死角』

3日間持ちこたえた2号機から大量の放射性物質放出

所長の吉田が「死を覚悟した」と語ったのは、3月14日から3月15日の未明にかけて2号機が危機に瀕した局面だ。

高温高圧になった原子炉に消防車の水が入らない。格納容器の圧力を抜くベントもできない。原子炉の安全を保つための最終手段がことごとく機能しない八方ふさがりの状態が続き、吉田は、2号機から大量の放射性物質が漏えいすることで、東日本が壊滅するイメージが頭をよぎったと証言している。

それにしても、なぜ2号機は、これほどまでの危機に陥ったのか。4章でも述べたとおり、2号機は、事故発生から4日目となる3月14日までRCICによる冷却が継続していた。運転中だった3つの原子炉のなかで最も長い時間冷却ができていたのである。

電源がない状況では8時間しか稼働が保証されていないRCICが、3日間も持ちこたえたこと自体〝奇跡〟といってよい。しかし2号機は、1号機や3号機にくらべて時間的な余裕があったにもかかわらず、短時間のうちに、吉田が「死を覚悟する」までに状況が悪化していった。

2号機がメルトダウンに至った理由のひとつが4章で取り上げたベント弁の不具合であ

る。そして、2号機を危機に陥れた、もうひとつの重大な要因が、「冷却の要」といわれる緊急時の減圧装置〝SR弁〟の不具合であった。この異なる2つの弁のトラブルが、吉田をはじめとする東電技術者を絶体絶命の窮地に追い込んでいく。なぜ2号機のSR弁は開かなかったのか。6章では、この謎を解明していく。

東電技術者たちの証言

SR弁（Safety Relief valve）は、主蒸気逃がし安全弁ともいわれる。原子炉の圧力が異常上昇した場合、自動または中央制御室で手動により弁を開き、原子炉の水蒸気をサプレッションチェンバー（圧力抑制室）に逃がす仕組みになっている。原子炉の冷却機能が失われると、急速に炉内の圧力が上昇し、短時間で危険な状態になるので、SR弁はそれを防ぐために、原子炉の圧力を格納容器に逃がす重要な役割を担う。

SR弁は、今回の事故時には原子炉を減圧できる唯一の装置であり、これが正常に機能することが原子炉を冷却する大前提であった。ところが、2号機では、この唯一の〝減圧手段〟であるSR弁が作動しないという、異常事態が起きたのである。取材班は、SR弁のオペレーションが難航を極めた理由を探るべく、SR弁の開放に携わった東京電力の技術者たちから聞き取り調査を進めた。

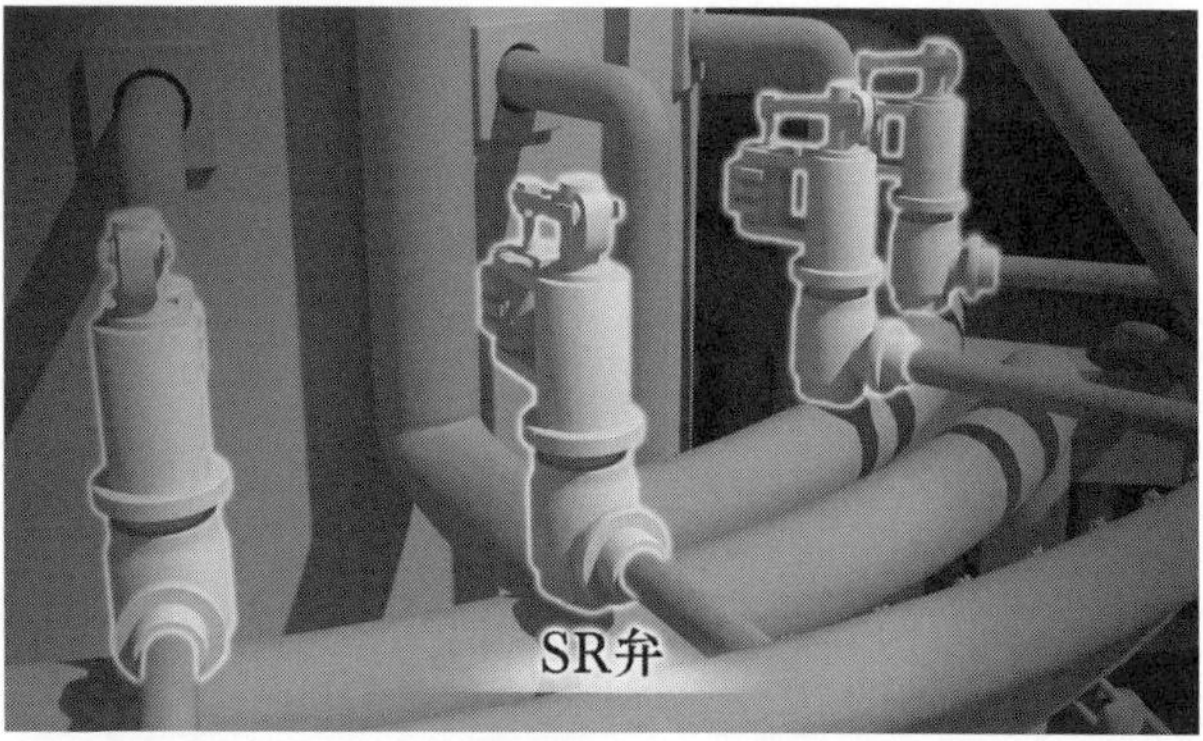

SR弁（Safety Relief valve／主蒸気逃がし安全弁）
原子炉圧力が異常上昇した場合、原子炉圧力容器保護のため、自動または中央制御室で手動により蒸気をサプレッションチェンバー（圧力抑制室）に逃がす弁。逃がした蒸気は圧力抑制室で冷やされ凝縮される
CG：NHKスペシャル『メルトダウンⅢ　原子炉〝冷却〟の死角』

ＳＲ弁の異常に対して、最初に危機感を強めたのは〝安全屋〟と呼ばれる事故進展予測の担当者たちだった。彼らは、国家資格である原子炉主任技術者の資格を持ち、限られたデータから、いま原子炉の中がどのようになっているか予測し、対策を立案する役割を担っていた。

14日午後1時25分のＲＣＩＣ停止後、免震棟の雰囲気は一変したという。彼らは事態が急速に悪化し始める状況を「トランジェント（過渡期）」と呼ぶ。3号機の爆発という非常時に、よりにもよって2号機がトランジェントに突入したのである。免震棟で対応にあたった〝安全屋〟の一人は、こう振り返る。

「ＲＣＩＣがずっと回っているのは奇跡

2013年５月現在、停止中の東京電力柏崎刈羽原発の原子炉格納容器内部にあるSR弁。稼働中の原子炉格納容器の内部に入ることはできないので、運転中はSR弁を直接操作できない
写真：NHKスペシャル『メルトダウンⅡ　連鎖の真相』

だと思っていたので、いつ止まってもおかしくないという認識でした。炉水位が落ちているという報告を聞いて、（くるべきものが）ついにきたという感じでした。2号機のＲＣＩＣが停止したことを確信してからは、異常に焦りだしたのを覚えています」

できることは限られていた。電源はいまだ復活しておらず、高圧注水系などの冷却装置は動かせない。原子炉を冷やすための唯一の手段は、消防車による注水だった。

「他の安全系（著者注　冷却装置のこと）が生きていれば、まだいいんですけど、あの時の状況というのは、高圧系は一切ない。やるとしたら、消防車で入れる低圧系しかないわけですよ。それをまともな低圧系と言っていいのかというと、もう全然違う。しかし、手段を選り好みしている余裕はないから、原子炉の水位低下が続くようなら、どこかで決断を下さなきゃいけない。その低圧注水を行うためには、もう、急速減圧をかけるしか手はない。そしてその急速減圧をかけるにはＳＲ弁を開くしかない。でもどれもこれも１００％できる保証というのは、何もないんですよ」

3月14日午後1時25分、ＲＣＩＣが停止して以降、2号機の原子炉圧力は急激に上昇し、その後70気圧を超える状況が続いていた。消防車のポンプは9気圧程度しかないから、これではとても原子炉には水は入らない。原子炉の圧力を下げて消防注水を行わなければ、メルトダウンは時間の問題だ。

減圧作業の指揮をとった復旧班長は当時の緊張感を語る。

「あれは私の人生の中で一番きびしい時間帯でしたね」

そして彼は自分の腹部を指さし、続けた。

「ここに鉛が存在したかのような状態……」

原子炉の圧力を一気に下げるにはＳＲ弁の開放しかない。困難なオペレーションではあったが、ぶっつけ本番というわけではなかった。先にメルトダウンした3号機では、ＳＲ弁を開けるためのバッテリー不足に悩まされたが、最終的にＳＲ弁の開放に成功してい

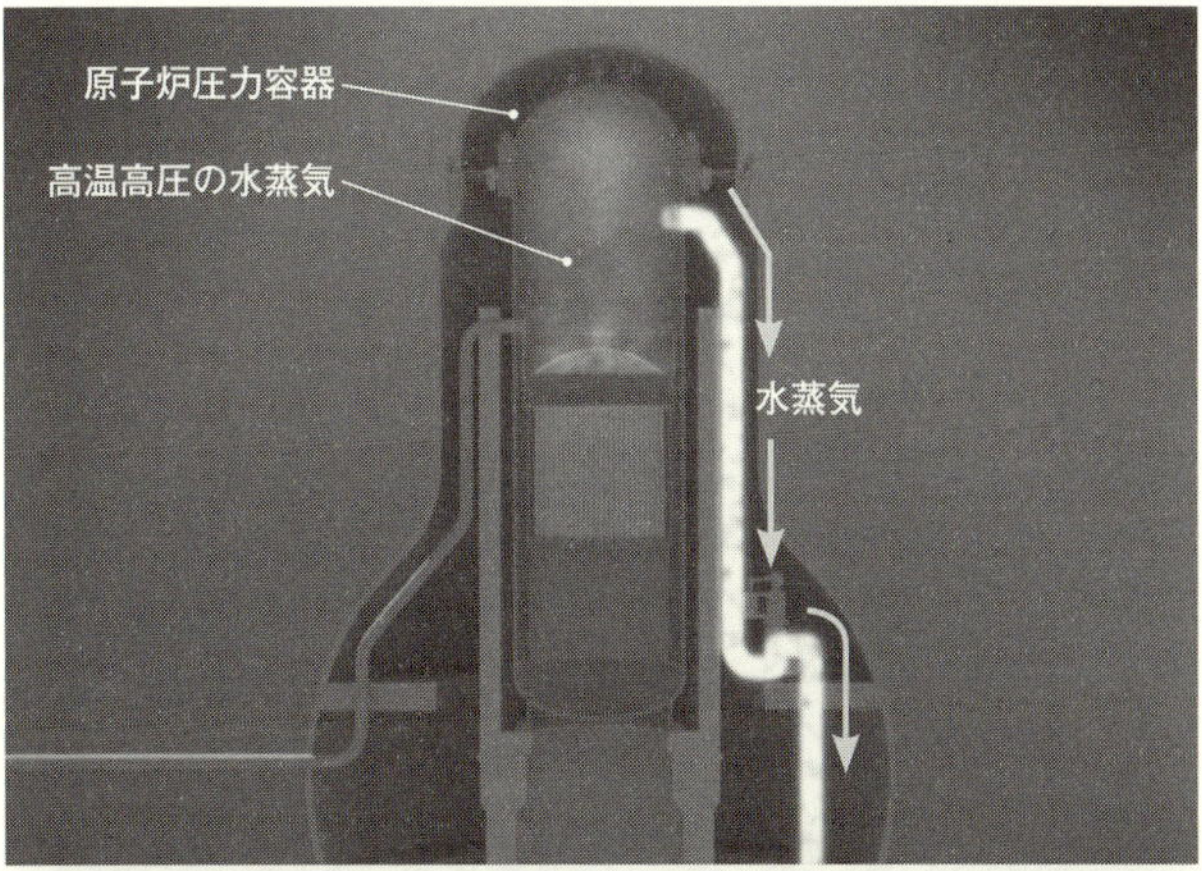

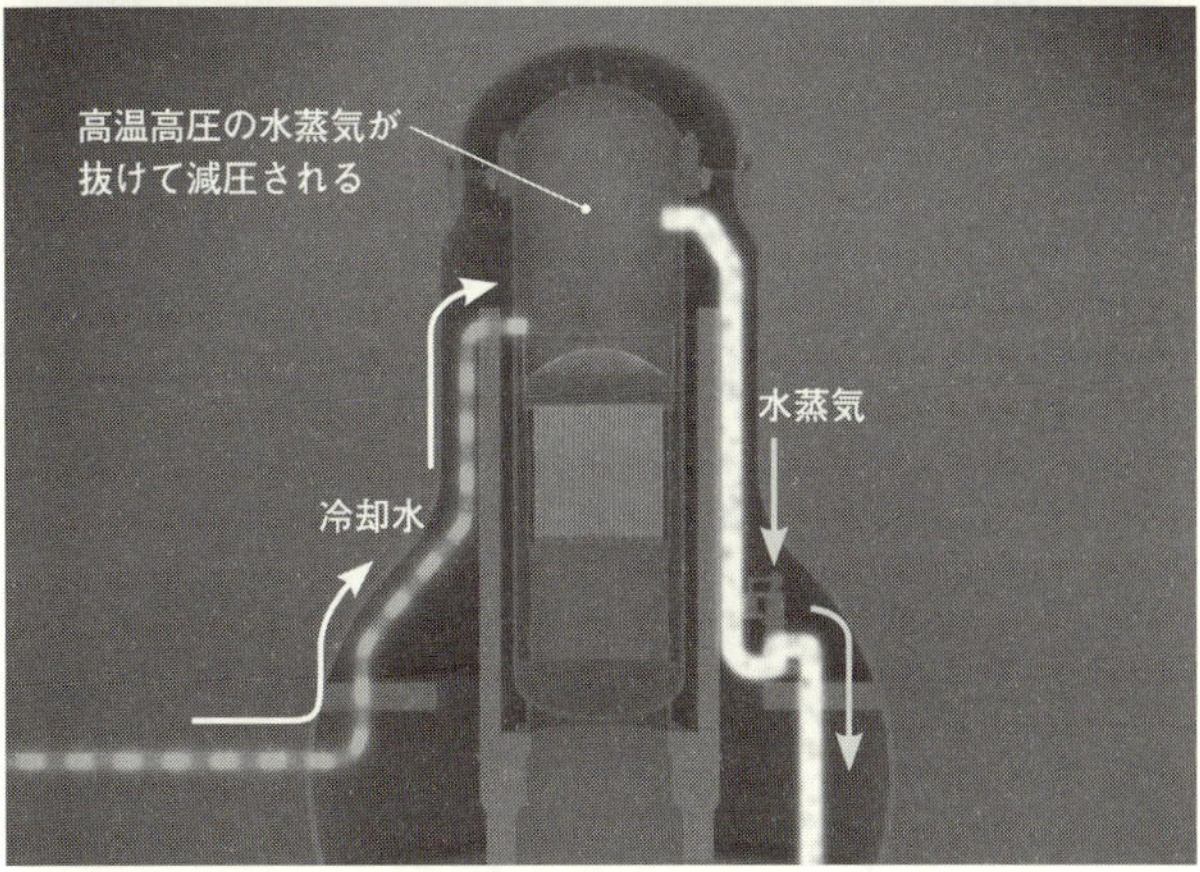

冷却装置が止まれば、原子炉の水位は急速に低下するが、注水口から冷却水を補えば、メルトダウンを防ぐことができる。ただし、冷却水を入れるためには、原子炉の内部は高温高圧の水蒸気があるため、蒸気を原子炉から逃がして圧力を下げる必要がある
CG：NHKスペシャル『メルトダウンⅡ　連鎖の真相』

る。

2号機にはSR弁が8つ取り付けられており、どれか一つでも開けることができれば、消防車で注水できる9気圧まで炉圧を下げることができる。バッテリーの不足によって減圧操作に6時間半かかった3号機のようにならないように、準備は入念に行われた。2号機のRCICが停止する前には、SR弁を動かすために必要な12ボルトのバッテリーを10個確保し、中央制御室でそれを直列につなぎSR弁開放の準備をしていた。原子炉こそ異なるものの、バッテリーを用いた操作は基本的に同じ手順で行われる。あとは、いつSR弁を開けるか、そのタイミングだ。

免震棟の〝安全屋〟の面々は原子炉の中の核燃料が持つ熱量と炉内の水位から、いつ燃料の先端（TAF）まで水位が落ちるか予想を始めていた。

午後1時15分、推定時刻がテレビ会議を通じて免震棟と本店に伝えられる。

「2号機、水位低下が予想よりちょっと早くなっておりまして、午後3時半にTAFまで到達すると予想しています」

TAF到達まで2時間。復旧班に残された時間はわずかしかなかった。

SR弁を中央制御室から開ける実働部隊は復旧班のなかの「計測制御グループ」と呼ばれる10人余りのメンバーだった。このわずかなメンバーで、1号機から3号機までのSR

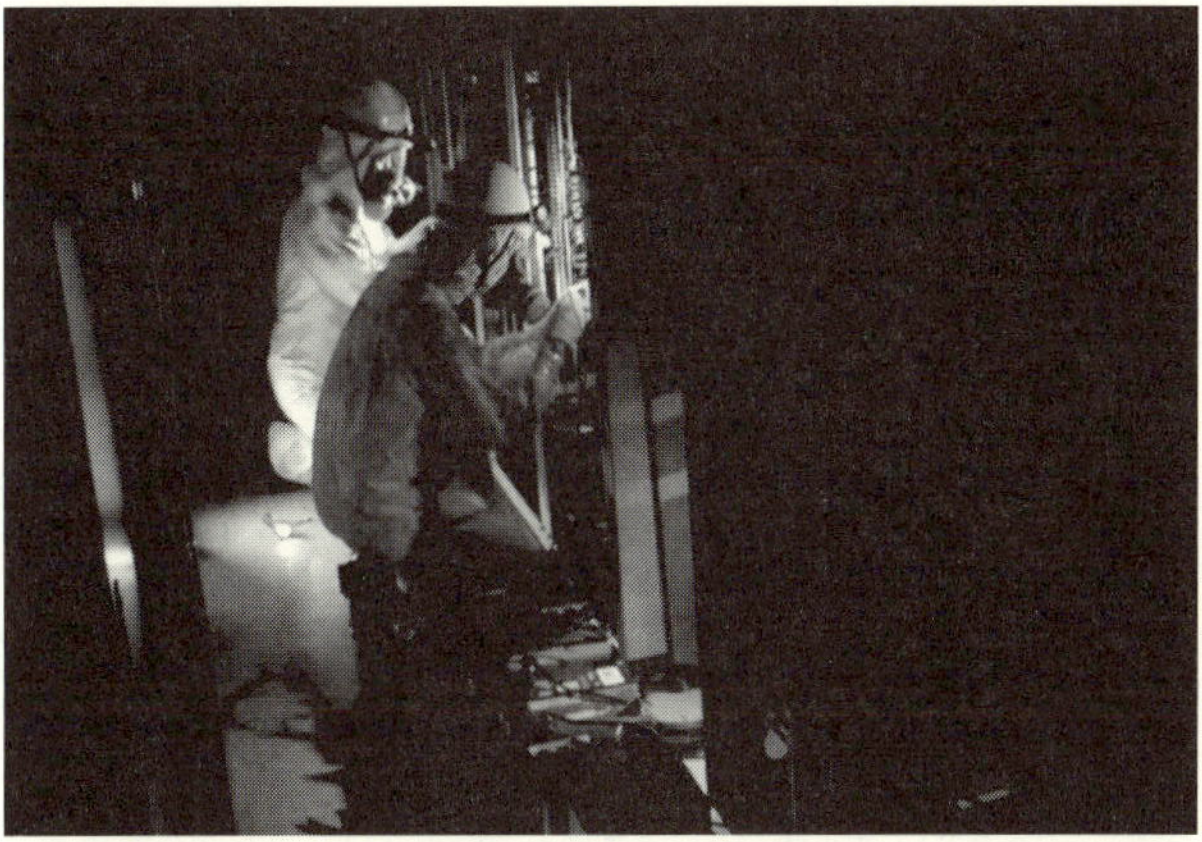

中央制御室の操作を行う制御盤の反対側、通称「裏盤」で、懐中電灯の明かりを頼りに、バッテリーの接続作業を行う計測制御グループのメンバー
写真：NHKスペシャル『メルトダウンⅡ　連鎖の真相』の再現ドラマより

弁開放のオペレーションを担ってきた。

復旧班長はこう振り返っている。

「SR弁を開けるための電磁弁に電気を通電する『励磁』といった特殊な作業が必要です。こうした特殊な作業ができる技術者の数も限られていたので、2～3人ずつを交代で中央制御室に送るしかない。そのやりくりには苦労しました」

彼らは1号機から3号機までをたびたび往復し、それぞれの中央制御室の操作を行う盤の反対側、通称「裏盤」での作業を続けていた。裏盤は、建屋内部のバルブやポンプ、そして計器につながる制御回路が集積している場所だ。暗闇の中、懐中電灯の明かりを頼りに、1ミリほどのビスを使って、バッテリーをつなぎ込まなくてはならない。

すでに当時は、2号機の中央制御室もメルトダウンした1号機や3号機の影響で放射線量が上昇していた。計測制御グループは視界の狭い全面マスクを着用し、綿手袋と二重のゴム手袋を装備した指でこの緻密な作業を強いられていた。後に多くの被ばくをすることになったこの計測制御グループは福島第一原発の中でも、最も過酷な作業にあたった人たちだった。

復旧班計測制御グループの面々は、2号機のSR弁開放のオペレーションで、予想だにしない状況に追い込まれることになる。実は、その伏線となる〝オペレーション〟が、これまで福島第一原発事故でほとんど注目されていなかった場所で行われていた。それは2号機からおよそ600メートル離れた5号機の中央制御室で半日ほど前に起きていた。

知られざる5号機の〝教訓〟

取材班が5号機の中央制御室でSR弁の対応にあたった人物から話を聞いたのは、福島県南東部に位置するいわき市だった。

市街地を走ると住宅展示場や新築の一戸建ての広告が目につく。福島第一原発から南に40キロ。いわき市では震災後地価の上昇が続いている。福島第一原発がある浜通りから、多くの被災者が事故後に移り住み、人口の増加が続いている。事故から3年。いまだに13万人が避難生活を余儀なくされているのは、国が進めようとしている除染が思うように進んでいないことが原因だ。大熊町では2014年9月から10月に行われた調査で故郷に帰ることを希望する人はわずか13%にまで落ち込んでいた。いわき市は、「帰還をあきらめざるをえなかった」被災者が新たな生活を求める中心地である。

そのいわき市で一人の運転員と出会った。3月11日に津波によって被災した福島第一原発5、6号機で対応にあたった人物だ。もともと地元福島県出身だったこの人物は、取材当初「今も自分が東電社員であることをできる限り知られないようにしている」と語った。

しかし、事故の記録を残し、原子力の安全につなげられるのであればと、少しずつ重い口を開き始めた。その中で5号機のSR弁を巡る彼らの行動は、2号機の事故対応を考える上で重要なポイントを示唆していた。

津波が福島第一原発を襲ったとき、原子炉の運転が休止していた5、6号機は事故とは無縁だったと思われるかもしれない。しかし、取材を積み重ねていくうちに、5、6号機でも、運転中だった1号機から3号機と同様にメルトダウンの危機と向き合い、過酷な事故収束作業が行われていたことがわかってきた。

特に5号機では定期検査の最終段階で、原子炉の圧力の耐性を確認する検査が行われていた。つまり原子炉の中には熱を持った核燃料が548本もある状態で、津波に襲われていたのだ。

津波後、暗闇となった中央制御室。運転員たちは3月11日の深夜から現場確認を行う。80気圧という高い圧力の状態となっていた原子炉に水を注ぐための高圧系の冷却装置を活かせるか、探るためだ。しかし、2号機と3号機の原子炉を一定期間冷やすことができたRCICやHPCIは悪いことに定期検査中だったため使えない。さらに5号機では原子炉や格納容器から熱を逃がすためのRHRと呼ばれる残留熱除去系も、津波によって電源盤が浸水し交流電源が全て失われたため使用できないことがわかった。

残る手段は、生き残った低圧系によって原子炉に水を注ぐこと。そのためには、9気圧以下に原子炉の圧力を下げる〝減圧〟操作が必要だった。それにはSR弁を開くしかない。5号機のオペレーションにあたった運転員は、次のように証言している。

「原子炉の圧力や熱はどんどん高まっていきました。通常であれば、減圧装置であるSR弁を開けばいい。しかし、SR弁は定期検査の圧力試験のため、弁を開けるための窒素を供給するラインにあるバルブが〝ロック〟されていた状況でした。つまり津波当時、原子炉の圧力を逃がす手段は全くなかったのです」

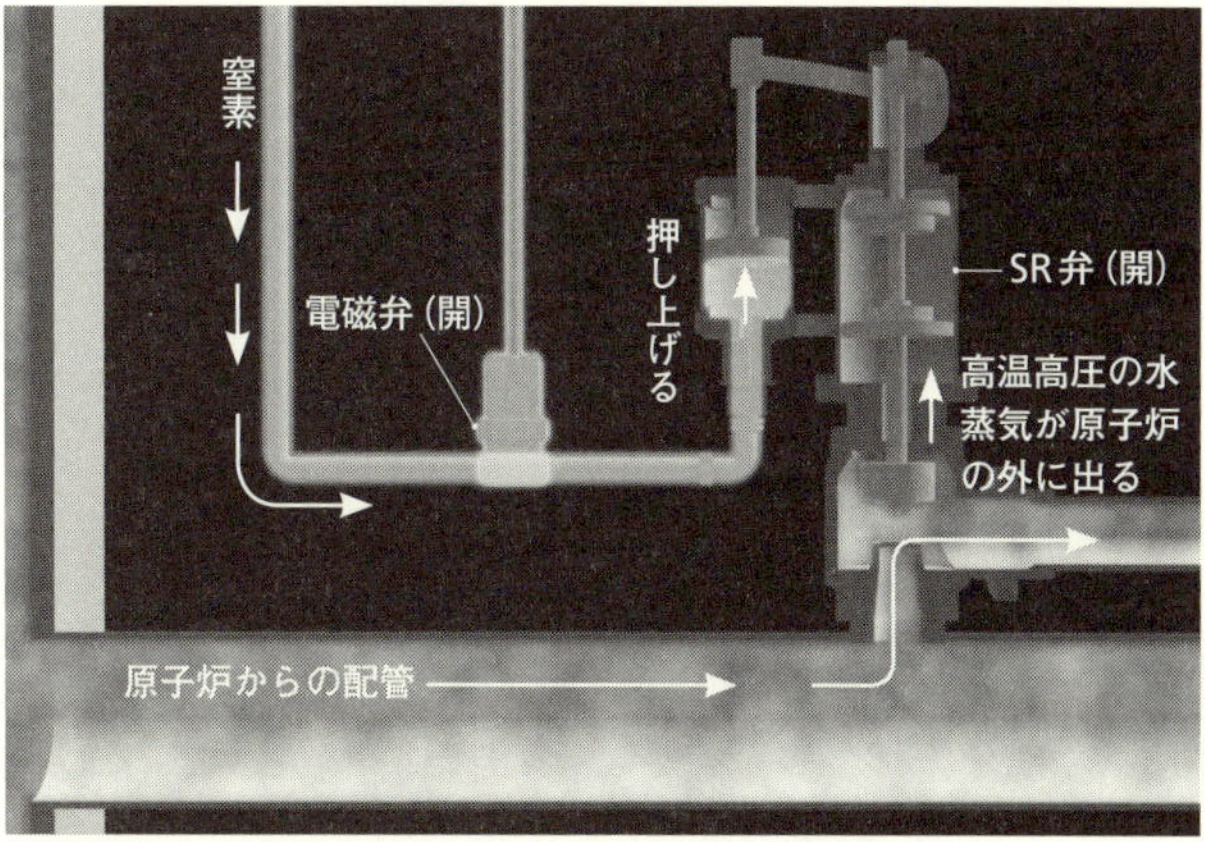

SR弁（主蒸気逃がし安全弁）の構造。電磁弁を遠隔操作することで、高温高圧の原子炉の水蒸気を外部に逃がす〝逃がし弁〟機能と、原子炉圧力に応じて自律的に弁を開閉する〝安全弁〟機能とがある
CG：NHKスペシャル『メルトダウンⅡ　連鎖の真相』

原子炉の圧力が限界を超えて高くなる局面でSR弁を手動で開けるということ自体、世界で初めて行われるオペレーションである。それを、弁を開くために必要な窒素の供給ラインがない状態から、いわばぶっつけ本番で行うというのだ。

高温高圧状態でのSR弁の開放は難航を極めた。SR弁は2つの顔を持っている。主蒸気逃がし安全弁という名前のとおり、SR弁には、中央制御室からの操作によって、蒸気を逃がす〝逃がし弁〟機能と、自律的に働く〝安全弁〟機能がある。1つの弁に異なる2つの機能があったことが、オペレーションの難度を高めることになった。

専門的な話をかみくだいて説明しよう。核燃料の熱によって原子炉内が高温高圧になったときに使うのが〝逃がし弁〟機能である。この機能を使う場合、開閉に関しては人間の操作が可能だ。すなわち、注水ができるところまで圧力を下げ、ある程度水位が回復すれば、また人間の判断でスイッチを操作し、再び閉じることができる。SR弁の〝逃がし弁〟機能を使うことさえできれば注水できるので、原子炉が破壊されることはない。つまり、原子炉に水を注ぐために圧力を自在にコントロールする機能、これがSR弁の持つ〝逃がし弁〟機能だ。

しかし、前述したように、SR弁には、中央制御室から人の意思で動かせる〝逃がし弁〟機能と異なるもう一つの顔がある。一定の圧力になると、自律的に働く〝安全弁〟機能である。5号機のSR弁は、原子炉が75気圧程度になると、原子炉につながる配管から流れ出る高温高圧の水蒸気がバネを自然に押し上げてSR弁を開くように設計されていた。弁が開けば、高温高圧の水蒸気はサプレッションチェンバーに流れるから、原子炉の圧力は下がり、高圧破損は免れる。

一方で、原子炉の気圧が一定以下になれば、SR弁が閉じるようになっている。5号機の場合、炉圧が70気圧以下になれば、バネを押し上げることができなくなり、自然にSR

弁は閉じる。原子炉内部の水蒸気の圧力を利用して自律的に原子炉の安全性を保つ。これがSR弁の〝安全弁〟機能である。

付け加えて、重要な説明をしておかなくてはならない。〝逃がし弁〟機能にせよ〝安全弁〟機能にせよ、原子炉の圧力、すなわち蒸気を原子炉の外に出すということは、水を原子炉の外に出すことを意味する。いずれの機能にせよSR弁が開けば、水位は下がっていくのだ。水を注がない限り。

人為の力と自然の力を組み合わせた見事な仕組みだが、〝安全弁〟機能は、物理法則まかせで、人の力では制御できない。これが厄介な事態を招いた。

福島第一原発の事故では、電気の力で制御する高圧系の冷却装置がことごとく機能せず、低圧ポンプや消防車による注水などのいわゆる低圧系にもっぱら頼った。繰り返し説明しているとおり、低圧系は、原子炉の圧力を一定以下に落とさなければ、水を炉内に送り込めない。たとえば、消防車のポンプは9気圧程度しかないから、原子炉の圧力を9気圧以下にしなければ、水が入らないことになる。

注水ができない状況でも、高圧になると自動的にSR弁を開け、原子炉を守る一方、水を原子炉の外に出してしまう〝安全弁〟機能は働き続けた。一方、そのまま、低圧注水が可能なところまで圧力を下げるよう〝開きっぱなし〟になってくれれば良いのだが、前述したとおり、福島第一原発の原子炉は、炉圧が70気圧以下になるとSR弁は閉じてしまう設計になっていた。

炉圧が70気圧もあったのでは、低圧注水系では冷却水を原子炉に送り込めない。5号機では、〝安全弁〟機能が仇になって、原子炉内の水位は下がるが、原子炉に冷却水が入らない「危険な状態」が維持されるという、皮肉というしかない事態に陥ったのである。

5号機のオペレーションにあたった運転員はこう証言する。

「SR弁が開いても、70気圧以下には下がりませんから、いつまでたっても原子炉には蒸発分を補う冷却水が入りません。これが安全弁が働いたときに、最も注意しなくてはならないことで、通常であれば、高圧系で注水できるのですが、津波後は一切使えなくなってしまった。だから中央制御室から自分たちの手で圧力を下げることができる〝逃がし弁〟機能を使って原子炉を低い圧力まで減圧したかったのです」

SR弁の〝逃がし弁〟機能を作動させるために必要な条件は2つあった。1つは直流電源、そしてもう1つはSR弁本体に、弁を押し上げるための窒素を供給することだった。

1つ目の条件である直流電源については、震災後唯一生き残った6号機の非常用ディーゼル発電機からの電源を利用した。運転員たちは、6号機の電源盤から5号機の電源盤までをケーブルで接続した。5号機の1階は冠水しており、ここにケーブルを誤って落とす

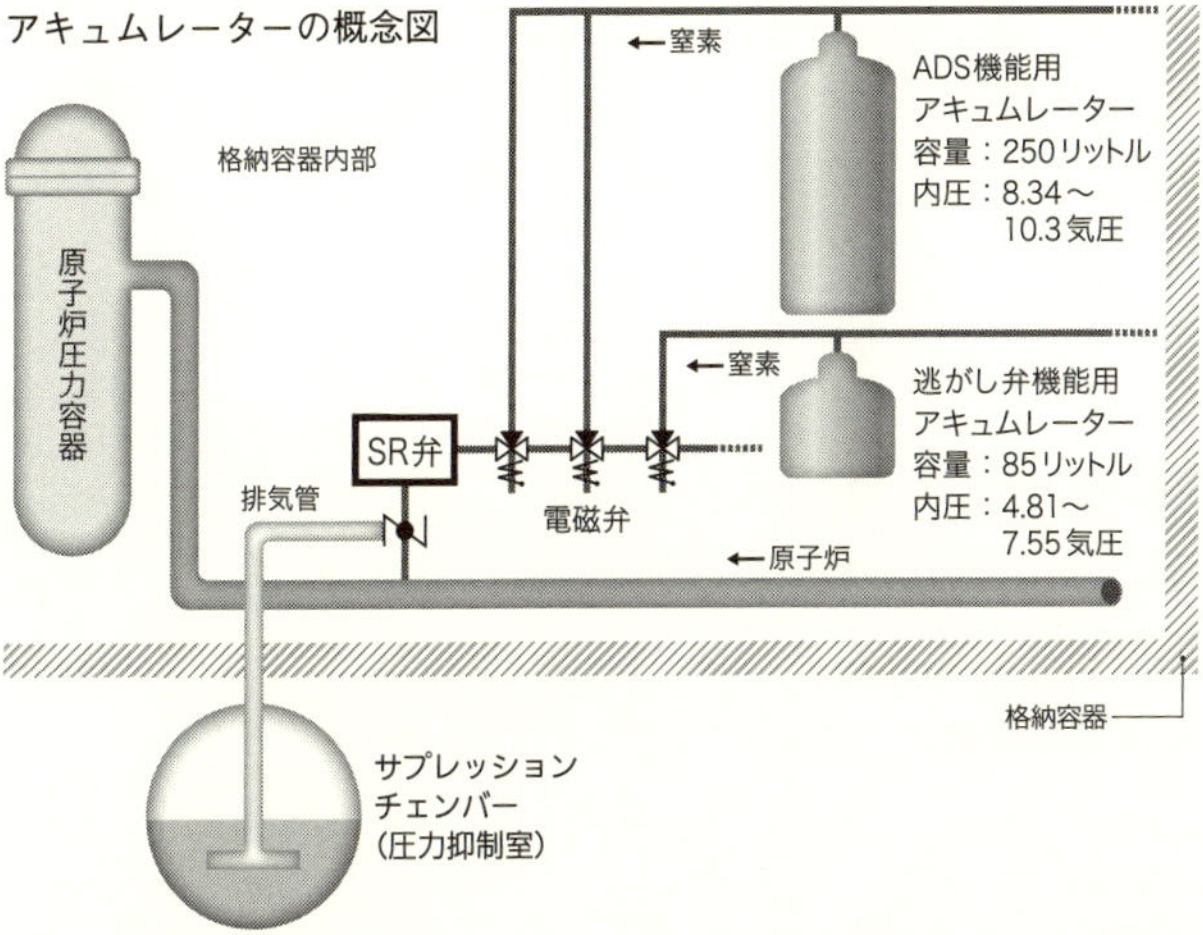

全電源喪失のような非常事態が起きると、外部からの窒素の供給が途絶し、格納容器の内部にある逃がし弁機能用と自動減圧機能（ADS）用のアキュムレーターの２種類の供給源から窒素を送り込まなくてはならない。ADS機能用アキュムレーターは、通常の逃がし弁機能用に比べて大型で大量の窒素が蓄えられている

と感電死する恐れもあった。作業はまさに命がけだった。

運転員たちはケーブルを水につけないよう、一人当たり20キロから30キロになろうかというケーブルを抱えながら、暗闇の中で懐中電灯を頼りに作業を続けた。そして、３月12日午前６時以降、順次６号機からの電気の供給が可能になっていく。

残された問題は、窒素だった。

SR弁を開け続けるために、窒素を安定的に供給する必要がある。そのためには開けなくてはならないバルブが２つあった。1つは格納容器内部にあるアキュムレーター（蓄圧器）と呼ばれる窒素タンクからSR弁に窒素を供給するためのバルブだ。そしてもう1つは、格納容器の外にある窒素タンクからアキュムレーターそのものに窒素を供給するためのバルブだった。

3月14日未明、5号機のSR弁に窒素を供給するためのオペレーションが開始された。2号機ではまだRCICが運転しており、SR弁の操作は始まっていない段階だ。2号機に先行する形で、5号機のSR弁開放のオペレーションが実施されたのだ。

5号機の運転員はこう証言している。

「まず、目指したのは格納容器の内部に入り、アキュムレーターからの窒素供給ラインのバルブを開けることでした。格納容器内部は狭い。そして放射線量もある程度あります。しかも、暗闇です。苛酷な作業になるのは明らかでした」

「誰か行ってくれるものはないか？」

5号機の当直長からの呼びかけに対して、一人、二人とベテラン運転員たちが手を挙げた。メルトダウンの危機が迫った原子炉に近づくという厳しいオペレーション。当直長から指名された運転員はヘルメットに懐中電灯を付け、格納容器内部に向かった。

中央制御室から階段を下りて、原子炉建屋1階に近づく。電気がある状態ならばポンプなどの機械音が常に響いている原子炉建屋内部は恐ろしく静かだった。

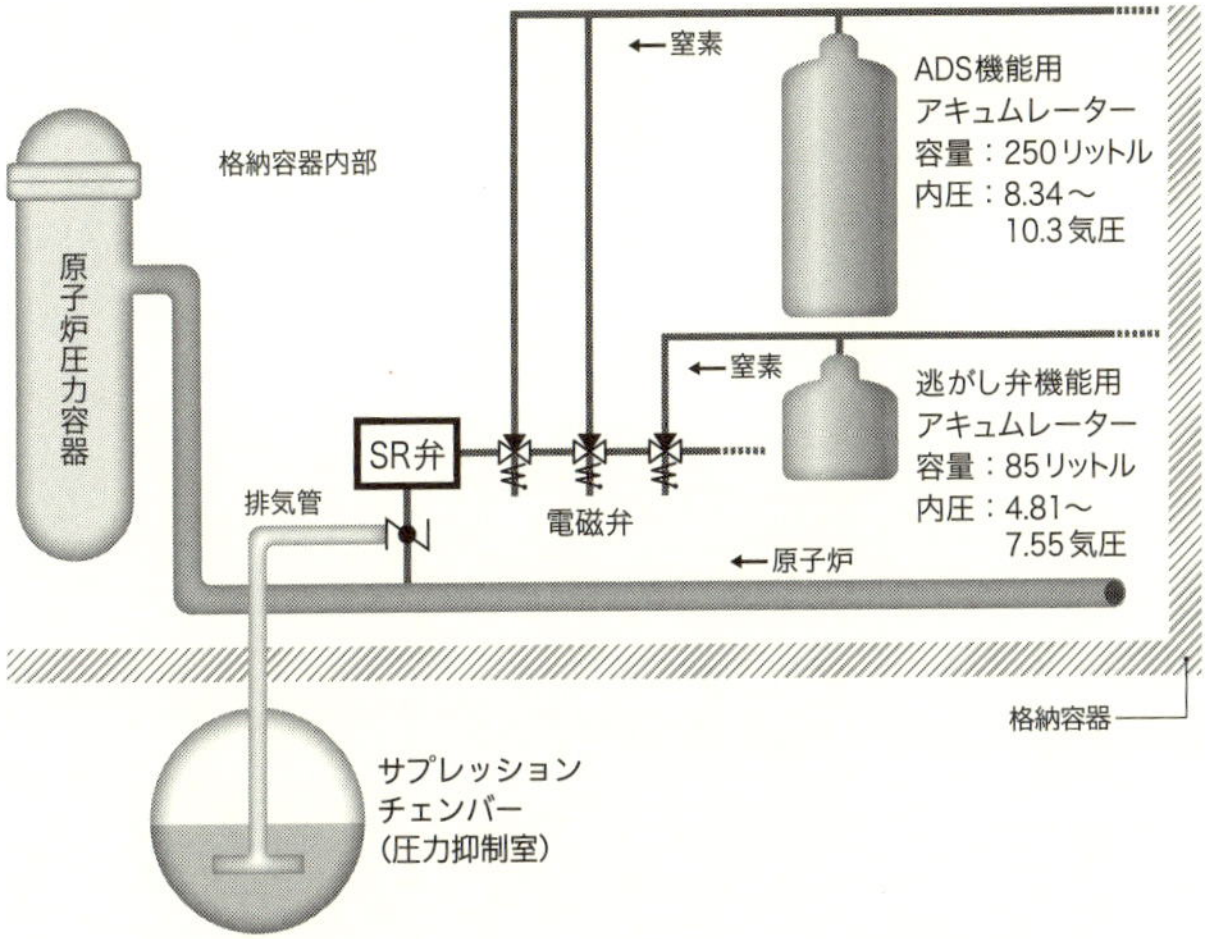

アキュムレーターの概念図　（再掲）

格納容器のハッチをくぐる。懐中電灯で、場所の表示を確認しながらグレーチングと呼ばれる格納容器内部の狭い通路を進む。階段を上がると、銀色のアキュムレーターが見えてきた。アキュムレーターは大きなものが８つ、そして小さなものが８つ。それぞれ窒素を溜めているが容量が違う。

大きなアキュムレーターはこれまで一度も使ったことがないＡＤＳ機能用のアキュムレーター、容量は２５０リットルあり、圧力も約８〜10気圧で小さなものに比べて高い。そして小さなアキュムレーターは通常ＳＲ弁を操作するときに使うタンクだ。容量は85リットルと少なく、圧力も低い。

暗闇の中、運転員たちは、大小それぞれのアキュムレーターについているバルブを開けていった。

「ピッ！」

胸ポケットに入れたＡＰＤ（線量計）の警報音が定期的に鳴り響く。

「格納容器内部はたとえメルトダウンしていない状態でも放射線量が高いんです。暗闇の中で作業するなんて環境はこれまでありませんから、それもあって緊張感がありました。でもＳＲ弁を開けるためにはアキュムレーターからの窒素のラインを活かすことが絶対必要でしたから、失敗できない作業でした」

慎重にバルブを回す。窒素が通って手応えを感じた。これでひとまずＳＲ弁に窒素は供給できた。しかし、ＳＲ弁を使えば使うほど、窒素も消費し、アキュムレーターの内圧は下がっていく。次は、アキュムレーターに窒素を供給するラインを構築する必要があった。

そのラインについているバルブは格納容器の外にあった。暗闇の格納容器を出て原子炉建屋に入った運転員たちは、高いところにある窒素供給ラインとバルブを見つけた。しかし、そのバルブが問題だった。操作しようにもハンドルがない。通常は交流電源で遠隔操作できるので、ハンドルなど初めから付いていないのだ。

「安定してSR弁に窒素を供給するには、格納容器外にあるバルブをなんとしても開けなくてはならない。でも交流電源がないから遠隔で操作できない。手作業でやろうにもハンドルはない。じゃあどうするんだという話になりました」

通常の運転中から毎日建屋内設備の巡視作業を行っている運転員たちは機器の配置はもちろん、その形状についても頭に染みついていた。事前にこのバルブの形状を認識していた運転員たちは、半ば強引な手段でバルブを開くことを考えていたのだ。

高いところにあるバルブに手を伸ばす。手にしていたのはレンチだった。

「レンチで強引にバキッて開くしかないと思ったんです。もちろん、次には使えなくなりますが、そんなこと気にしている状況じゃない。思い切ってレンチをひねりましたよ。すると、配管についていた流量計が反応したんです」

8気圧を超える流量がアキュムレーターに流れ始めた。ようやくSR弁を開く準備が整った。運転員たちは足早に原子炉建屋を後にした。

14日朝5時、5号機のSR弁のレバーを運転員がひねり、原子炉の減圧が始まった。そしてその30分後、生き残っていた低圧のポンプで原子炉注水が始まる。

「原子炉注水確認！」

中央制御室で歓声が上がった。5号機の危機は去ったのだ。

運転員が津波後の3日間を振り返る。

「この日までに1号機が水素爆発したことや3号機のHPCIが止まるなど大熊町にある1〜4号機はすさまじい状況になっていました。免震棟や本店、それから保安院や政府も1〜4号機の対応に必死でした。私たちの5号機は決して安心できる状況ではなかったんですが、とにかく自分たちだけでオペレーションに集中することができた。余計な問い合わせや指示もない。マニュアルにはない操作ばかりでしたが、自分たちでやれることに集中して確実にできたことが5号機のメルトダウンを救えた理由だと思っています」

2号機　危機の真相

5号機でSR弁の開放に成功してから半日が経過した14日午後2時すぎ、1、2号機の中央制御室では、SR弁を開けるためのバッテリーが計測制御グループによって整えられていた。

冷却が止まった2号機。復旧班は、3号機の爆発によって使えなくなっていた注水ラインの再構築を急いだ。14日、午後2時43分、2号機タービン建屋の脇にある消防車の接続口にホースの接続を完了させ、午後3時30分には消防車を起動した。あとはSR弁を開いて炉圧を下げることができれば、消防車から送り出された冷却水を原子炉に届けることが

免震棟で吉田所長を補佐する福良昌敏ユニット所長は、2号機の危機に対して、これ以上ない切迫感があったという
写真：NHKスペシャル『メルトダウンⅢ　原子炉〝冷却〟の死角』

できる。SR弁は開けることができるはずだ。誰もがそう考えていた。

吉田の右腕として、指揮をとっていたユニット所長の福良昌敏は、当時の思いをこう語っている。

「2号のSR弁に減圧操作の準備は比較的早くから整っていました。あとはゴーが出れば、3号と同じ手順でやれば開くだろうとみんな思っていました。2号も3号もそんなに回路が違うわけでもないしバルブの型式が違うみたいなこともありませんでしたのでね」

福良もSR弁が開かないという事態は考えてもいなかったのだ。

14日午後4時34分の中央制御室。免震棟とやりとりをしていた当直長が運転員に向かって指示を出す。

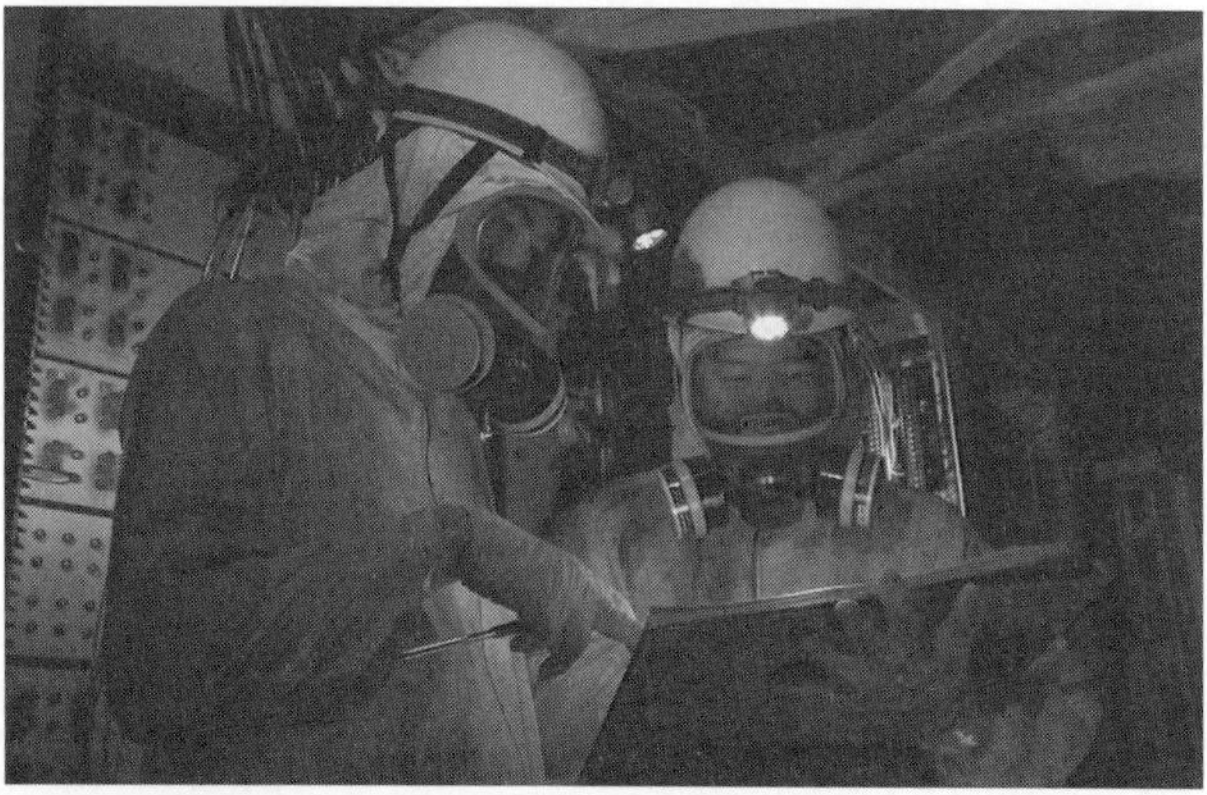

復旧班は、発電所内から自動車用12ボルトのバッテリーを10個集めて接続し、SR弁を開放する作業を行った。3号機で成功したオペレーションだったが、なぜか2号機ではうまくいかない
写真：NHKスペシャル『メルトダウンⅡ　連鎖の真相』の再現ドラマより

「SR弁開！」

「了解。SR弁、開操作します」

スイッチをひねる運転員。すぐ横にある原子炉の圧力計を確認する。

しかし、一向に下がる気配がない。

「原子炉圧力下がりません！」

運転員たちはバッテリーのところへ急いだ。SR弁そのものの不具合が起きているかもしれない。バッテリーの接続に長けた計測制御グループの社員たちと別のSR弁の制御回路への接続を急ぐ。

しかし、どのSR弁も開かない。

当直長が免震棟とのホットラインを手にし、全面マスク越しに叫んだ。

「SR弁、開操作するも、原子炉圧力低下せず！」

免震棟では吉田の横に座っていた福良が復旧班の所へ駆け寄ってきていた。剛胆で本店幹部にすら声を荒らげることのある吉田とは対照的に、温厚で常に冷静だった福良が思わず大声をあげた。「なんで開かないんだ⁉」

福良が恐れていたのは2号機の原子炉に全く水が入らずに、格納容器の圧力が高まり、ベントもできない事態だった。2号機はRCIC停止後、建屋内部でずっとベントの準備が続けられていた。しかし、まだベントは実施できていなかった。

福良はこう振り返っている。

「これ以上ない切迫感がありました。2号機が減圧して、その次のステップに進めなくて原子炉を冷却できないと、これはやはり大変な事態になりますよね。2号機から大量の放射性物質が外に出るような事態になれば、なんとかうまく炉に注水できている1号機や3号機の作業も止まってしまう。注水作業を続けるにはガソリンを定期的に補給する必要がありますが、2号機からまき散らされた放射性物質で作業員が外に出られないようなことになると、消防車に燃料が補給できずに、いずれ1号も3号も注水が止まってしまう」

福良、そして吉田が恐れたのは、2号機のSR弁が開かず、全く水が注げないままメルトダウン、そして格納容器破壊のシナリオになってしまった場合、1号機と3号機に水が注げなくなってしまい、さらに使用済燃料プールへの対策が滞ってしまうことだった。まさに福島第一原発の最悪のシナリオだ。そしてそこから放出された放射性物質の影響で南におよそ10キロの所にある福島第二原発もオペレーション不能になれば、それこそ東日本全体が放射能に覆われてしまう。そうした事態を想像した吉田以下、免震棟の幹部たちは、それこそ祈るような気持ちでＳＲ弁が開くのを待った。

ＳＲ弁と向き合う、中央制御室では、懸命なバッテリーのつなぎ替え作業が続けられていた。

復旧班長は、こう語っている。

「最初10個のバッテリーの〝並列〟だったんです。これだと12ボルトのバッテリーでＳＲ弁を開けるための１２０ボルトはかせげない。直列に並べ替えてまたトライしました。それでも全然原子炉の圧力が下がらない」

どうすればＳＲ弁を開けるのか、本店でも協議が続けられていた。

午後5時頃だった。テレビ会議で重要な問い合わせが本店から免震棟に入る。

「格納容器の外側からつながっている窒素のラインは開いているのでしょうか？」

5号機で運転員たちがレンチを使って強引に開けた小さなバルブ。本店は2号機でもそのバルブが閉まっていて、ＳＲ弁に十分な量と圧力の窒素を供給できないことを懸念したのだ。

しかし、当時、5号機でこの窒素ラインのバルブを強引に開いたあのオペレーションは免震棟には伝わっていなかった。

加えて、2号機は5号機とは状況が異なっていた。原子炉建屋内部はすでに放射線量が上昇していたため、長時間の作業ができない状態だったのだ。2号機のRCICが停止する前に、この窒素のラインを開けておけばよかったが、今となってはもう間に合わない。

中央制御室では全面マスクで二重手袋の装備の中、汗だくになった計測制御グループによってSR弁をつなぎ替える作業が、数時間にわたって続けられていた。午後6時2分、回路の接続を変更したことによって、SR弁が開き原子炉の減圧が開始された。

免震棟も東京本店も注水開始という報告を待っていた。ところが、その報告からわずか1時間あまり後の午後7時20分、2号機の近くで待機していた2台の消防車がいずれも燃料切れで停止しているという報告が入ってきた。長時間、エンジンをかけたまま待機状態にしているうちに燃料が切れてしまったのだ。免震棟はあわてて構内にあったタンクローリー車で燃料を運ぶ作業に入った。待ちに待った注水ができなかったのだ。

この直後だった。免震棟の技術班の担当者が報告した。

「これまでの2号機の状況ですけど、午後6時22分ぐらいに燃料がむき出しになっているのではないかと想定しています」

技術班の試算では、すでに1時間前に2号機の原子炉の水位は、燃料がむき出しになるまで下がっているという報告だった。

担当者は、試算結果では午後8時すぎには完全に燃料が溶解し、さらにその2時間後の午後10時すぎには原子炉圧力容器が損傷するという予測を告げた。

「非常に危機的な状況であると思います。以上です」

報告が終わった。

免震棟も東京本店も一瞬静まりかえった。2号機のメルトダウンの危機が迫っていた。

この後、関係者のわずかな望みを打ち砕く情報が免震棟に届く。せっかく開いたSR弁が再び閉じてしまったというのだ。SR弁が閉じると再び原子炉の圧力が上昇に転じて、消防注水がまたできなくなってしまう。

浮かび上がるSR弁の弱点

中央制御室でのSR弁との闘いはその後も続いた。一度開いたSR弁が再び閉じてしまったり、再度開こうとしてもなかなか開かなかったりした。SR弁は不安定な挙動を続けた。電気の供給不足の問題は解消しているはずで、何らかの別の要因が疑われた。

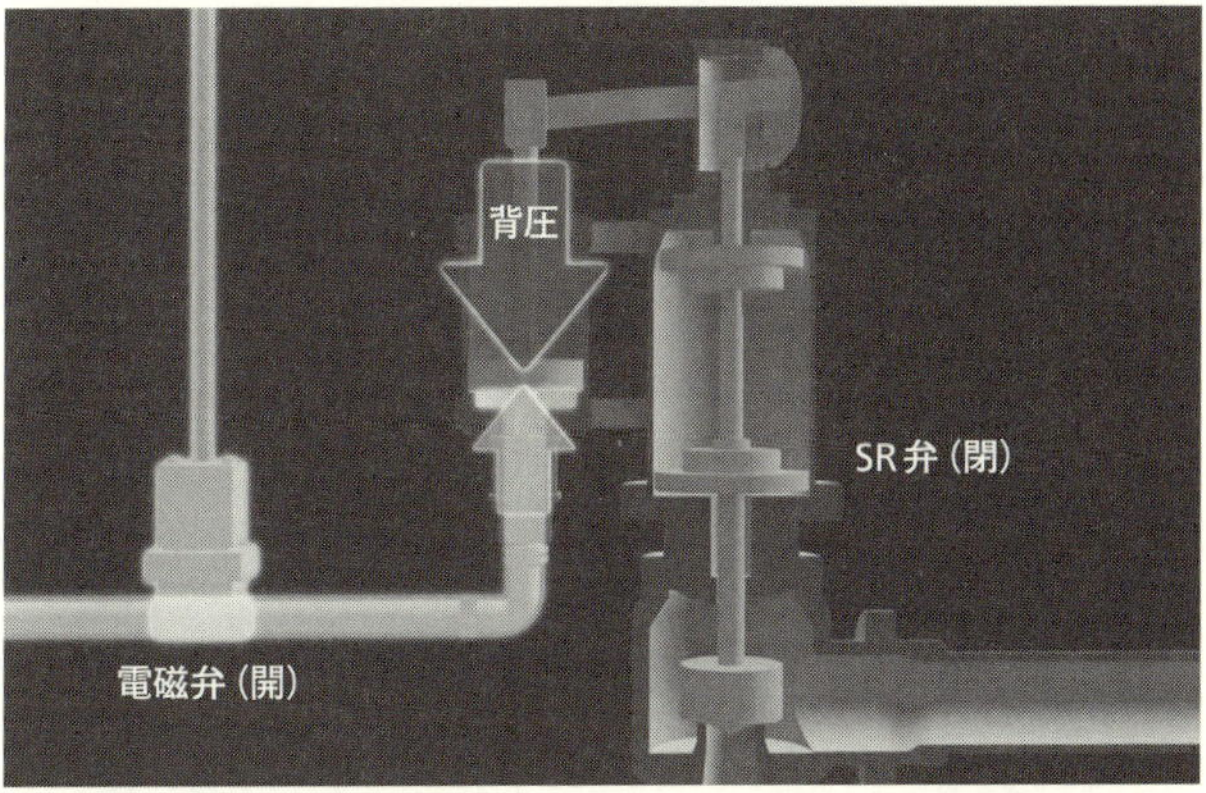

冷却が止まった原子炉の温度はただちに上昇し、その影響で格納容器内部にあるSR弁にかかる圧力が増す。これを背圧という。背圧が、窒素圧より大きいと、電磁弁を開いてもSR弁は開かない
CG：NHKスペシャル『メルトダウンⅡ　連鎖の真相』

しかし、当時は、免震棟も東京電力本店の技術者もその原因を特定することができなかった。

なぜSR弁は開かなかったのか。取材班は、福島第一原発2号機のSR弁の開発に深く関わった原発メーカーOBらへの取材を重ねた結果、格納容器の圧力が上昇した場合に発生する「背圧」がSR弁の作動に影響を与えた可能性があるという情報を入手した。背圧とは、格納容器内の圧力が上昇した場合に発生する、SR弁を上から押さえつける力だ。この背圧に打ち勝つためには、平常時のSR弁の開閉に必要な窒素の圧力では足りない可能性がある。

前述したようにSR弁を開けるための

アキュムレーターの概念図（再掲）

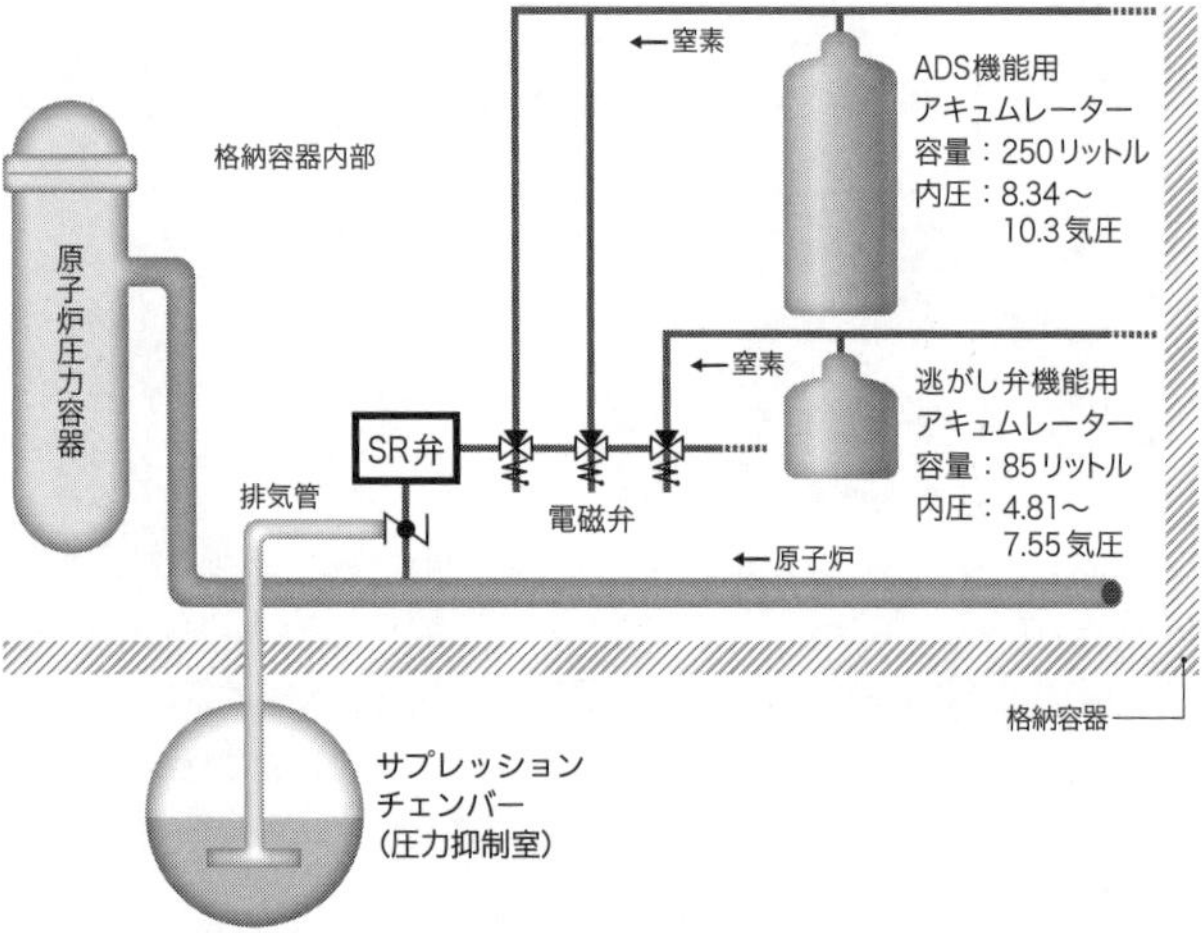

全電源喪失時には、SR弁を開けるための窒素は、格納容器内にあるアキュムレーターと呼ばれる窒素タンクから供給される

窒素は、格納容器内にあるアキュムレーターと呼ばれる窒素タンクから供給される。わざわざ格納容器内部に備え付けられているのは、SR弁への窒素ラインを極力短かくすることで、確実に窒素を届けるためだ。

通常時は、格納容器の外側にある窒素ボンベから格納容器内部のアキュムレーターに窒素を供給するためのラインがつながっており、自動的に窒素が充塡される仕組みになっている。

しかし、全電源喪失になると、放射性物質の漏えいを防ぐためにこのラインについている弁が自動的に閉まり、外部からアキュムレーターに窒素を供給できるラインは使えなくなる。ただ、アキュムレーター自体に一定量の窒素が蓄えられているので、格納容器の外部から窒素の供給が断たれても、何回かはSR弁を開けるだけの窒素を供給できる。緊急事態に備えた用意周到なバックアップともいえるシステムだが、窒素の内圧が低くなるという欠点がある。それでも平常時であれば、SR弁を開くのに十分な圧力が確保できるはずだった。

しかし、2号機では通常のオペレーションではSR弁は開かなかった。その原因の一つとして疑われたのが、格納容器の圧力上昇によって生じる「背圧」だった。

では、格納容器がどれほどの圧力になれば、背圧でSR弁が開かなくなるのか。原発で使われている弁の構造に詳しい東京海洋大学教授の刑部真弘は言う。

「2号機のSR弁は、アキュムレーターの内圧が格納容器の圧力に対して4気圧以上、上回っていなければSR弁は開かなくなる設計になっています。しかもメルトダウンが進めば、原子炉から出る膨大な熱によって、その外側にある格納容器の圧力はさらに上昇し、SR弁にかかる背圧も高まる。原子炉が危機的な状況になればなるほど格納容器の圧力は高まり、安全装置であるSR弁が開きにくくなります」

原子炉を減圧できる、〝唯一〟の手段であるSR弁が、非常時には機能しなくなる。恐るべき実態であった。

明らかになる現場のオペレーション

では、当時東電本店や免震棟では、SR弁が「背圧」によって開きにくくなっている情報を把握していなかったのか。

実は、SR弁の開操作に苦戦していた3月14日の夕方以降、東京電力本店の技術者がSR弁の製造メーカーにSR弁が開かない原因について、なにか知見がないか直接問い合わせを行っていた。

製造メーカーの技術者はこう答えたという。

「格納容器が設計条件を超えた圧力になっている場合、SR弁を開けようとしても開かない。格納容器の外側から窒素を供給するためのラインがあるはずだ。そのラインにつながっている窒素ボンベの排出圧力を上げ、格納容器の背圧に打ち勝つようにしなくてはSR弁を開けることはできない」

製造メーカーはSR弁開操作難航の理由を「格納容器の背圧」と見ていた。そしてその打開策として提案したのが、奇しくも5号機でわずか数時間前に行われていた格納容器外からアキュムレーターにつながる窒素ラインのバルブの開放だった。

しかし、5号機で行ったこのオペレーションに関する情報は、本店と免震棟では共有化されることはなかった。後の取材に対し、免震棟でSR弁対応の指揮をとった復旧班長は「格納容器の圧力が高いため、SR弁が開かないという議論は正直当時行われなかった」と語っている。

しかし、5号機では、当事者が「背圧」の存在を把握していたかどうかは別として、現場の技術者たちは、いったん閉じてしまったアキュムレーターと格納容器外の窒素タンクとの供給ラインを、レンチでこじ開けるという非常手段で復活させていた。5号機についてはSR弁の製造メーカーの技術者が助言した正しい対応策をとっていたのである。

5号機の技術者たちの問題意識を免震棟や本店が共有していれば、RCICが停止する前に、アキュムレーターに高圧の窒素を供給する外部の供給ラインを復活させるオペレーションを現場に指示できたかもしれなかった。残念ながら、彼らは5号機の教訓をいかすことができなかったのである。

懸命な努力

3月14日夜、中央制御室では、「背圧の影響」の議論がなされることのないまま、2号機のSR弁をどのように開けるのか、その闘いが続いていた。復旧班計測制御グループは、バッテリーを電磁弁につなぐ回路を変更する作業を繰り返し行った。

SR弁は8弁あり、A〜Hの番号が付けられている。しかし、バッテリーは1つのSR弁に電気を供給するだけの分しか中央制御室にはなかった。そのため、SR弁が開かなければ次のSR弁の操作に移り、ケーブルのつなぎ替えをやり直さなければならなかった。操作を間違えれば感電の恐れもあった。放射線量が上昇する中央制御室。極限の疲労と緊張感の中、意識が遠のいていく社員もいたという。

この作業にあたった社員は、こう証言している。

「1つのSR弁の開操作に失敗すると、免震棟からは次は○弁だという指示が飛んでくる。それでバッテリーからの電気を供給する接続部分のつなぎ替えを行い、別の電磁弁に電気を供給していました。SR弁が開いたかどうかは、原子炉の圧力を見て、下がっていけば開いたと判断していましたが、なんどやってもなかなか開かない。特に厳しかったのが、夜11時を過ぎたあたりからでした」

通常では1気圧程度しかない格納容器圧力は、14日午後11時1分、6気圧を超えていた。逃がし弁機能用のアキュムレーター（内圧が4・81〜7・55気圧）では、この格納容器からの「背圧」に打ち勝つことはできない。復旧班は、逃がし弁機能用のアキュムレーターを使ってSR弁を開こうとするが、8つの弁はどれも開かない。14日から15日に日付が変わり、追い詰められた復旧班は、内圧の高い（8・34〜10・3気圧）ADS機能用のアキュムレーターを使ったという。

「免震棟からはADSを優先して使えという指示もなかった。ADS機能用のアキュムレーターを使ったのは、いわば〝ダメもと〟でした」

2号機の原子炉圧力は、14日午後11時25分には31気圧まで上がったが、このオペレーションが功を奏したのか、日付が変わった15日午前1時すぎからは、再び6気圧程度を推移するようになっていた。最後の最後で、現場は技術者の勘ともいえる手段で、SR弁を開けることに成功したのだ。

9気圧前後の消防車のポンプ圧で、十分水が入るはずの圧力だった。復旧班は、2台の消防車の燃料を数時間おきに補給しながら、2号機への注水を続けていた。しかし、その一方でベント作業は試行錯誤したものの、成功する兆しは見えなかった。

午前6時10分。福島第一原発の1、2号機の中央制御室は、ドーンという異音とともに下から突き上げられるような異様な衝撃に襲われた。計器盤を監視していた運転員の一人が叫んだ。

「サプレッションチェンバー（圧力抑制室）が落ちた！」

「ドライウェル、サプチャン、圧力確認」

「了解」

「圧力は！」

「サプチャン、圧力……ゼロになりました……ゼロを示していた。」

発電班から2号機の圧力計がゼロを示したという報告を受けた吉田は、2号機の格納容器で何らかの爆発が起き、圧力計がゼロを示したものと判断した。

格納容器が爆発して破損したとすれば、大量の放射性物質の漏えいは避けられない。東京電力の作業員の全面退避を迫られる最悪のシナリオが現実になったかのように思われた。しかし、2号機の格納容器の破損は部分的なものとなり、放射性物質の漏えいは限定的なものにとどまった。

SR弁の開放に成功して、消防注水が断続的ではあっても行われたことが功を奏し、最後の一線で踏みとどまったかのようにも思えるが、現時点では、SR弁の開放が事態の進展にどう影響したかは謎のままだ。


複数号機の原発事故では同時対応が求められ、現場の疲労感も時間がたつにつれ極限状態になっていく。こうした状況下では、わずかなミスが致命傷になりかねない。1号機の冷却機能喪失を早期に発見するチャンスが複数回あったにもかかわらず、重要な技術的な情報の共有ができずに、メルトダウンを招いた。

マニュアルにないSR弁操作という共通の事態に向き合った、2号機と5号機。もちろん2号機は5号機と比べ過酷な事故対応を求められたが、2号機のRCICが動いている間、すなわち冷却が続いている間に5号機との情報の共有ができなかったのか。

今回のSR弁の対応で見えてきたのは、重要な情報や知見を持つ人は福島第一原発にも本店にもメーカーにもいたにもかかわらず、それを2号機に届けることができなかったという事実である。ひとたび事態が悪化すると、猛スピードで進展していく原発事故を食い止めるには、どのような技術的な情報共有のシステムが必要なのか。SR弁をめぐる問題はきわめて重大な問いかけを今後に残している。

この現象について取材班と専門家チームは、次のように分析した。2号機では、当時、圧力抑制室の水は原子炉から流れ込む大量の蒸気で沸騰状態に達し、放射性物質を吸着する能力が大幅に低下した。このため、放射性物質は水に取り込まれないまま充満し、SR弁の操作によって格納容器の圧力が高まるとともに上部の隙間などから外に漏えいした。つまり、原子炉を守ろうとした操作が、不本意にも放出につながった可能性が高いというのだ。

このように事故の謎は、複数の専門家の検証を重ねることで読み解けることもある。原子力の専門家集団の日本原子力学会は、事故から3年目に、事故の調査報告書を公表した。専門領域を超えた分析が期待されたが、残念ながら新事実の解明は乏しかった。今後、複数の専門家が連携しながら事故を多角的に検証し、新たな事実や教訓を見出すことが望まれる。

福島第一原発のモニタリングポスト　写真：東京電力

提言：複数の専門家の連携による事故分析を

事故の当初、福島第一原発にあったすべてのモニタリングポストは停電の影響でデータを転送できなくなり、東京電力は、原子炉から西側にある正門付近に仮設のモニタリングポストを設置して放射線量の観測を続けた。当時、この放射線量の値が、1号機や3号機の水素爆発の影響など事故の進展や深刻さを判断する大きな指標として使われていた。しかし、風向きによって、正門前では放射線量が観測されないこともあり、事故の分析を行っている京都大学准教授の門信一郎は、第一原発から南に12キロ離れた福島第二原発のモニタリングデータに着目した。第二原発では、3月14日深夜から翌15日未明にかけて放射線量のピークが複数回観測されていた。ちょうどこの頃、危機的状況にあった2号機では、原子炉内に水を注ぐために、SR弁（主蒸気逃がし安全弁）を開けて格納容器の下部にある圧力抑制室に蒸気を逃がし、原子炉の圧力を下げる作業を行っていた。

東京電力の報告によると、14日午後9時20分頃と午後11時25分頃、それに15日午前1時10分頃にSR弁を開く操作が行われていた。この頃、風は南向き。門は、2号機のSR弁を開ける作業をするたびに、南にある第二原発で放射線量が上がっていたのではないかと推測したのだ。

門の推測を受けて、日本原子力研究開発機構の茅野政道は、当時の気象条件や地形を考慮した放射性物質の拡散予測シミュレーションを用いて、3回のSR弁操作によって放出された放射性物質が第二原発で観測されていたことを裏付けた。この時の放射性物質の放出量は、1号機の水素爆発に比べて10倍から20倍くらいに上るとしている。

第７章
「最後の砦」格納容器が壊れたのはなぜか？

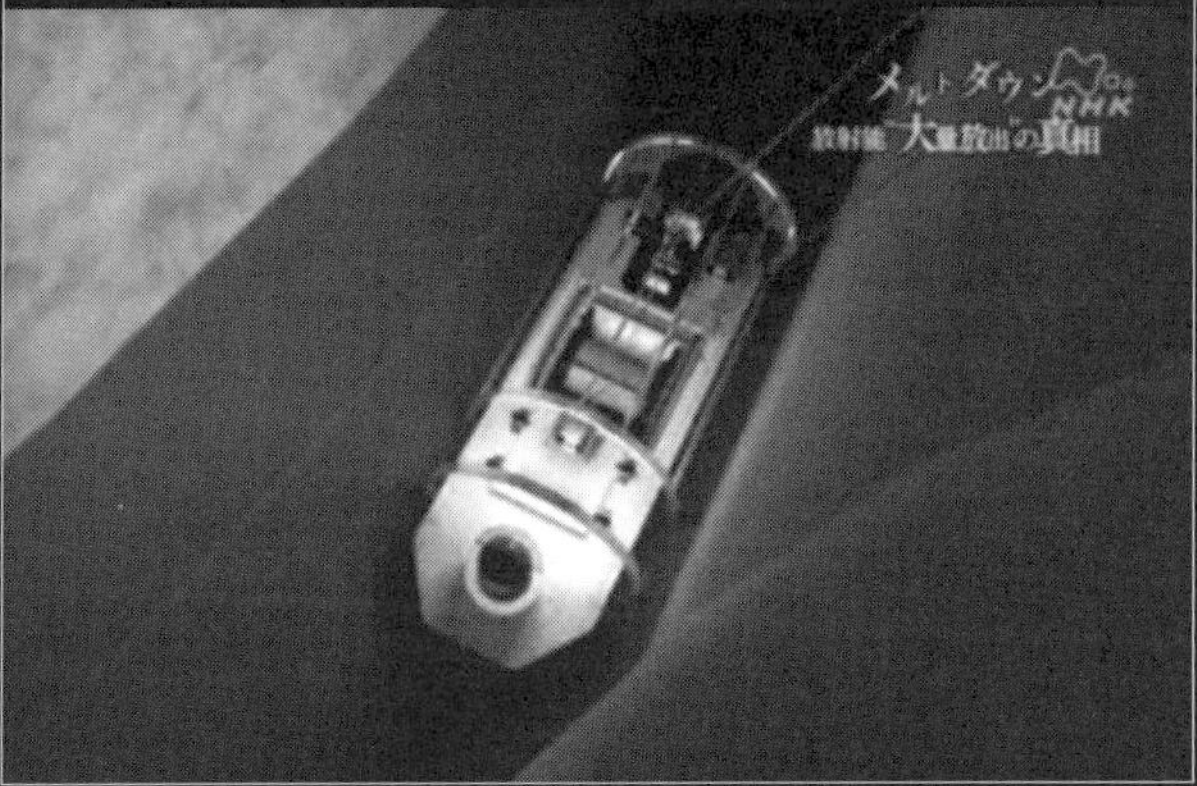

福島第一原発１号機では、格納容器調査用の特殊な水上ボートによって、汚染水の漏えい箇所が撮影された。格納容器が破損した箇所は、よりにもよって、格納容器の中で最も補修が難しい部分にあった
CG：NHKスペシャル『メルトダウンⅣ　放射能〝大量放出〟の真相』

汚染水漏えい映像が投げかける事故の深層

２０１３年11月13日。その日、福島第一原発から、１号機の格納容器から漏えいする汚染水を撮影することに成功したとの報告があった。

福島第一原発では、１号機、３号機、２号機が相次いでメルトダウンを起こし、それぞれの格納容器が破損したといわれる。各号機の破損状況の詳細は不明だが、高濃度の放射性物質を含む汚染水がいまも漏れ続けている。漏えい箇所の特定は汚染水対策の第一歩であり、11月13日に届いた知らせは、本来であれば喜ばしいニュースであるはずだった。

しかし、問題はその場所だった。汚染水は、よりによって「サンドクッションドレン管」と呼ばれる、格納容器の奥底から伸びる管から勢いよく漏れ続けていたのだ。このことは、格納容器の中で最も補修しにくい場所に破損箇所がある可能性が高いことを意味していた。

格納容器の本体は厚さ27ミリの炭素鋼で作られている。その外側は放射線を遮るための分厚いコンクリートで覆われている。汚染水が漏れ出していたサンドクッションドレン管とは、格納容器下部にある鋼鉄製の格納容器本体とその外側にあるコンクリートの間の５センチほどの隙間から伸びる管である。その隙間には、サンドクッションという名の通

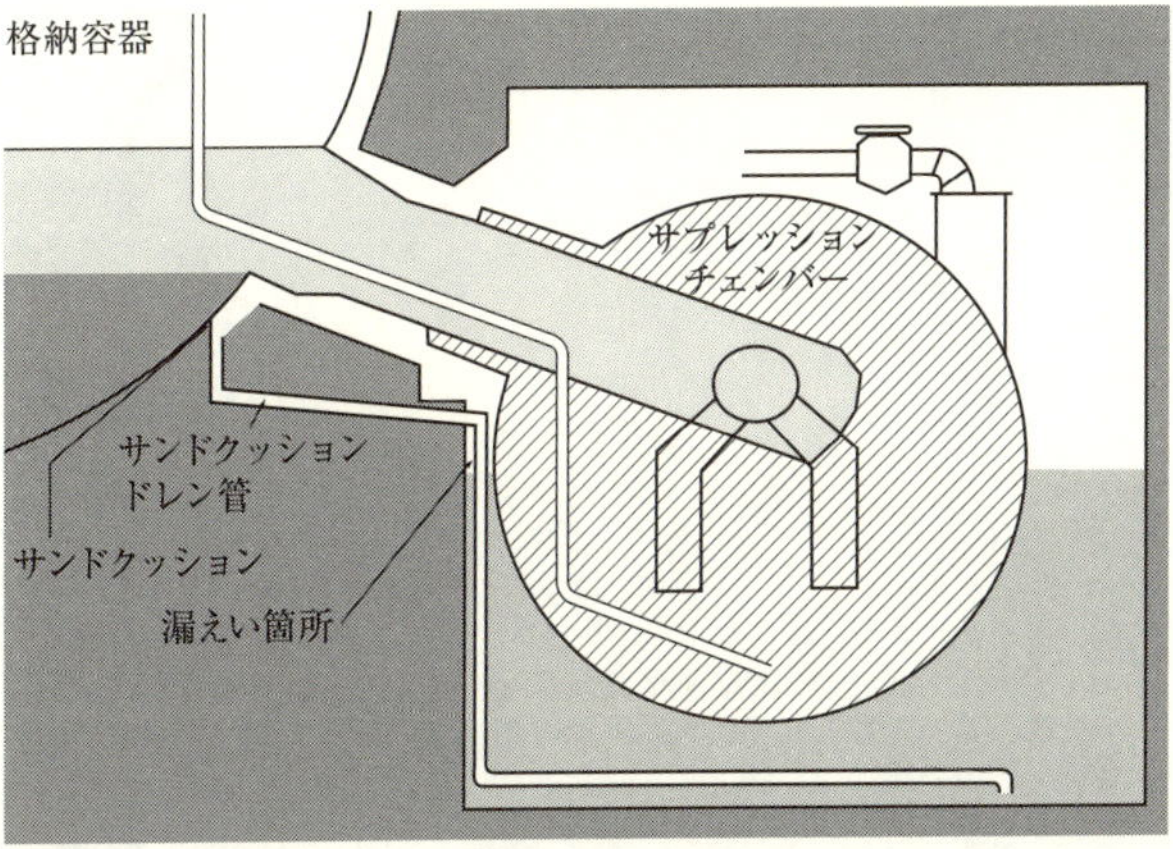

1号機格納容器からの汚染水は、格納容器の奥底にあるサンドクッションドレン管から流れ出していた。この管は、鋼鉄製の格納容器本体と周囲を固めるコンクリートの間の隙間を埋める砂のところから伸びている
図：東京電力資料をもとに作成

り、砂が詰められている。通常は乾いているが、鋼鉄製の格納容器の表面が結露すると、わずかな水がたまるので、その水を排出する通り道として作られたのがサンドクッションドレン管なのである。しかし映像には、汚染水が勢いよく流れ続けている様子が映し出されていた。ということは、格納容器最下部とコンクリートの間の狭い隙間付近に破損箇所があり、そこに汚染水が流れ込み、最終的にサンドクッションドレン管から漏れ続けていることを意味していた。

原発プラントメーカー・東芝の元幹部で法政大学客員教授の宮野廣は映像を見て表情を曇らせた。

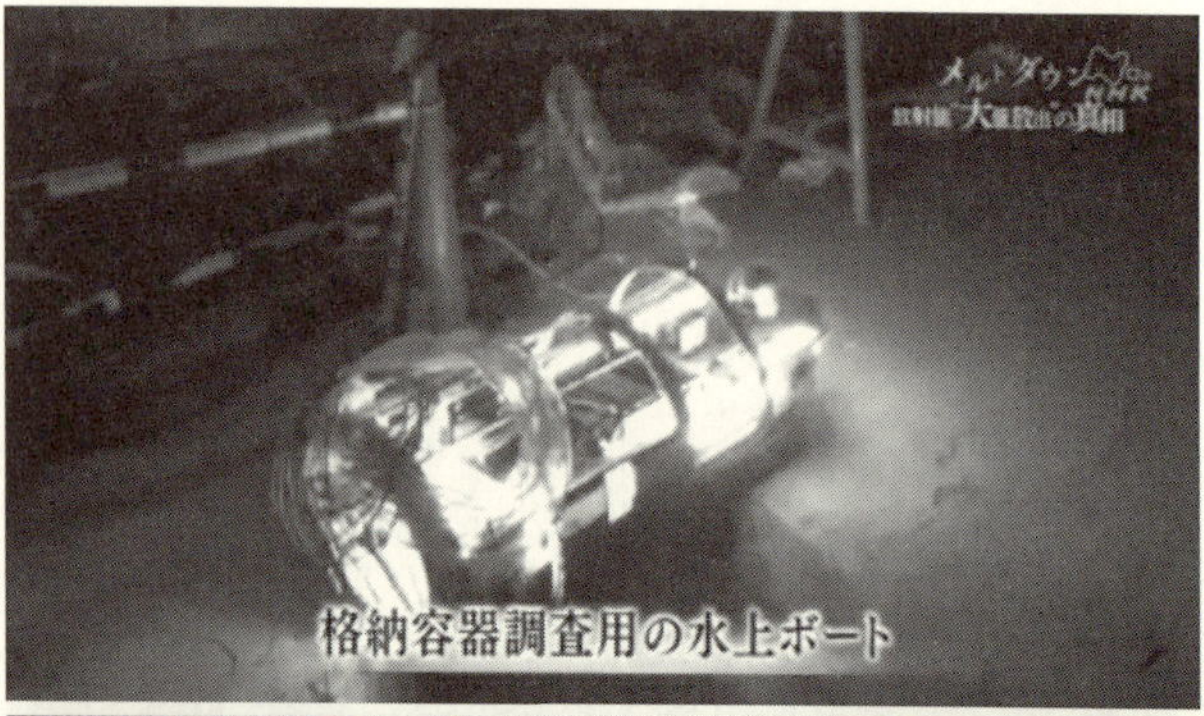

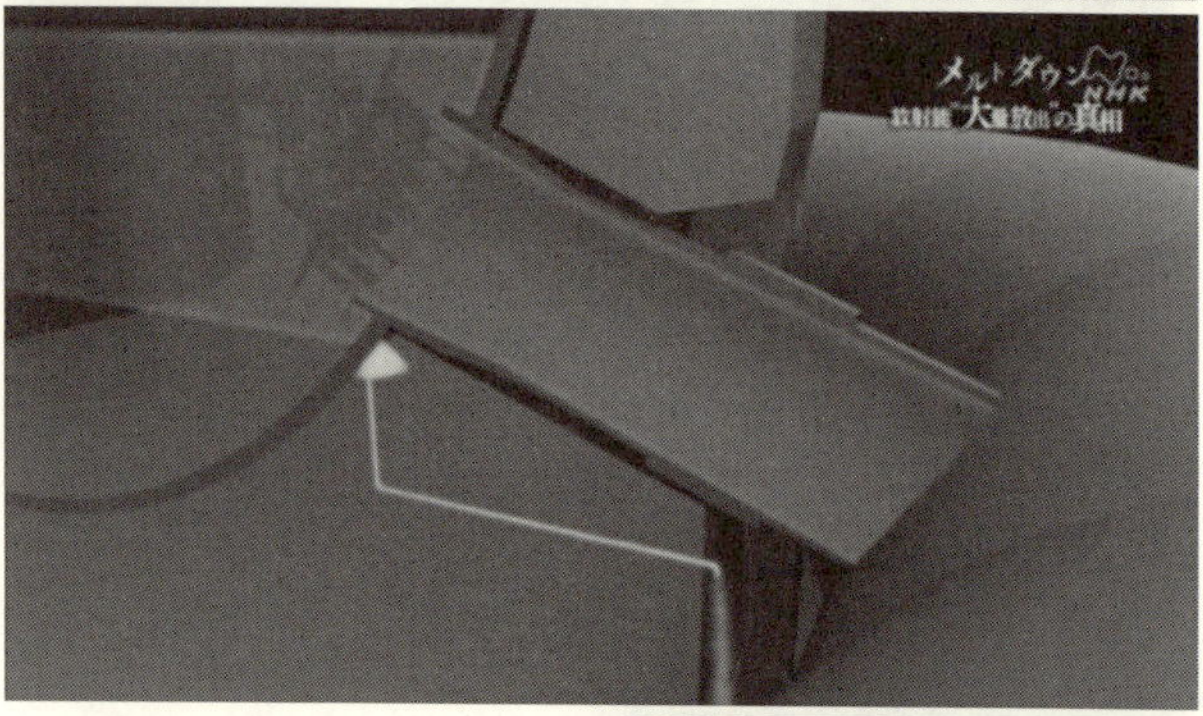

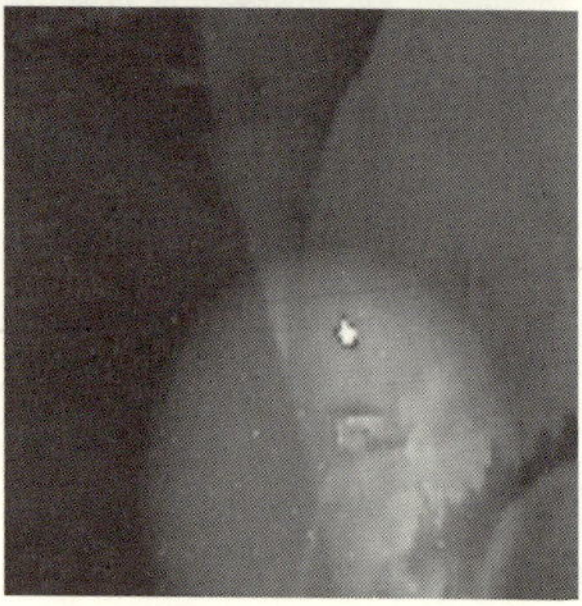

格納容器調査用の水上ボート（写真上）。汚染水の漏えいルート（中央のCG）。水上ボートが撮影した１号機の汚染水の漏えい箇所（写真下）

写真・CG：NHKスペシャル『メルトダウンⅣ　放射能〝大量放出〟の真相』

「止水は容易ではない。あの狭い隙間に調査用のロボットを入れることは簡単ではない」

廃炉に向けた国のプロジェクトでロボット開発タスクフォースの主査を務める東京大学教授の淺間一も重々しい口調で語った。

「あの5センチほどの狭い場所を調査できる能力のあるロボットは既存の技術では存在しない。これまで福島第一の廃炉は格納容器の破損箇所を突き止め、それを補修し、格納容器内部の水位を上げていくことで、燃料デブリ（著者注　メルトダウンによって溶融した原子炉燃料の塊）をすべて〝水浸け〟にして取り出す〝冠水〟が最優先のプランAだった。しかし、1号機の格納容器での止水は困難な以上、早急にプランBを検討する必要がある」

廃炉に向けた道のりに暗い影を落とした1号機格納容器の破損。では、いったいなぜこの場所が壊れていたのだろうか。最終章となる7章では、放射能を封じ込める「最後の砦」になるはずだった格納容器がなぜ壊れたのかに迫っていく。

プラントメーカー設計者との会合

汚染水漏えい箇所が見つかった翌週、取材班は福島第一原発の設計や試運転にも携わった技術者の元を訪ねていた。

国内のプラントメーカーに40年にわたって勤務し、米国のプラントメーカーのGEと沸騰水型原子炉（BWR）の設計でしのぎを削ってきた熟練の技術者A氏。福島第一原発1号機から5号機と同じ構造のMARK－Iの設計に深く関わってきた彼が真っ先に気にしたのは、格納容器の熱膨張だった。

「格納容器を設計し、規制機関の審査を通すためには、格納容器を構成する炭素綱がどれだけの温度でどれだけ膨張するか、そして、この膨張に対して格納容器のどこが一番弱いのか検討することが欠かせません。格納容器の強度が持たなくなる分岐点を〝限界応力〟と呼びます。格納容器の設計にあたっては、様々な状況を想定したうえで、最も深刻な事態でも、格納容器の安全性が保たれるようにします。この限界応力を超える力がかかれば、格納容器が損傷してもおかしくありません」

彼らの現役時代の設計思想では、最も悪い事故のシナリオは原子炉につながる口径の大きい配管が破断し、冷却材、すなわち水が一気に原子炉から失われる「LOCA」と呼ばれるものであった。

「LOCAの条件では、原子炉圧力容器から高温の冷却材（水）が、格納容器にものすごい勢いで噴き出します。70気圧を超える原子炉圧力容器に比べ格納容器の圧力は低いからです。その結果、一気に原子炉内の水位が下がり、格納容器の圧力も速いスピードで上昇していきます。格納容器内部の圧力が高まれば、蒸気の飽和温度も上がり、格納容器を構

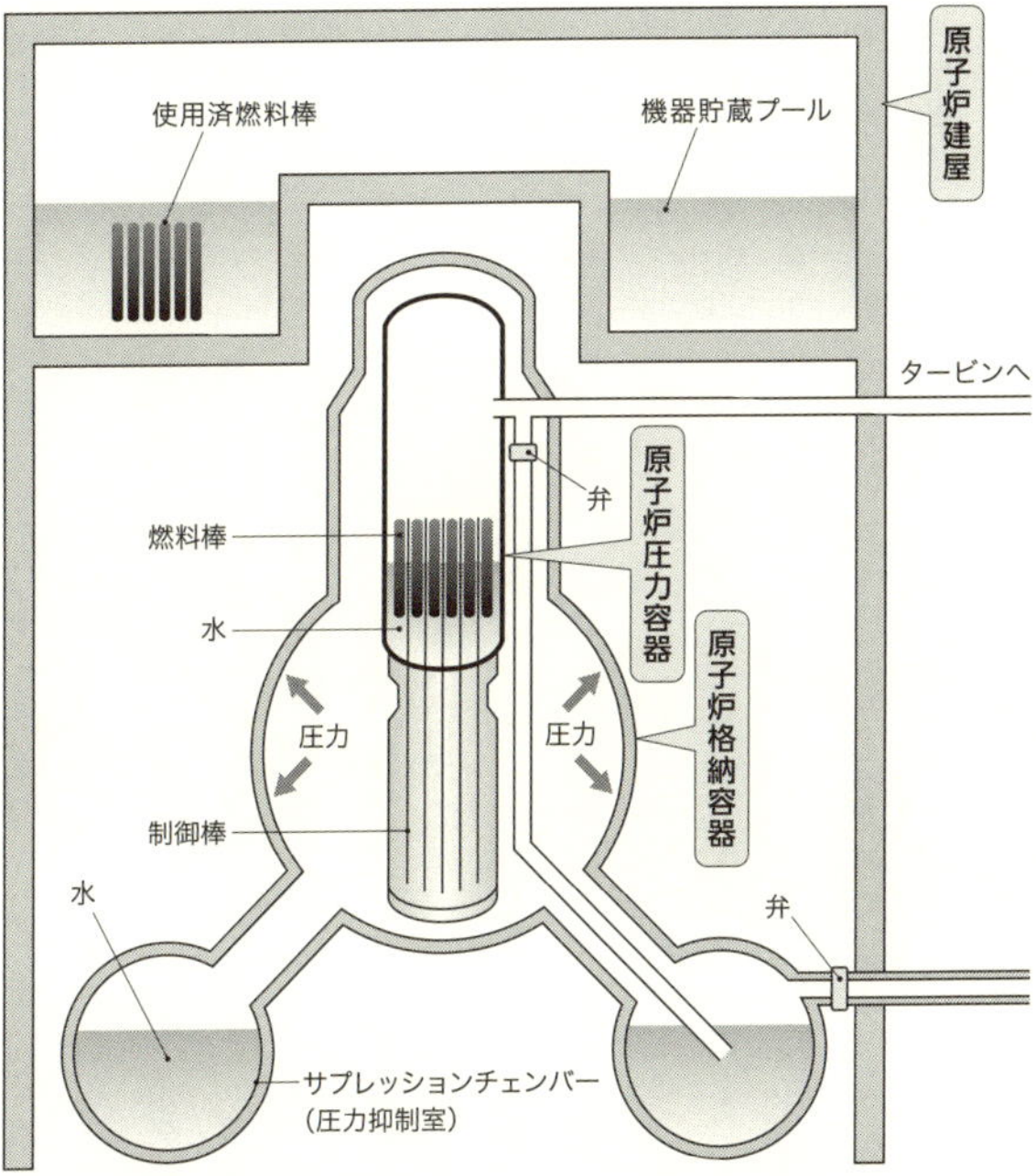

原子炉建屋の構造（再掲）
（解説は東京電力ホームページより引用、一部改変）

※原子炉建屋：原子炉一次格納容器及び原子炉補助施設を収納する建屋で、事故時に一次格納容器から放射性物質が漏れても建屋外に出さないよう建屋内部を負圧に維持している。別名原子炉二次格納容器ともいう
※原子炉圧力容器：原子力発電所の心臓部。ウラン燃料と水を入れる容器で、蒸気をつくるところ。圧力容器は厚さ約16センチの鋼鉄製で、カプセルのような形をしており、その容器の中で核分裂のエネルギーを発生させる。高い圧力に耐えることができ、放射性物質をその中に封じ込めている
※原子炉格納容器：原子炉圧力容器など重要な機器をすっぽりと覆っている鋼鉄製の容器。原子炉から出てきた放射性物質を閉じ込める重要な働きがある

成する炭素鋼も膨張します。その膨張する力に格納容器がどこまで耐えられるのか？　こうした検討は福島第一原発1号機が建設される1960年代から詳細に行ってきました」

日本のプラントメーカーや電力会社は、福島第一原発事故前に日本で起きうる最悪の事故はLOCAだと考え、地震によって配管が破断することのないように強度設計を行った。耐震クラスと呼ばれる分類分けを行い、原子炉からつながる配管や非常用の装置など安全上重要な配管や設備は耐震クラス「S」とし、世界でも厳しい基準を設けてきた。さらに、何らかの理由でLOCAが起きても、原子炉から水が失われる速度を上回る速さで原子炉に水を注入できる高圧注水システムを全ての原発に備え付けてきた。

しかし、今回の福島第一原発の事故では、こうした想定とは全く異なる事態が起きた。地震によって外部電源が失われ、約50分後に到達した津波によって非常用のディーゼル発電機は6号機の1台を残し壊滅。高圧注水システムを動かすために必要な直流電源を供給するバッテリーも3号機と5号機を除き、全て失われた。津波によって全ての冷却手段が奪われ、原子炉がメルトダウンして高温の燃料デブリが格納容器に流れ出すというシナリオは熟練のプラント設計者であるA氏も想定だにしなかった。

1号機の格納容器の最高使用温度と圧力はそれぞれ、138度とおよそ4・3気圧。メルトダウンして燃料デブリが格納容器にまで流れ出すと、格納容器内部の状況は、温度・

うなるのか。圧力とも、設計段階の想定をはるかに超える過酷な条件となる。その場合、格納容器はど

取材班は、A氏たちとともに最も応力がかかる部分の検討を行った。格納容器の場所ごとに炭素鋼の厚さや外側を覆うコンクリートの厚さなどの詳細が記載されている「工事計画認可申請書」と呼ばれる非公開資料や、1号機の図面を前に、議論は20時間以上にわたった。年の瀬も迫った2013年12月、A氏は重苦しい表情で語り始めた。

「格納容器が壊れる原因として最も考えなくてはならないのは〝熱〟による膨張です。高温の状態が続く限り、鋼鉄部分は外側に広がり続けます。しかし、格納容器のまわりは分厚いコンクリートに囲まれているので、膨張するのにも限界がある。鋼鉄部分が膨張して拡大することは設計上5センチまでしか考慮されておらず、コンクリートと鋼鉄の隙間は5センチしかない。これはLOCAを想定したシナリオです。LOCAであれば、5センチの隙間があれば、膨張した鋼鉄部分がコンクリート部分に接するまでに事故の進展を抑えることができる。しかし、今回は、格納容器の内部は、LOCAとは比べものにならない過酷な状況になっていました。鋼鉄部分はコンクリート部分に接地し、それ以上膨張できなくなりました。その結果、発生する膨大な応力はある部分に集中することになります」

そしてA氏は図面のある部分を指さした。

「熱膨張の応力を受けやすい部分は、格納容器の底部です。中でも熱膨張による力が最もかかるのが、耐震強度を上げるためにコンクリートに直接接地している部分と、膨張の力を逃すためにコンクリートとの間に設けられた5センチほどの隙間です。この隙間を砂で埋めているのが、サンドクッションです」

さらに、A氏は耐震強度を高めるための設計が、今回の熱膨張の事故シナリオではかえって弱点になった可能性があると指摘する。

地震国、日本の原子力発電所では、放射性物質を閉じ込める「最後の砦」である格納容器に徹底的な安全対策が施されている。まず格納容器を収める原子炉建屋は強固な岩盤の上に建設され、基礎部分はがっちりと接地されている。さらに、高さ32メートル、底部の球状部分の直径は17・7メートルという巨大な構造物である格納容器が揺れないように、鋼鉄製の容器の底部はコンクリートの基礎部分にしっかりと固定され、その周辺も分厚いコンクリートで固めてある。

「格納容器を構成する炭素鋼は、熱を受けると必ず膨張します。原子炉はそれを見越して隙間を設けているのですが、隙間が大きすぎると格納容器の強度が不足してしまう。そこで耐震性を維持するために、想定される最悪の事態に対応できるギリギリの隙間になっている。それゆえ、想定外の熱膨張があった場合に、それを外に逃がすことができないのです」

A氏は続けた。

「今回の事故では、メルトダウンした核燃料が原子炉圧力容器内部だけに留まっているとは考えにくく、一部は圧力容器の底から格納容器に噴き出しているはずです。このような過酷な状況にさらされると、格納容器はどのような状態になるのか、見当もつきません。これらは詳細なシミュレーションで検討する必要があります」


詳細なシミュレーションのために集まった専門家たち

2014年1月、取材班は東京・西新橋にあるエネルギー総合工学研究所の内藤の元を訪ねていた。

取材班に重要な助言をしてくれている内藤は、福島第一原発の事故後、現在に至るまで事故の全容を解き明かそうと事故の計算プログラム「サンプソン」の改良を続け、国際的な事故解析コードの改良プロジェクトでも中心的な役割を果たしている。

1号機では原子炉の中でメルトダウンした核燃料がどれだけ格納容器内部に広がっているのか。内藤は最新のサンプソンのコードを用いて、解析を行った。すると、従来の事故

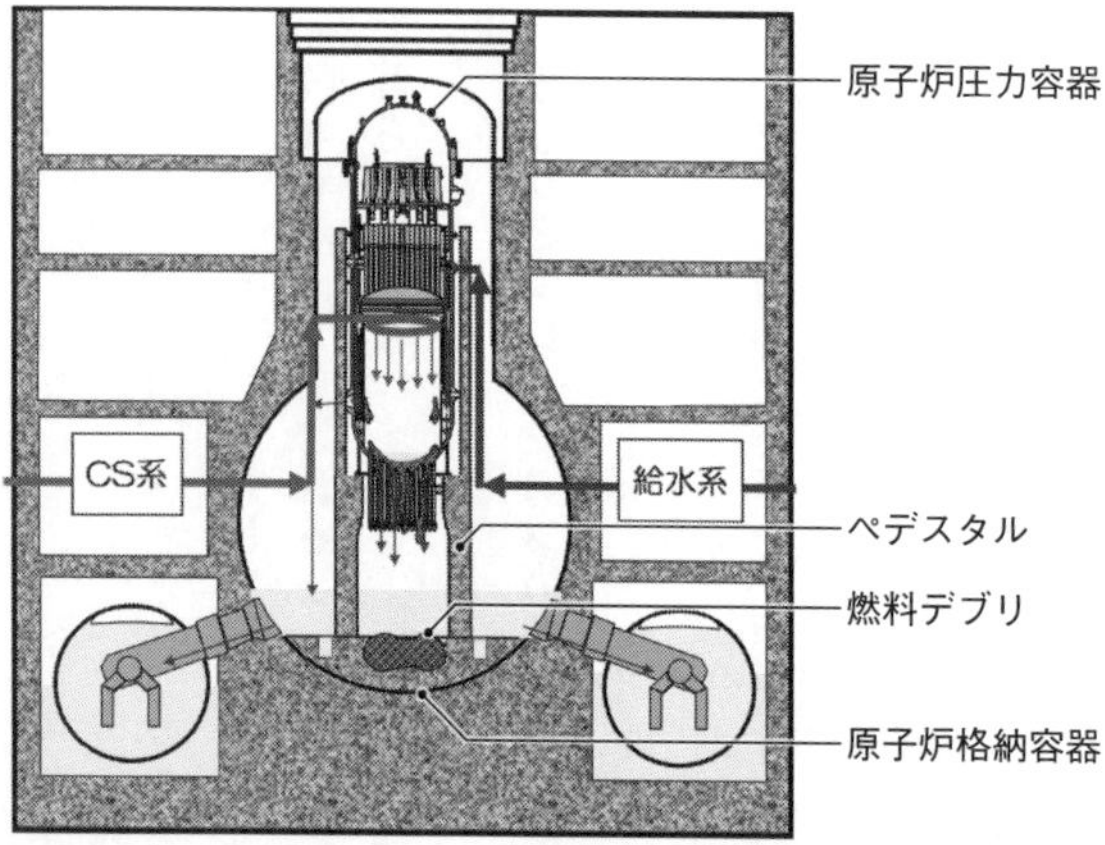

福島第一原発事故　1号機の炉心・格納容器の状況推定図。燃料デブリは、原子炉圧力容器を支える「ペデスタル」という構造物の床にあるサンプピットの凹みから溢れ出して、解析によれば格納容器の鋼鉄製壁面に向かって広がっていったと考えられている。注.CS系とは炉心スプレイ冷却装置のこと
図：東京電力資料をもとに作成

のシナリオでは想定していない事態が1号機の格納容器の内部で起こっていた可能性があることが浮かび上がってきた。内藤は、解析結果をもとに、こう語った。

「従来の過酷事故のシミュレーションでは、原子炉圧力容器を支えるペデスタルというコンクリート製の構造物の床にある『サンプピット』というかなり大きな凹みに、溶けた燃料デブリが入り、そこまでで事故は収まるという想定でした。しかし、津波到達後も冷却機能を失わなかった2号機や3号機と違い、1号機では津波直後からIC（非常用復水器）が停止してしまった。3月12日午前

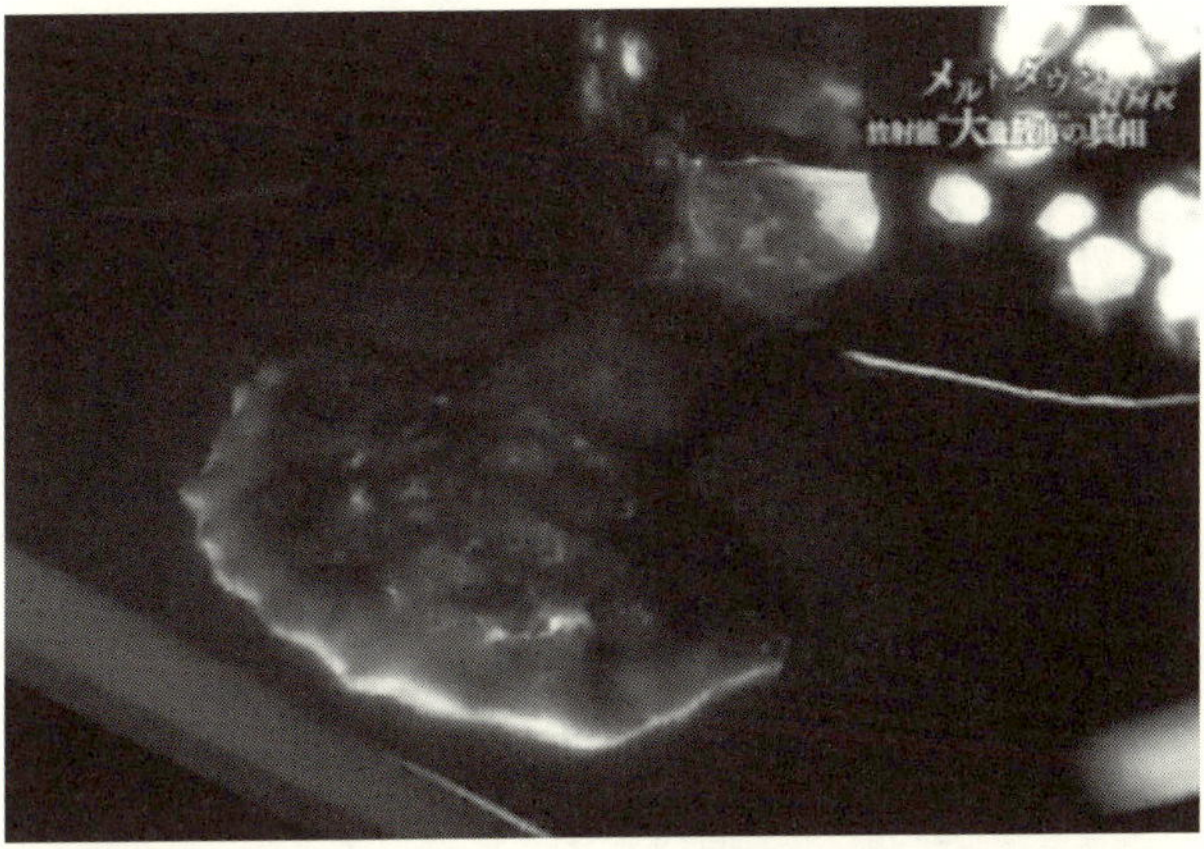

サンプソンのシミュレーションによると、原子炉圧力容器の底を突き破った燃料デブリは、格納容器の鋼鉄部分までわずか1メートルまで迫った可能性がある
CG：NHKスペシャル『メルトダウンⅣ　放射能〝大量放出〟の真相』

5時46分、消防車による注水作業が行われるまでの14時間、1号機はまったく冷却されませんでした。当然、溶けた核燃料の量も非常に多い。だから原子炉の下でいったん燃料デブリは山のように盛り上がり、ペデスタルの開口部から格納容器の鋼鉄製の壁面に向かってどんどん広がっていったと考えられます」

　驚くべき結果だった。内藤の解析では、原子炉の中で溶けた「デブリ」と呼ばれる核燃料は、原子炉圧力容器の底を突き破って格納容器に流れだし、さらに原子炉を支えるペデスタルという部分には収まりきらずに、格納容器の底に広がったというのである。さらに解析では、2000度ほどある燃料デブリが、格納容器の鋼鉄製の内壁に、あと1メートルというところまで近づいたというのだ。

2000度ある燃料デブリが格納容器の内壁に近づいたことで、格納容器にどれだけ深刻なダメージを与えたのか。取材班は、専門機関に依頼して、サンプソンの解析結果をもとに格納容器の壁面にかかる熱応力について、不確実性も考慮して3つの温度条件で試算した。

取材の関係上、固有名詞は出すことができないが、シミュレーションを行った専門機関は、これまで国の研究機関や電力会社・原子力プラントメーカーからの依頼で、事故時における鋼材への影響を解析してきた高い専門能力を持つエンジニアを抱える企業である。「工事計画認可申請書」や福島第一原発1号機の格納容器の図面を元に、解析の条件を設定していく。解析を担当するエンジニアは、専門の学会が示している基準などから材料の応力特性を調べ上げ、応力計算の下地を作っていった。

解析を始めてから1ヵ月後、シミュレーションによる結果が出た。解析を担当したエンジニアが内藤に解析結果を報告する。

「格納容器の鋼鉄部分が550度に達した場合に、降伏応力・引っ張り応力を超えるという計算結果が出ました」

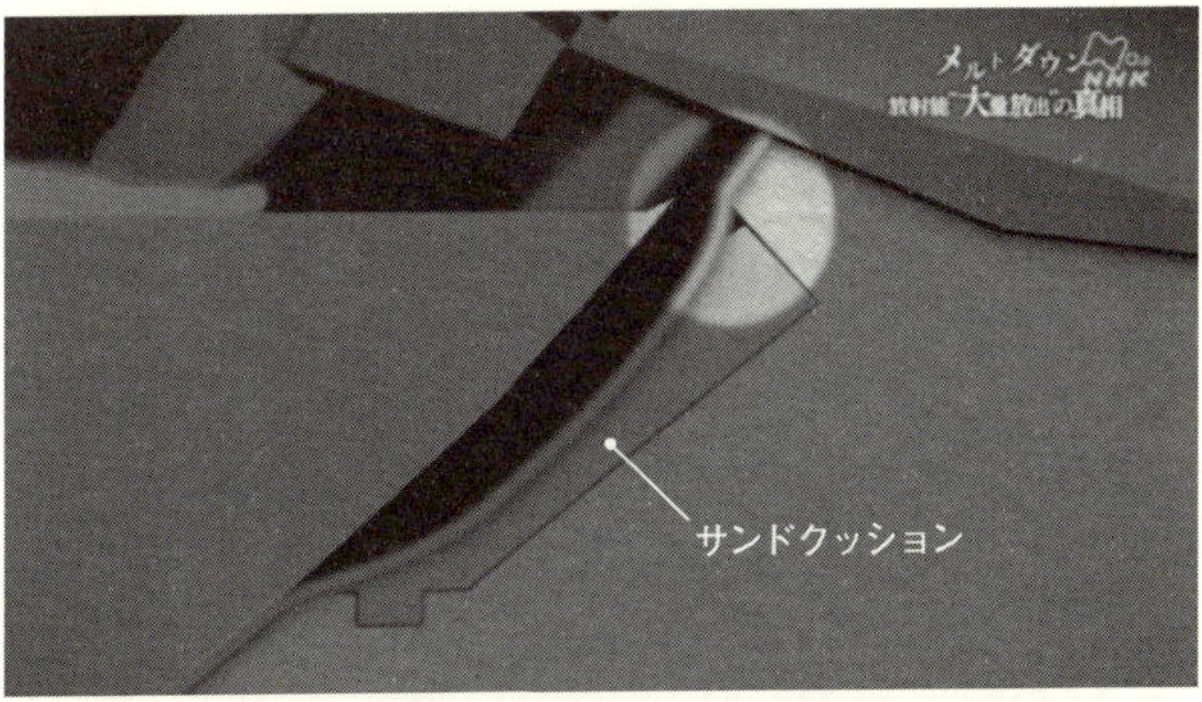

シミュレーションの結果では、格納容器の鋼鉄部分が550度に達すると、破損する可能性があるというものだった
CG：NHKスペシャル『メルトダウンⅣ　放射能〝大量放出〟の真相』

内藤がすぐに問い返す。

「ということは550度に達すると、格納容器が壊れる可能性がかなり高いと……」

「そうです」

1号機の格納容器の鋼鉄部分が、燃料デブリによってどれだけ高温になったかは、現時点では正確なことはわからない。ただ、2000度ある燃料デブリがわずか1メートルにまで迫ったことで、輻射熱により、相当な高温になったと推測されている。

現実に格納容器が破損している以上、鋼鉄部分は、シミュレーションで示された550度を上回る高温になった可能性が高い。格納容器の健全性が保たれる上限の設計温度は138度。間違いなく、1号機の格納容器はこの設計温度を超えていたはずだ。シミュレーションの結果と、格納容器下部にあるサンドクッションドレン管から汚染水が勢いよく漏れ出ているという調査結果を踏まえると、高温の燃料デブリが格納容器の内壁に1メートルまで迫ったことで、鋼鉄製の格納容器の壁が550度を超える熱さに耐え切れず、そのどこかが破損した可能性が出てきたのである。放射能を封じ込める「最後の砦」となる格納容器は、万が一メルトダウンが起きても、その健全性が保たれるはずだった。しかし、今回の調査結果は、その「安全神話」を根底から揺るがす衝撃的なものとなった。

見つかった3号機の損傷箇所

2014年5月15日、東京電力は、1号機に続き、3号機でも汚染水の漏えい箇所を発見した。しかし、漏えい箇所は、1号機の「サンドクッションドレン管」とは全く異なる場所にあった。しかもそこは、格納容器の鋼鉄部分の熱膨張に対しても堅固であると言われている部分だった。

3号機の漏えい箇所の発見には伏線があった。それは2014年1月18日、3号機の原子炉建屋内の水素爆発によって飛散した高線量のがれきをロボットによって撤去しようとしている時だった。作業にあたっていた東電社員がロボットのカメラ越しに目にしたのは、原子炉建屋1階の床を流れる〝水〟だった。格納容器内部から漏れ出ている汚染水で

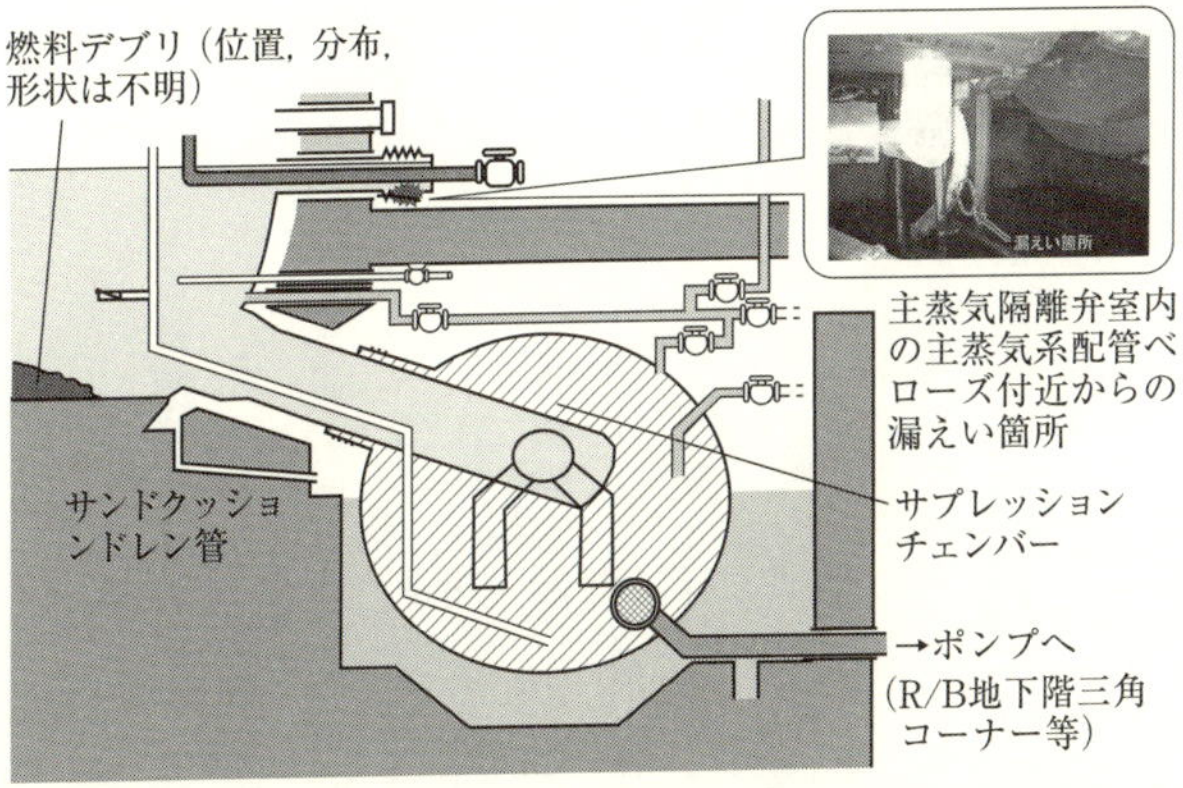

３号機の損傷箇所は、１号機の損傷箇所「サンドクッションドレン管」とは全く違う場所だった。汚染水は、原子炉の蒸気を運転中にタービンに運ぶメインラインである「主蒸気配管」の付近から漏えいしていた
図：東京電力資料をもとに作成

はないか？　すぐに所内にある放射性物質を測定できる分析室にこの水が持ち込まれた。結果は翌日、早速発表された。格納容器から漏れ出ていることが確実な高い濃度の放射性物質を含む汚染水だったのだ。

1号機では格納容器の下部からの漏えいを疑い、格納容器で最も低い位置に設置されている圧力抑制室（サプレッションチェンバー）周辺に水中や通路などを走行するロボットを投入し、格納容器の漏えい箇所を調査してきた。

しかし、今回3号機で見つかった汚染水の漏えい箇所、すなわち格納容器の損傷箇所は、原子炉の蒸気をタービンに運ぶメインラインである「主蒸気配管」の付近であることがわかった。３号機の破損箇所は、１号機よりももっと上部にあったのだ。

主蒸気配管は原子炉圧力容器からタービン建屋に直接伸びている配管だ。そのため、途中、格納容器を貫通する。貫通部分は放射性物質が格納容器の外に出ないように配管と貫通部の隙間を鋼鉄のスリーブと呼ばれる構造物で覆っており、膨張にも耐えられるように蛇腹状の〝ベローズ〟と呼ばれる構造物で密閉されているはずだった。

東京電力は、３号機の格納容器の損傷箇所を調べるためにさらに調査を進めた。主蒸気配管が通っている格納容器の側面にある部屋は線量が高いため近寄れない。そこで、部屋の上部から内部に伸びている貫通口を使ってカメラを投入した。調査が行われた２０１４年５月15日、東電社員たちが目にしたのは、ベローズ付近から漏れ出す汚染水だった。なぜ、厳重に保護されているベローズが破損してしまったのだろうか。

３号機の損傷箇所が意味するもの

今回、損傷箇所が見つかった主蒸気配管は格納容器の中間ほどの高さに備え付けられている。

格納容器の中間ほどの位置で汚染水の漏えいが見つかったことは、燃料デブリを取り出すために格納容器を水で満たす〝冠水〟を目指している東京電力にとっては朗報であった。主蒸気配管のベローズ付近から水が漏れ出しているということは、すなわちその付近までは、水位があるということを意味する。したがって汚染水の漏えい箇所を修復さえすれば、燃料デブリが完全に水没する〝冠水〟が早期に実現できる可能性が高い。

一方、事故の検証という視点に立つと、3号機の漏えい箇所は新たな謎を生むことになった。取材班の最新のシミュレーションや東京電力が行ってきた原子炉の損傷の調査では、3号機はメルトダウンしても核燃料の一部が原子炉圧力容器の中に残っているとみられている。ほとんどの核燃料が溶け落ち、原子炉を支えるペデスタルに収まりきらず格納容器の床面に広がっている可能性がある1号機に比べると、3号機の格納容器内部の状況は1号機ほど過酷ではなかったはずである。

厚さが27ミリある格納容器本体に比べ、ベローズは数ミリと薄い。しかしベローズは熱膨張には強い。蛇腹状の構造が伸縮性に優れているため熱によって膨張しても十分にその膨張する力を吸収できると考えられているからだ。

ベローズはなぜ損傷したのか。取材班は再びA氏の元を訪ねた。

A氏は、主蒸気配管のベローズ付近の損傷を、これまでの原発の設計や定期検査の経験から語り出した。まず、注目したのはベローズに使われている材料の特徴だった。

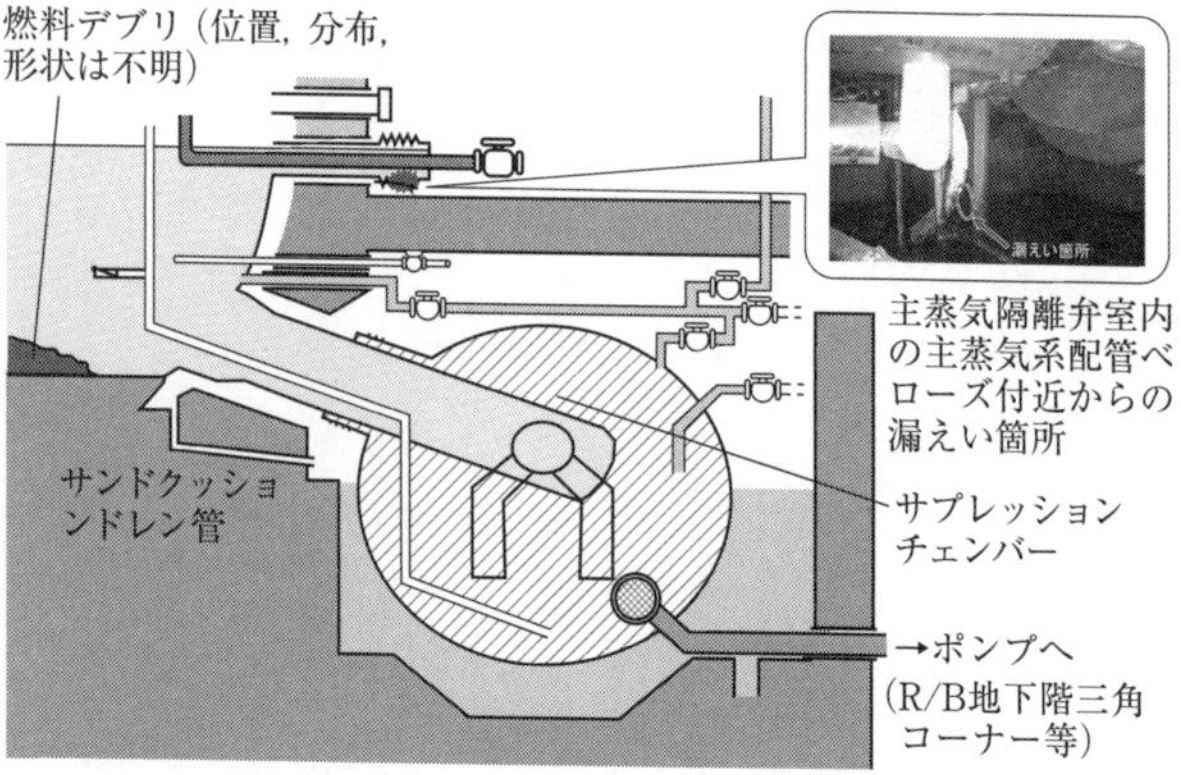

３号機の損傷箇所が見つかったベローズ。格納容器の中ほどにある
図：東京電力資料をもとに作成（再掲）

「今回漏えいの可能性が高い主蒸気配管のベローズにはステンレスが使われています。ステンレスは一般的な腐食には強い耐性がありますが、熱や酸素・他の放射性物質などと触れることで生じる〝応力〟によって腐食やひびが入ることがあります。その可能性を検討すべきでしょう」

A氏が語った応力腐食割れ。実は、世界中の原子力発電所では、こうした損傷が設備の様々な場所で起こっており、技術者たちを長く悩ませてきた。

1960年代にアメリカのMARK－Iプラントで発見されたことをきっかけに、日本でも、福島第一原発などのプラントで次々に発見された。一般に経年劣化に分類される応力腐食割れだが、実は放射性物質

シュラウド

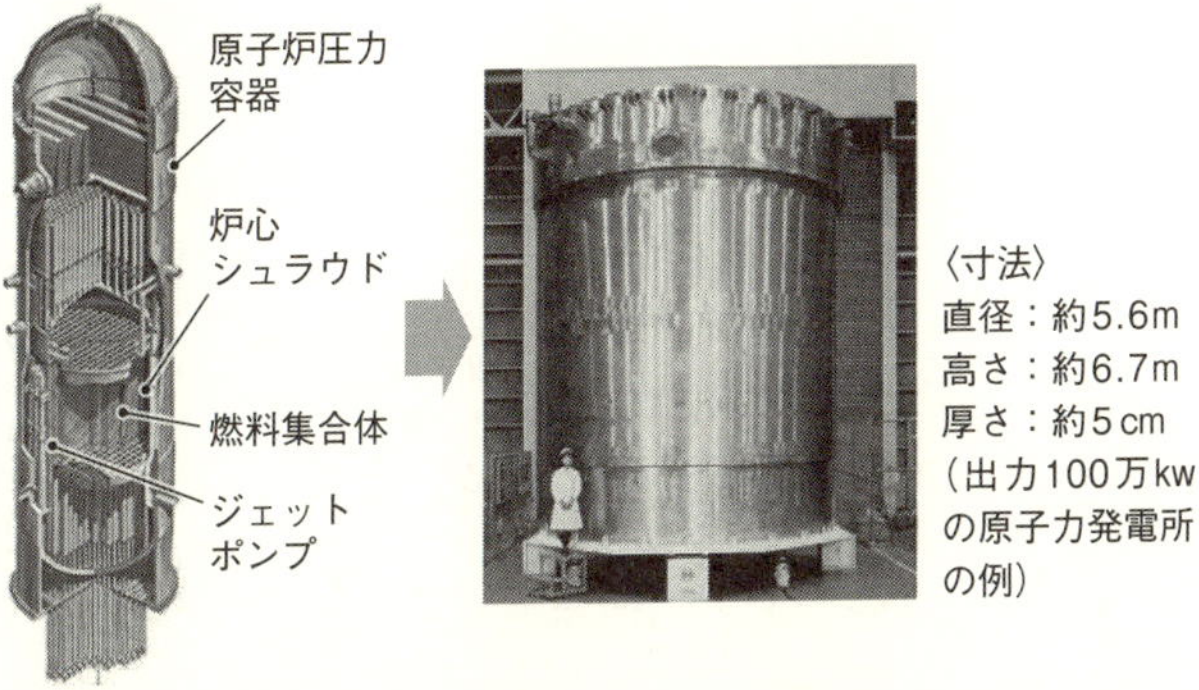

原子炉の圧力容器の中には、直径約5.6メートル、高さ約6.7メートルのステンレス製の円筒が入っており、これをシュラウドという。シュラウドの中には燃料集合体や制御棒などが収められている
図：東京電力資料をもとに作成

の影響が加わることでその進行スピードは速くなるという。

「日本の原発で応力腐食割れが盛んに起こった場所は、高温にさらされるところに加えて、放射性物質にさらされる場所でした。ヨウ素やフッ素、塩素など、原子炉の中で核分裂反応が起きることで発生する物質は腐食割れを加速する方向に働きます」

　これまでに報告された応力腐食割れは、原子炉の中心部のシュラウド（燃料集合体や制御棒などが配置された原子炉内中心部の周囲を覆っている、円筒状のステンレス製構造物）や原子炉を冷却する水を再循環させる再循環系配管など、いずれも恒常的に高い濃度の放射性物質を含む300度前後の高温の水に触れる場所だった。

しかし、3号機で損傷が疑われるベローズは、主蒸気配管の外側を覆う構造であるため、直接原子炉内の水に触れることはない。なぜ、そのような場所が応力腐食割れの疑いをかけられているのか。

A氏は言う。

「格納容器内はメルトダウンによって発生した放射性物質を大量に含んだ高温の水蒸気が充満し、ベローズもさらされたと考えられます。このことが平時には起きることのないベローズの応力腐食割れを引き起こした可能性があります」

原子炉圧力容器からつながる配管などは、実際に応力腐食割れが発生するまでどれだけの時間的余裕があるのか、非破壊検査など様々な手法で微小な亀裂やヒビの有無まで徹底的に検査している。一方、その外側である格納容器については、リークテストはするものの、ヒビの検査までは行わず、特にこのベローズは目視検査のみであるという。

「ベローズには、格納容器の水蒸気を漏らすような亀裂が最初からあった訳ではないと思います。ただし、微小なヒビがあれば、応力腐食割れを起こす最初のきっかけになったかもしれません」（A氏）

3号機の格納容器破損の原因は、1号機とは全く異なる主蒸気配管付近の応力腐食割れによるものではないかという意外な結果が浮かび上がってきた。残る2号機についても調査が始まっているが、1号機や3号機ともまた違う場所で格納容器の損傷が疑われているという。メルトダウンを起こしたといっても、1号機、2号機、3号機では、格納容器の損傷箇所や燃料デブリの分布はまちまちであり、廃炉作業の最難関とされる燃料デブリの取り出しも、それぞれの号機に合わせた方法を用意しなければならない。そして、最大の謎とされてきた格納容器破損の原因も、それぞれの号機で全く異なるという真相が見えてきたのである。

未知の解明へ

事故から3年が経過し、ようやく汚染水の漏えい箇所の特定が始まったが、格納容器内部に広がった燃料デブリの分布などは全くわかっていない。

メルトダウンによって発生した放射性物質の影響が今も残る原子炉建屋。建屋内部には人が近づけばわずかな時間で死に至る数シーベルトの極めて強い放射線のエリアがいまだに残っている。この強い放射線が事故の調査を阻んできた。

現在、格納容器内部にロボットを入れ、具体的な損傷箇所を調べるための準備が進んでいる。格納容器を貫通するペネトレーションと呼ばれる場所からロボットを投入しようという計画だ。損傷箇所を塞ぎ、燃料デブリを水で満たす〝冠水〟を実現するための廃炉作業の一環として、２０１５年以降、１号機、２号機の格納容器内部で本格的な調査が行われようとしている。

１号機、２号機の建設やメンテナンスを担ってきた日立ＧＥニュークリア・エナジーや東芝では、原子炉に投入するためのロボットの準備を進めている。ロボットの投入を予定しているペネトレーションは1号機では直径およそ10センチ。この細い管を通って格納容器内部で変形し走行できるロボットの開発が急ピッチで進められている。

現時点では、格納容器のどこが本当に壊れているのか、いまだ正確にはわかっておらず謎に包まれたままである。もしかすると、私たちがまだ想像していない場所に損傷箇所があるかもしれない。そうなれば、ようやく見え始めた格納容器の破損の原因も全く違うものになる可能性すらある。

通常の事故や災害なら、破損箇所の確認は比較的容易と言われているが、福島第一原発事故の場合は、放射能という壁に阻まれ、まず調査ロボットの開発から取り組まなければならない。破損箇所の修復、燃料デブリの取り出しといった作業も、同様にロボットや新手法の開発から始めることになる。40年以上かかるとされる廃炉作業の道のりは果てしなく遠い。放射能を封じ込める「最後の砦」のはずだった格納容器が、なぜ壊れたのかという最大の謎の解明は、まだ緒についたばかりなのである。

証言：東京電力原子力部門トップが語る
「格納容器破損という現実」

「最後の砦」と呼ばれる格納容器が、メルトダウンによって生じた燃料デブリによって破損した可能性がある。事故の進展を解析するプログラム、サンプソンが導き出したシミュレーション結果は衝撃的なものだった。

解析結果が出た2日後、取材班は東京電力の本店に向かっていた。解析結果についての見解を聞くためだ。現れたのは姉川尚史常務。2014年11月時点における東京電力の原子力部門の責任者である。格納容器に燃料デブリが広がれば、その熱応力で格納容器を構成する鋼材が破損する可能性についてどう考えているのか。姉川は言う。

「デブリが格納容器内部でどのように広がるかはケースバイケースで、ちょっとした力のかかり方、勢いで全く変わる。サンプソンの計算結果ででた広がり方が必ずしも実際の格納容器内部のデブリの状況を再現しているとは考えづらい」

取材班のシミュレーションに対しては否定的な見解を示した姉川だが、メルトダウンによって生じた高温の燃料デブリが格納容器の封じ込め機能を損なった可能性については否定しなかった。

「格納容器は、今までLOCAを想定した内圧や温度で健全性が保たれるようにしか設計されてない。だからメルトダウンした燃料が格納容器に漏れ出してくれば、その健全性が損なわれる可能性はある。非常に高温の輻射熱、あるいは燃焼反応があれば、熱膨張によって、底部でひずみも生じたでしょう。想定を超える熱源が格納容器内部に出現して温度が上がれば、工事認可で計算した想定値を超えるひずみになったかもしれない。だから可能性については当然否定しない。溶融炉心が格納容器に出ればいろんなところにひずみが生じて、破損箇所ができている可能性があるので、それは当然あると思う」

そして、福島第一原発より新しいタイプの柏崎刈羽原発でも何らかの対策の必要性があると続けた。

「『福島第一原発のMARK－Ⅰとは違う構造をしているから、こういうひずみは生じない』というような安易な考えはいたしません。少なくとも福島で大きな漏えいが起こったところは手当てをする、それ以外についても、劣化するところは手当てする。一から作り直すようなことができない箇所についても、やれることはまだまだあると思うので、できる限り対策をとる」

姉川は、このサンドクッションドレン管からの汚染水の漏えいは、福島第一原発事故の解明だけでなく、今後の廃炉に向けての最重要調査課題だとも話した。

「1号機の格納容器のどこから水が漏えいしているか、正確に調査しないと、最終的に止水して、燃料デブリを水浸けにするという次のステップに進めません。あそこの漏えいを何らかの手段で止めないといけない。最終的には燃料デブリの扱いもできなくなるので、それは重要課題です」

東京電力原子力部門のトップにある姉川尚史常務
写真：NHK

【特別編】
東京電力原発トップが語る
福島第一原発事故の「真実」

福島第一原発事故当時、原発部門のトップだった東京電力副社長の武藤栄。ＮＨＫ取材班は、事故後メディアとしては初めてインタビューを行った
写真：ＮＨＫ

世界最大の民間電力会社の原子力トップ・武藤栄

いまとなっては福島第一原発事故が起きる前の東京電力の姿を覚えている人はほとんどいないだろう。原発事故によって２０１４年現在12兆円もの債務を抱えることになった東京電力だが、事故が起きるまでは世界最大の発電量を誇る民間電力会社だった。日本の原発のおよそ3分の１に当たる17基の原発を所有し、海外への原発建設事業にも乗り出していた。原発の安全対策の分野でもアメリカ最大の電力会社・エクセロンや、フランスの国営電力企業ＥＤＦなどと情報共有を進めながら日本の電力会社を代表する形で対策を行ってきた。今回、事故対応で運転員たちが〝バイブル〟とした「事故時運転操作手順書」も東京電力が日立や東芝などのプラントメーカーと作り上げ、同じタイプの原発を所有する東北・中部・北陸・中国電力に水平展開をしてきた。

原発を安全に運転するための技術として海外からも評価が高かったのは、〝３ＷＡＹコミュニケーション〟(発信ー受信ー確認)と呼ばれるオペレーターから当直長までの的確な情報伝達システムだ。福島第一原発の運転経験から当直長たちが築き上げた、運転操作の情報共有の手法は、フランス・ＥＤＦも参考にし、自らのオペレーターたちに学ばせたとも言われている。

事故後、その信頼は地に堕ちたが、2011年3月11日までは、東京電力は世界の原子力発電の運転や建設をリードする〝エクセレントカンパニー〟だった。しかしなぜ、原子力部門に高度の専門知識を持つ3000人もの技術者を抱えた東京電力は、事故の悪化を防ぐことができなかったのか。

3年以上にわたり事故の真相に迫るための取材を続ける中で、取材班がどうしても接触できずにいた人物がいた。事故当時の原子力部門のトップである原子力・立地本部長だった武藤栄副社長。吉田所長が亡くなった今、福島第一原発事故の全体像を語りうる数少ない人物である。

一般的に知られている武藤の世評は、菅直人総理大臣の福島第一原発訪問時に現地で対応に当たった際の説明で菅をいらだたせたり、記者会見での説明で記者から批判を浴びている姿であろう。決してイメージが良い人物ではない。しかし、原子力関係者に武藤について尋ねると、意外にもその評価は高かった。

若い頃から東電社内で〝将来の原子力本部長〟と目されてきた武藤は1979年に原子力の安全研究で有名なカリフォルニア大バークレー校に派遣され、世界の最先端の情報に触れてきた。日本の原子力安全の第一人者と言われる近藤駿介原子力委員会委員長をして「東京電力には武藤がいた」と言わしめるほど、武藤は業界では名の知られた技術者だっ

福島第一原発事故発生当時の原子力部門の責任者だった武藤栄副社長　写真：NHK

た。現在の東電の原子力部門のトップ・姉川尚史原子力・立地本部長は、先輩や上司に対しても歯に衣着せぬ発言をすることで知られるが、原子力技術者としての武藤を高く評価する。

「安全への意識も、技術的な能力も兼ね備えた立派な本部長だったんですよ。その武藤さんが本部長でも事故を防げなかった。そこにこの事故の根深さがある。〝できの悪い本部長だからダメだった〟という結論だったら今後の原子力安全を考えることはそれほど難しくはない」

事故対応の当時、技術的な判断で吉田が頼りにしたのも武藤だった。原子炉の減圧操作や注水、格納容器のベントなど事故対応を左右するオペレーションの際には武藤の技術的な意見を仰いだ。

津波対策の刑事責任を問われる

原子力業界の技術者の間からは、その能力を高く評価される武藤だが、一方で、東京電力の原子力安全管理部門の幹部として、福島第一原発事故を防げなかった責任を社会から問われている。勝俣恒久会長、武藤栄副社長、武黒一郎フェローら東電幹部は、巨大津波の危険性を把握しつつも、十分な対策をとらなかった結果、福島第一原発事故を招いたとして、2012年業務上過失致死傷容疑などで刑事告発された。

1年にわたる捜査の末、東京地検が不起訴処分としたが、2014年7月に検察審査会はその判断を不当とし、起訴すべきであると結論づけた。目下、再捜査が進められている。

争点となっているのは巨大津波の予見可能性と武藤の職務権限だ。2004年スマトラ島沖津波によってインドのマドラス原発で非常用海水ポンプが運転不能になるという事故が起きた。これを受けて、経済産業省の原子力安全・保安院は電気事業連合会（電事連）の幹部を集めて、今後どのように津波対策を検討するか規制当局と事業者側の協議を始めた。

2008年、東京電力社内ではマグニチュード8クラスの明治三陸地震（1896年）をもとに津波の「試計算」を行った。その結果、福島第一原発では最大で15・7メートルの巨大津波が襲うという計算結果が出た。ただ、この「試計算」は手法そのものが確立していない不確かなものだった。

これまで、東京電力をはじめとする電力会社が指標としてきた土木学会が行ってきた計算は、「既往津波」とよばれるいわば〝これまで起こった津波〟の分析。このとき、東京電力の土木担当者たちが行ったのは〝今後考慮すべき可能性がある津波〟の分析だった。こうした分析はこれまで行ったことがなく、学会でもこの「試計算」を評価する手法がなかった。この「試計算」をどう扱うのか。

実際に、原子力発電所で想定される津波の変更を行う場合には、発電用軽水型原子炉施設に関する安全設計審査指針のうちの「発電用原子炉施設に関する耐震設計審査指針」に基づく設計の変更が必要となる。さらに「工事計画認可申請書」と呼ばれる書類を作り、当時の規制機関である原子力安全・保安院、また地元福島県や大熊町、双葉町に設計の変更を説明し了解を得なくては対策工事はできない。

津波シミュレーションを受けて対策を検討する当事者は、後に福島第一原発所長になる吉田昌郎原子力設備管理部長。津波対策の実務的な責任者だった吉田は、当時から社内の原子炉安全の第一人者だった武藤にもシミュレーション結果についてどのように対応すればよいのか、課長クラスと吉田が意見交換を行う場に加わってもらった。規制機関への説明のための科学的な論拠などについて、これまでの経験から武藤が知見を持っていたからだ。

武藤を交えた社内の検討会では「土木学会に最新のデータに基づく影響を評価してもらってはどうか」との議論があった。第三者の評価を得なくては具体的な対策を進めることに国も自治体も理解を示さないことは明らかだと考えたからだ。実際、新潟県中越沖地震後に見直された活断層評価において、東電が独自に評価した断層の範囲は、国や有識者の異なる見解によって二転三転した。電力会社の評価だけでは、特に自然災害に対する評価は定まらない。そう考えた武藤や吉田、土木部門の担当者は、原子力発電所の津波評価技術を唯一持つ土木学会に評価を依頼しようと考えたのだ。

結果として、具体的な防潮堤の設置や原子炉建屋の耐水性を高めるなどの対策がとられることはなかった。東電幹部たちが原告が訴える業務上過失致死傷罪に相当するかどうかは今も議論が分かれている。

「事故はなぜ起きたのか？　事故は本当に防ぐことができなかったのか？」

取材班が一貫して問い続けてきた最大の謎を読み解くうえで、原子力部門のトップにいた武藤栄の証言は絶対に欠くことのできないものだった。取材班は交渉を重ねて、ようやく彼に取材できたのは、事故から３年以上たった２０１４年７月のことだった。

本章は、1章から7章のような、福島第一原発事故にまつわる具体的な謎を科学的な調査報道を通じて読み解くという構成とは異質であるが、事故対応に関わる武藤の証言は歴史的な価値も高いと考え、2014年7月から10月にかけて4回行われたインタビューをもとにした証言録を作成した。東京電力の原子力部門のトップだった武藤が見た「福島第一原発事故」とはいかなるものだったのだろうか。

初めて明かされる武藤栄の3月11日

2011年3月11日午後2時46分、マグニチュード9・0の巨大地震が福島第一原発を襲ったとき、武藤栄副社長は本店6階の会議室にいた。長い揺れが続いた。揺れが収まると、武藤はすぐに階段を駆け下り、2階にある本店非常災害対策室に入った。保全・運転・原子炉安全部門の社員たちが続々と集まり、訓練を重ねてきた非常時の態勢に入っていた。

福島第一原発との情報共有の生命線〝テレビ会議〟では、福島第一原発、第二原発の運転中だった7つの原子炉は「自動スクラム」に成功したことが相次いで報告された。

核燃料の分裂にブレーキをかける制御棒を炉内に挿入するスクラムの成功によって、原発の安全を守る基本原則「止める・冷やす・閉じ込める」の第一段階「止める」はクリアした。スクラムが成功し、核分裂反応が止まれば核燃料の持つ崩壊熱は10秒後には一気に4％まで下がる。後は、さまざまな冷却装置を駆使して、原子炉の温度を徐々に下げて冷温停止にもっていけばよい。スクラムさえ成功すれば、最悪の事態は回避できる。

スクラムは成功したのか？　武藤が地震発生後、最も気にしたのはまずそのことだった。実は、武藤は原子力・立地本部長という肩書のほかに、原子炉の安全や事故対応に関する国家資格である原子炉主任技術者（炉主任）の資格も持ち、特に核燃料の挙動に関する安全の専門家だった。１９７４年に東京電力に入社した武藤の最初の仕事は福島第一原発の使用済核燃料の海外への輸送のとりまとめだった。

１９７０年代、福島第一原発の原子炉の運転状況は決して安定したものではなかった。核燃料の挙動をうまく制御できなかったのだ。原子炉の温度変化や制御棒の引き抜きのタイミングなどによって、核燃料の温度変化で核燃料にかかる負荷は大きく変わってくる。温度変化や中性子の量を安定的に制御するのにはどうすればいいのか。世界中の原発で運転方法を模索している段階だった。そのため、核燃料を覆う被覆管が破れ、放射性物質が原子炉の中に漏れ出すことも多く経験していた。

そうした核燃料をどのように検査、管理し、また安全に海外に運び出すのか。核燃料と向き合う仕事を経験することで武藤は原子炉内の〝燃料挙動〟の専門家としての能力を培っていった。燃料の挙動を知ることは事故対策にもつながる。どのタイミングで原子炉に水を注げばメルトダウンを防げるのか、原子炉の圧力を抜くと水がどれだけ失われ核燃料の温度はどれだけ上昇するのか。そうした〝炉心の挙動〟を実際の原発や海外の研究機関で学んだ武藤は、いつしか原子炉安全の第一人者として社内外から知られる技術者になっていた。

福島第一原発の原子炉や核燃料を熟知する武藤。核分裂反応を止めたことでひとまず安心できるはずだった。しかし、すぐに悪い知らせが入る。

時刻は午後3時にさしかかろうという頃。地震によって外部電源が喪失したというのだ。

「DG（非常用ディーゼル発電機）は立ち上がっているんだな？」

武藤は部下に尋ねた。原子炉を冷やすための電源が確保されているか、確認するためだ。もともと、原発には、送電線からの電気が途絶えることで外部からの電源が喪失しても冷却機能が維持できるように、非常用電源が用意されている。各号機には2台（6号機は高圧炉心スプレー系〈HPCS〉用でさらに1台）非常用ディーゼル発電機が備えられ、外部電源が無くとも十分に冷温停止まで持って行けるようなシステムが構築されていた。

この時点では、1号機から4号機の非常用ディーゼル発電機の機能や電源盤などを壊滅させるあの巨大津波はまだ福島第一原発に到達していない。

しかし、胸騒ぎがした。

「大きい地震で……。これは理屈じゃないですよね。なんとなく嫌だったんだよね」

武藤は決断を迫られた。本店に残ってテレビ会議を通じ福島第一原発、第二原発とやりとりしながら現地の事故対策の指揮を執るか、それとも地元で立ち上がる福島県や国・電力会社の現地対策本部「オフサイトセンター」に向かうか。

本店は福島第一原発や第二原発の事故対応を技術的に支援する役割を担う場所だ。国との情報共有の窓口でもある。本店には230人あまりの原子力部門の社員が集められ、さらにプラントを熟知するメーカーの技術者も呼び、事故対応について技術面から詳細な検討を重ねる。一方、オフサイトセンターは事業者と地元自治体、そして国との情報共有の拠点だ。オフサイト(発電所外)の防災対応を行うためにサイト周辺のモニタリングを実施し、住民避難の状況確認、そしてプレス発表を一元的に行うことなどが中心で、原発内の事故対応を詳細に検討する陣容にはなっていない。

しかし、東京電力の社内規定では原子力部門のトップ・本部長が有事の際に、現地対策本部であるオフサイトセンターへ向かうことになっていた。2007年柏崎刈羽原発が新潟県中越沖地震に襲われた際に地元への説明が遅れ、不信を招いたことから、〝原子力部門の責任者がすみやかに地元に説明すること〟についての重要性を東電は痛感したからだ。つまり、今回の福島第一原発事故時において武藤の役割はあらかじめ「地元説明」と定められていた。これは２００７年の新潟県中越沖地震以降、福島第一原発の事故前まで繰り返し行われていた東京電力の事故訓練時のフォーメーションだった。武藤は事前の取り決めどおりに、福島へ向かった。福島第一原発の事故対応の陣頭指揮を執るためではなく、〝地元説明〟のために。

泥にまみれたズボンと1号機進展予測

移動手段はヘリコプターと決められていた。武藤が本店を社用車で出て新木場のヘリポートへ向かう最中、知らせが入る。

「福島第一原発から1号機から4号機、全ての交流電源が喪失。炉心の冷却状態が確認できない」

事態は一変した。非常用ディーゼル発電機を含めた全ての交流電源を失う事態は事前の想定や備えを大幅に超えている。原発の状態が気になる。しかし、新木場に向かってしばらくすると車が渋滞で全く動かなくなった。焦りが募るなか切り出した。

「運転手さん、ここで私たちは降ります」

新木場までまだ数キロはあった。武藤とともに車に乗っていたのは本店の原子力部門の管理職と広報担当者、そしてちょうど東京出張中だった福島第一原発の副所長だった。最も年配の武藤は車から降り、先頭で歩き始めた。大渋滞の理由はすぐに分かった。足下の地面が原形をとどめず液状化していたのだ。武藤は焦った。

「日が暮れるとヘリが飛べなくなります。福島の原子力発電所で何かあった場合は県のオフサイトセンターが立ち上がり、地元の方々や経済産業省など関係者が集まり、プラントの状況の共有や避難についてのオペレーションを行うことになっていました。そこに東京電力の責任者がいないわけにはいかない。だから、なんとしても日のあるうちに福島に入らなくてはならないと」

武藤は液状化した地面に足を踏み入れた。ズボンは泥にまみれた。靴も地面から抜けなくなり、近くにいた工事現場の人の肩につかまったりしながらヘリポートを目指した。その間、頭に浮かんでいたのはスクラム後の福島第一の原子炉の状態だった。電気が失われ燃料が冷却できなくなると燃料の被覆管が酸化により脆くなって破損し、核燃料の中心に閉じ込めていたガスがその破損した被覆管から漏れ出し、放射性物質が格納容器の中に充満していくことになる。武藤は事故の悪化のシナリオをすぐに頭に浮かべていた。冷却機能が失われると2時間で、原子炉水位はＴＡＦ（燃料棒の先端部）まで下がる。その後2時間で燃料が壊れ始める……。

一方で、運転中だった福島第一原発の1号機から3号機には全ての電気がなくとも自然循環や蒸気で動く高圧系の冷却装置が備え付けられていた。こうした装置によって冷却ができていれば、メルトダウンは避けられる。1号機はＩＣとＨＰＣＩ、2、3号機はＲＣＩＣとＨＰＣＩ、それらの高圧系の運転状態はどうなっているのか。しかし、都内では携帯電話の回線がパンクし、福島第一原発はおろか本店と連絡を取ることさえ困難だった。

なんとか液状化地帯を抜け、道路脇に立って手を振った。ヒッチハイクをするためだ。幸い車が捉まった。

「東京電力ですけれども、どうしても日があるうちに新木場のヘリポートに行きたいんです」

複数の運転手の計らいで、2度車を乗り継ぎ、何とか日没までにヘリポートに到着することができた。時刻は午後6時近くだったと思われる。

武藤がヘリポートに到着したこの頃、1章で触れた1号機のＩＣの停止に東京電力が気づく最初のサインがテレビ会議を通じて発話されていた。

「17時15分　1号水位低下　現在のまま低下していくとＴＡＦまで1時間」

福島第一原発の免震棟で進展予測をしていた技術班のこの発話を東電の原子炉安全の第一人者だった武藤が聞くことは無かった。進展予測をしたメンバーは武藤のよく知る部下たちだった。所長の吉田が「発話自体が記憶にない」としたあの1号機の危機を告げる最初の警告「17時15分の進展予測」。核燃料の挙動を熟知する武藤であれば聞き逃したのだろうか……。

メルトダウンが始まる3月11日、砂泥にまみれたズボンは、その後乾き、白くなった。武藤はあの日を胸に刻むため、そのズボンを今も自宅に大切に残している。

吉田と武藤　あの日に交えた会話

新木場のヘリポートを出て1時間あまり。武藤たちを乗せたヘリが福島第二原発に到着したのは、日も暮れかけた頃だった。真っ先に事故対応の拠点である免震棟へ向かった武藤が目にしたのは暗闇の緊急時対策室だった。福島第二では免震棟に電気を供給する非常用ディーゼル発電機が津波の被害を受けたことで、緊急時対策室が停電していたのだ。

幸いにして、武藤の滞在中に、免震棟の電源が復旧した。外部電源も無事だという。しかし、原子炉の熱を格納容器の外に逃がすための海水系の冷却装置が機能を失っていた。福島第二原発では所長の増田尚宏が中心となって、原子炉からの熱を海に逃がすための海

福島第二原発4号機の海水熱交換器建屋の地下にある補機冷却系ポンプの被水状況　写真：東京電力

水系のポンプのモーターの手配を急いでいた。この海水系のポンプが動かなければ格納容器から熱を逃がすことができない。このままの状態が続けば、核燃料が溶け、さらに周辺に放射性物質を放出するベントを迫られる事態になりかねない。

原子炉の冷温停止への道筋は決して安心できる状態ではなかったが、増田たちは事故収束作業の要である海水ポンプの詳細な復旧計画を立てていた。

武藤は福島第二を増田たちに任せ、急ぎ吉田が指揮を執る福島第一に向かった。

福島第二から福島第一までの距離は北におよそ10キロ。通常であれば国道6号線を使い、20分かからずに到着する。しかし、6号線は地震の影響で通行できる状況では

福島第二原発の指揮を執った増田尚宏所長
写真：NHK

なかった。やむなく、武藤たちは、迂回路を選ぶ。すれ違う車もなく、ただひたすら闇の中を福島第一原発に急いだ。

やがて暗闇の中から福島第一原発を象徴する巨大な白いドーム状のメインゲートが見えてきた。時間は定かではないが、日が暮れた頃、メインゲートの警備に当たっていた協力企業の社員たちはまだ防護服を着ていなかった。放射線が建屋の外で計測されていない証拠だ。福島第一原発の入構証を提示し、真っ直ぐ吉田たちの事故対応の拠点である免震棟に向かった。

福島第一原発の免震棟も武藤と深く関わる場所だった。２００７年に柏崎刈羽原発が新潟県中越沖地震に襲われた際、事故対応の拠点だった事務本館にあった緊急時対策室の入り口の扉が地震の影響で開かなくなり、所員の出入りに不具合が生じた。そのため地元への通報連絡は屋外に持ち出したホワイトボードを見て行うという事態になった。こうした反省を踏まえ、緊急時対策室の地震対策の必要性があると判断し、武藤たちが建設を進めてきた建物だ。

地震後、その免震棟は被害を免れた。高台にあったため津波も押し寄せず非常用ディーゼル発電機も無事だった。一方で、地震で福島第一原発の事務本館は壊滅的な打撃を受けた。免震棟がなければ発電所内に事故対応の拠点すら確保できず、さらに事故が悪化したことは間違いない。

武藤が免震棟に入ると、社員や協力企業の作業員がごった返していた。地震と津波後、多くの協力企業の社員たちは帰路についていた中で、「なにかできることがある」と残った人たちだ。その数は1000人ほどと見られている。

階段を駆け上がり、2階の緊急時対策室に入る。福島第一原発に入社以来3回勤めた武藤は何人ものなじみの顔を見つけた。緊急時対策室の中では技術的なやりとりだけでなく、所員や協力企業の人々の安全確認、そして国や自治体などへの連絡など、全く余裕がない状態で、原子力部門のトップ、武藤が来たことに気づかなかった所員も少なくなかった。

武藤は免震棟の中心、〝円卓〟の中央で、ひっきりなしに発話していた吉田の隣に座り、「状況はどうだ?」と声をかけた。

吉田は「厳しいです」と答えた。

武藤は続けた。

「高圧系動いてるのか?」

吉田が答える。

「よくわからないんです……」

この頃の福島第一原発の中央制御室は、原子炉の状況やICやRCICといった高圧系の冷却装置の運転状況を把握することができなかった。電気を失い、ほとんど全ての計器が見えない状態が続いていたからだ。何とか事態を打開しようと、復旧班のベテラン社員のアイデアで乗用車のバッテリーを取り外し、中央制御室の水位計などの計器を読みとろうと試みていた。

吉田は武藤に事故対応の状況を簡単に報告した。

「電気がないって大変な事で、あと現場は復旧のためにいろいろとやっています」

武藤は一つだけ吉田にこう告げた。

「電気が無くても、ともかく消防車1台あったら原子炉は冷やせるんだから。淡水でも海水でもいいんだぞ」

武藤が「消防車1台あったら原子炉は冷やせる」と言った背景には長く安全研究に携わった経験があった。頭に浮かんでいたのは、1979年のアメリカのスリーマイル島原発事故後に行われていた安全研究だった。

「スリーマイル島原発事故を検証したケメニー委員会のメンバーだったピグフォード教授という、もう亡くなったカリフォルニア大学の先生から『スリーマイルは消防車1台あったら、あんな事故にはならずに済んだんだ』という話を僕は直接聞いていたので、『消防車1台あったらいいんだから』って吉田に言ったんです」

原子炉に制御棒が挿入されるスクラムさえできていれば核燃料の熱が一気に減ることは武藤には分かっていた。運転中は毎時数千トンの水を原子炉に注ぎ続けなければならないが、スクラム後は毎時数十トンの注水で十分崩壊熱を除去できる。吉田たち福島第一の現場も武藤に助言される前から、消防車の活用を考えていた。武藤が免震棟に到着する前、午後5時12分に吉田は消防車による注水準備を整えるよういち早く指示を出していた。電源がなくても、消防車で原子炉に水を注ぐことでメルトダウンを食い止める。現場は前例のないオペレーションをなんとか進めようとしていた。

武藤は、これ以上細かい指示を出すことはなかった。現場は、余震が続く中、消防車による注水、バッテリーによる監視機能の回復など、収束に向けて、あらゆる手段で対応していることが分かったからだ。後は現場に任せるしかない。武藤は自らの役割である〝地元対応〟にあたるため、大熊町役場と双葉町役場での説明を行ってからオフサイトセンターに向かった。

今回の事故で東京電力本店や総理官邸からは、現場に対する「無用な要求」が多くあった、と指摘されている。吉田が「(現場オペレーションを)ディスターブしないでください!」と強い口調でテレビ会議を通じて本店の幹部に対して迫ったことは有名な話だ。

しかし、武藤は例外だったという。

常に吉田の傍らで最後まで対応にあたったた一人の幹部は取材に対してこう語っている。

「官邸や本店の幹部たちからは本当に現場がうんざりするような指示や要求が次々と来ました。本当に何も現場のことを考えていない。現場がやりたいことをサポートするのではなく、現場のオペレーションを邪魔することもたくさんありました。そんな中、唯一違ったのは武藤さんでした。あの人だけは吉田さんに携帯電話をかけてこなかった。現場の作業を邪魔したくなかったんだと思います」

福島第一の当直長と武藤

「福島第一原発の当直や保全のたたき上げの人間はそれこそ猛者ですから」

武藤は福島第一原発の所員をそう語る。武藤は福島第一原発の2号機がまだ運転を開始する前に技術課の所員として勤めたことからはじまり、所長にプラント運転の停止などを助言する「炉主任」や技術部長など、これまで福島第一原発に3回勤めた。1年から2年に一度行われる運転開始前に原子炉から制御棒を引き抜く重要な局面「起動試験」の際には炉主任として中央制御室で核燃料の挙動に目を光らせた。何かトラブルがあれば、当直長たちと技術論をぶつけ合うこともあった。その中で武藤が目にしていたのは、他のプラントと違う福島原発の歴代の当直長や保全の所員の姿だった。

福島第一原発には熟練の技術者たちが揃っていた。福島第一は東京電力が最初に手がけた原子力発電所ゆえにトラブルも多かった。中でも1号機は最も古いプラントで、最新のプラントに比べると設備や燃料の信頼度は低かった。

「1号機の当直や保全の部門の人たちは、それこそ燃料の信頼度がうんと低く、運転中に燃料が破損していた時代から苦労を重ねてきているので、経験豊富です。運転中も何か不具合があると、まず現場に行くから、設備を知り尽くしている。彼らには、何かトラブルがあっても『何が何でも燃料を壊さない』という意地があった。現場の職人気質というか『クラフトマンシップ』があるのです。原子炉を守る技術を肌身で覚えた彼らは、状況に応じた応用力、判断力が強い。特に歴代の1号機の当直長を担う人たちはみんなそうだった」

原子力工学は武藤が専門とした核燃料の挙動に関する〝炉物理〟だけでなく熱流動・化学・電気・機械・建築・土木といった専門分野が集まった総合工学である。一人の技術者では全ての分野を横断的にカバーできない。しかも、一つ一つの原子炉には〝個性〟ともいえる運転方法の違いもあった。そうしたプラントを制御してきた地元福島県の出身者が中心の当直員たちはたたき上げのプロ集団だった。

「事態の悪化を食い止めるために何をすればいいのか、そんな事いちいち僕が言うまでもなく、これはもう『原子炉を冷やす』というのは現場で運転してる人が一番よくわかっている話なんです。プラントの状態は現場の人間が一番わかっている。だれも〝安全〟をないがしろにして構わないと思っている人間はいないわけです。最初にリスクにさらされるのは本店ではなく現場ですから」

実際、今回の事故の際、当直長たちはマニュアルを超えた事故対応を実施していた。特に1号機では原子炉の運転状態を確認するために余震や津波の恐れがある中、他の号機より極めて早い時間帯に所員が現場確認に向かい、その後の原子炉への冷却を可能にする海水注入のラインのバルブを開けて、消防車から原子炉への給水ラインを確保した。保全部のスタッフの中には、1号機、3号機と相次いだ水素爆発で生じた高線量のがれきが散乱する現場での消防車による注水作業に従事したものもいた。国の定めである緊急時被ばく限度の100ミリシーベルトを超えることを恐れ、自ら線量計を外して電源復旧作業にあたった所員たちがいたという話も取材を通じて聞いた。事故の悪化をとめるべく現場は必死だった。

電源復旧と使用済燃料プール

3号機の水素爆発が起こった3月14日、地元での避難が進む中、武藤はオフサイトセンターから本店に戻るよう本店幹部から要請を受けていた。

武藤がオフサイトセンターにいる間、東京電力のテレビ会議を通じた事故対応は福島第一、本店、オフサイトセンターの三元体制だった。メーカーからの応援も入り陣容的には最も手厚い本店、現場の状況を最も詳しく把握する一方で現場が疲弊し、被ばく量も限界に近づく中全く余裕がない福島第一、そして技術者の陣容やデータ・図面など事故対応に関する情報が手薄なオフサイトセンター。武藤は、福島第一原発が原子炉の冷却を継続するためのバッテリーや軽油などの物資や人員の調達、さらに工務・配電部門が手がける電源復旧作業など複雑な全体オペレーションを取り仕切る役割を担って欲しいと、本店に呼び戻されたのだ。

武藤がオフサイトセンターを離れようとしていた3月14日午後1時過ぎ、2号機の冷却状態が確認できなくなっていた。そして原子炉に加えてもう一つ、重要な報告がなされていた。

3月14日午後1時57分、本店の社員がテレビ会議で発話する。

「燃料プールは、燃料が入ったままだと、当然徐々に温度が上がっていきます。特に福島第一の4号機は原子炉から出して間もない燃料なので、発熱量が多く、急勾配で温度が上がっています。すでに100度近くになっているので、これを冷やすのが喫緊の課題です。まずは4号を優先で冷やす作業をします」

オフサイトセンターの武藤が応える。

「何千トンある水がなくなっていくんだから、生やさしい事じゃゃ（必要な量の）水は入らないんで……。とにかく電源がいるよ。プールについては」

冷却機能を失った使用済燃料プールの水温が上昇し、プールの水が失われることが懸念されていた。武藤はまずは電源を復旧し、建屋内にあるポンプを使ってプールに水を注ぐことを優先して行いたいと考えていた。最もプールのリスクが高かったのは、定期検査中だった4号機だ。すべての燃料は原子炉から引き抜かれ使用済燃料プールに保管されていたからだ。事故前の２０１０年11月30日から定期検査に入った4号機は、原子炉で使われた比較的熱量の高い使用済燃料も含む１５３５体の燃料が保管され、１号機から６号機の中で最も高い発熱量を持っていた。

プール内にある燃料が露出し、爆発を引き起こす水素が大量に発生するまでどれだけ時間の猶予があるのか、福島第一の技術班は1号機から3号機の対応に追われる中、事故対応で錯綜する本店や福島第二ではなく、余裕のある柏崎刈羽原発の炉主任たちと連絡を取り合っていた。それぞれのプールにある使用済燃料がどれだけの崩壊熱を持っているかは日々のデータから把握できている。そのデータをもとに、福島第一原発からの要請に応じて柏崎刈羽原発の炉主任たちが詳細な計算をしていた。

時間的猶予は全電源喪失した3月11日から2週間以上あることがわかった。3月下旬まではプールの燃料が露出することはない。つまり4号機のプールにある使用済燃料から水素が発生し、爆発を起こす恐れはないと福島第一の技術班は考えていた。

しかし、3月15日午前6時14分ごろ、突然4号機が爆発した。何が原因なのか、だれもわからなかった。まさかプールの燃料が露出し水素が発生したのか？

しかし爆発が起きる前日の3月14日には復旧班の所員たちが4号機の使用済燃料プールの温度を確認し、水温は84度であることを確認していた。その後、復旧班は投げ込み式のポンプを使い、プール内の水を循環させることで冷却を行おうと原子炉建屋に入った。しかし、原因不明の高線量のため、5階にあるプールまでたどり着くことはできず、3月15日の爆発時のプールの状態はだれもわからない状況だった。

原因不明の爆発を起こした4号機について、当初の認識を武藤はこう語る。

「気にしてましたよ、皆。最初からね。プールは封じ込め機能のある格納容器の外側なわけだから、プールの水がなくなったら、放射線による影響は、遮蔽がある格納容器の中で核燃料が壊れるのとは比べものにならないほど大変なことになる。だから水があるのかどうか、すぐに確認したかった。ただ、計算も同時にやってて、水は2週間はゆうに持つと思っていたんです。だから4号の爆発は原因がわからなかった」

予期せぬ4号機の爆発で、最も懸念されたのが、使用済核燃料プールの破損だった。爆発によってプールの底が抜けて冷却水が漏れ出し、核燃料がむき出しになり過熱すれば、核燃料を覆っている被覆管が溶け出す。燃料プールは、原子炉のように格納容器に覆われていないため、むき出しのプールから直接、大量の放射性物質が放出されることになる。

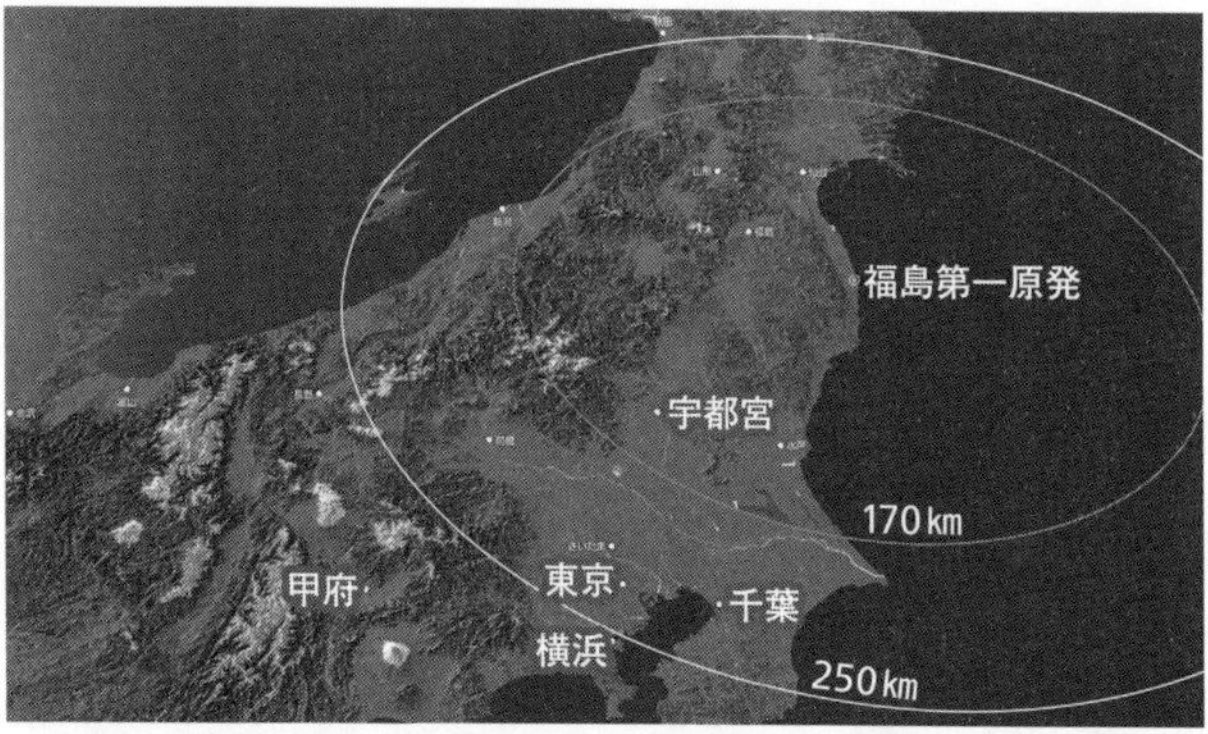

近藤駿介内閣府原子力委員長が作成した「福島第一原子力発電所の不測事態シナリオの素描」で明らかになった、最悪シナリオ発生時における移住を迫られる地域。近藤委員長は、最悪時には、福島第一原発から半径170キロ圏内が、土壌中の放射性セシウムが１平方メートルあたり148万ベクレル以上というチェルノブイリ事故の強制移住基準に達すると試算した。同試算では、東京都、埼玉県のほぼ全域や千葉市や横浜市まで含めた、原発から半径250キロの範囲が、住民が移住を希望する場合には認めるべき汚染地域になると推定した
CG：DAN杉本、カシミール3Dを用いて作製。高さは２倍に強調

そうなれば、福島第一原発のみならず、福島第二原発も高濃度の放射性物質で汚染され、原子炉の冷却作業は不可能になり、所員は全面退避を迫られる。その結果、福島第一原発と福島第二原発のすべての原子炉がメルトダウンする。いわゆる「最悪シナリオ」だ。

2011年3月22日、菅総理大臣は、非公式に原子力委員会の近藤駿介委員長に、最悪の事態を想定したシミュレーションを依頼している。近藤が、JAEA（日本原子力研究開発機構）やJNES（原子力安全基盤機構）

の専門家とともに行った試算では、最悪シナリオが起きると、福島第一原発の半径170キロ圏内がチェルノブイリ事故の強制移住基準に相当し、半径250キロ圏内が、住民が移住を希望した場合には認めるべき汚染地域になるという、恐るべき結果が出た。250キロの移住範囲とは、北は岩手県盛岡市、南は神奈川県横浜市にまでいたる。東京を中心とする首都圏もすっぽりと包まれ、3500万人もの首都圏の住民の退避が必要になる。これらの避難範囲は、時間の経過とともに小さくなるが、自然減衰にのみ任せるならば、半径170キロ、250キロという地点が自然放射線レベルに戻るまでには、数十年かかるとされていた。「最悪シナリオ」は、東日本全体に甚大な被害が出ることを示していた。

「まさか、プールの水がなくなっているのか?」。誰もがその懸念を抱いた。状況を確認するために4号機が爆発した翌日の3月16日、東電社員が同乗した自衛隊のヘリが福島上空へ向かった。社員はハンディのビデオカメラを持ってプールの状況を捉えようとした。午後5時過ぎ、カメラの液晶画面に水面が見えた。

「4号プールには水がある!」

その社員は撮影した映像を持ち帰り、本店の武藤たちに見てもらった。時刻は3月16日深夜11時30分をまわっていた。撮影した東電社員がテレビ会議を通じてプールの水についてこう説明した。

4号機の核燃料プール　写真：東京電力

「キラッと光ってですね、肉眼だと水面に見えるんですけど、ここがちょうどですね、一番左の端になりますけれど燃料交換機がここに置いてあります。で、この下に光ってるところ、これが水面になります。燃料の頂部より下だと水面見えませんので、ウェル満水だと思います。（中略）（一緒に乗っていた）自衛隊の方も、水面見えましたね、とおっしゃっていました」

ウェル満水。燃料プールのすぐ隣に接している原子炉ウェルと呼ばれるプールは、満水だという意味である。4号機は、原子炉建屋が原形をとどめないほど大爆発を起こしたにもかかわらず、核燃料プールは無事だったのだ。さらに幸運なことに、4号機では、定期検査のため、普段は空っぽの原子炉ウェルと機器貯蔵プールにも水が満たされていた。この水は核燃料プールにも流れ込むようになっており、核燃料プールには通常の2倍近い貯水量があったことになる。

最も懸念された4号機のプールに水があることがわかり、武藤も、そして吉田以下現場の作業員たちにも最優先で急ぎたいことがあった。「電源復旧」である。当時、原子炉に水を注ぐ唯一の手段、消防車による注水は不安定な状況が続いていた。連続運転するためには定期的に消防車に燃料を補給しなくてはならないが、高線量の中での作業で、作業にあたる社員や協力会社のスタッフたちの被ばく量も上限値に近づいていた。配管につなぐホースもたびたび水漏れを起こし、ホースの補修や交換作業も必要だった。また消防車は数日にわたる連続運転に耐えられないことも懸念されていた。

さらに吉田や武藤は3号機に対しての消防注水の開始後、どれだけ水を消防車から注いでも原子炉の水位が上がってこないことを懸念していた。消防車からつながる「消火系」や「復水補給水系」の配管は建屋内部で複雑に枝分かれしている。原子炉に届く前に、どこか抜け道から別の場所に一部の水が流れ込んでいる恐れもあった。いわば〝ぶっつけ本番〟の消防注水をこれ以上続けても、原子炉を冷やすのは厳しい状況だった。武藤や吉田は、電源復旧をして通常原子炉に水を注いでいる常設のポンプを動かし安定的に原子炉を冷やす必要があると考えていたのだ。

メルトダウンした後の核燃料は、冷やさなければ放射性物質を放出し続ける。格納容器が一定の役割を果たしていると言っても、放出を押さえ込むためには一刻も早く燃料を水で満たし、メルトダウンの進行と放出を食い止めなければならない。

この頃、福島第一原発の敷地の外では、東京電力の工務部が中心となって、地震で損傷した外部電源の復旧作業を続けていた。高圧線から送電線を所内まで引き込む工事は3月16日までに完了。翌朝からいよいよ福島第一原発内で配電部が電源復旧作業を本格化する計画だった。

「明日（17日）8時に、Jヴィレッジを配電さんが出発して据え付けをしてくれるという事になってます」

当時テレビ会議では、翌17日朝からの電源復旧作業の計画が本店・福島第一原発間でやりとりされていた。実際、原子力安全・保安院と東京電力の間で共有されていた電源復旧に関する内部資料では、3月17日午前10時から所内の電源復旧作業に取りかかり、夕方までには配電部門が持ち込んだ移動式の電源盤までケーブル敷設を終える計画だと記されている。現場が待ち望んだ電源復旧まであと一歩の所まで来ていた。

しかし、この頃、別のオペレーションが政府主導で動いていた。自衛隊のヘリによる使用済燃料プールへの空からの放水と、機動隊・自衛隊・消防庁による使用済燃料プールへの地上からの放水だった。

作業の優先順位をどのようにして決めていくのか。東電本店で政府対応にあたっていたフェローの武黒（前原子力・立地本部長）がテレビ会議を通じて問題提起した。

「（電源復旧）工事を進めるという意味は、電源の強化をすることによってプラント全体の安定性を増そうということであります。で一方、自衛隊さんにはそうなると（電源工事を進めると、その間は放水作業ができなくなり）夜遅くなってしまうので、この自衛隊さんによる水の注水活動をどうするかという問題が残ります。私の理解は、3号機のプラントについては、燃料プールも含めて、現在、比較的安定した状況にあるし、3号機に入ってる燃料プールの中の崩壊熱は、4号機に比べると1桁以上低いというのが評価上明確になってると思いますので、こうしたことを勘案すると、この全体的なスケジュールのあり方について、ここで一度落ち着いて協議する必要があると思います」

16日撮影のヘリからの映像で、4号機の使用済燃料プールの水は確認できた。3号機もプールに入っている使用済燃料の熱量は4号機に比べ10分の1以上低いという評価も出ている。仮に3号機の使用済燃料プールをそのままの状態に放置しても、メルトダウンするような事態になるまでには、かなりの時間的余裕があるはずだ。福島第一の免震棟の現場では、放水作業を後回しにしても、電源復旧を速やかに進めるべきだという声が上がっていた。

当時の吉田の傍らで指揮を執っていた幹部はこう語る。

「3号機、4号機は既に建屋の屋根がないわけですから、仮にプールの燃料が露出しているような事態になっていれば、現場に人が近づくことが出来ないほど尋常じゃない線量になります。でも現実には、4号機の爆発後もそんなに線量は上がってこない。あのとき免震棟の中ではプールに水がある、だから早く電源復旧を急いで欲しいという声が上がっていました」

しかし、この頃、東電本店に常駐するようになっていた経済産業大臣の海江田万里の判断は違っていた。テレビ会議でこう発話している。

「私、朝のご挨拶で申し上げましたけれども、まず自衛隊に空中から散水をやってもらうと。そしてそれが終わったところで、警視庁のこの機動隊による陸上からの放水があって、そしてそれから、皆様方の電源工事をやってもらって、そして、その後時間が許すならば、これは自衛隊による2度目の空中からの散水と……」

電源復旧ではなく、第一に自衛隊の空からの放水、そしてその次に機動隊の地上からの放水、そして電源復旧作業は最後にするというのが菅総理大臣と電力事業者を所管する経済産業省の判断だった。

この頃、事故対応の主導権は、東京電力から官邸や経産省に移っていた。3月15日、菅は東京電力が現地から「全員撤退」しようとしていると疑念を抱き、自らを本部長とし、海江田経産大臣と東京電力清水社長を副本部長とする福島原子力発電所事故対策統合本部を作っていた。海江田は3月15日以降、細野総理大臣補佐官とともに東電本店2階の非常災害対策室に常駐するようになり、政府関係者からの指示が本来の原子力災害対策の事務局である原子力安全・保安院を通さずに直接事業者、場合によってはテレビ会議を通じて福島第一の吉田の元に届くようになっていた。その最初のオペレーションは省庁挙げての使用済燃料プールへの放水だったのである。

夜を徹して福島第一原発に駆けつけた工務部・配電部の社員は放水オペレーションの間、福島第一構内で作業ができないことが決定された。そのため待機場所もなくバスの中で立ったまま一夜を過ごした人も少なくない。結局、工務・配電部門の100人を超える社員たちはいったん福島第二原発への移動を余儀なくされた。統合本部設置の後、作業は実際には余裕のあった使用済燃料プールへの放水が優先され、電源復旧は大幅に遅れていくことになる。

この政府の指示による優先順位の変更がどのような影響を及ぼしたのか。事故後、各地のモニタリングデータを収集し、事故当時から福島第一原発の放射性物質の放出の解析を続けてきた日本原子力研究開発機構。同機構が2014年に発表した最新の解析によると、統合本部ができた3月15日午後以降の放出量が事故発生から3月末までの75%を占めるという驚くべき結果が示された。3月15日以降、原子炉を十分に冷やすことができなかった結果、ベントや格納容器からの直接放出を通じて、大量の放射性物質が周辺に飛散したためだと考えられている。

原発の事故には、現象ごとに様々なフェーズがある。IAEAの深層防護の考え方では、事故の際にメルトダウンを防ぐまでが〝第3層〟と位置づけられ、その後、環境への放射性物質の放出を抑制するフェーズは〝第4層〟と位置づけられている。1号機から3号機まですべてメルトダウンを起こしていた3月15日以降の対策はまさに〝第4層〟対策が求められていた。

そのために必要なのは、原子炉の安定的な冷却を可能にする電源復旧だ。しかし、政府はこの頃、米国を中心に「事故対応が東京電力任せで政府が取り組んでいる姿が見えない」と批判され、政府一丸となって事故対応にあたっていることを国内外に示す必要を強く感じていた。そのため、警察・自衛隊・消防の総力を挙げて事故対応にあたろうとしていた。

福島第一原発構内は、津波や相次いだ水素爆発によって散乱したがれきに加えて、原子炉への注水のために消防車から敷設されているホースなどで通行できない場所が多く、自由に車が動ける余裕がなかった。そのため、3つの省庁が持つ放水車両を一斉に福島第一構内に入れることはできない。放水作業を終えるたびに、警察・自衛隊・消防の作業員と車両を総入れ替えしなければならなかった。

さらに、指揮命令系統が異なる3つの省庁による連携作業は困難を極めた。放水作業の拠点となるJヴィレッジや福島第二原発にいる放水を担う部隊をいつ誰が迎えに行くのか。装備の手続きや放射線測定器の調達の遅れ、道路の渋滞などで、自衛隊や消防の福島第一原発に到着する時間は予定通り行かない場合もあった。

混乱を極めたプールへの放水作業は、まず自衛隊ヘリから始まった。

3月17日午前9時48分。CH47ヘリコプターが容器で汲み上げた7・5トンの海水を3号機の燃料プールめがけて投下した。

免震棟では、吉田以下、幹部や社員が、テレビの中継を見ながら、放水の様子を固唾をのんで見守っていた。

1機目が3号機に上空から水を投下した瞬間、免震棟に歓声があがった。

「おーいった。よし。えい。おい、あたったな」

しかし、2機目が水を投下したころには、免震棟の中は、落胆の声に変わっていた。

「これか。これだな。かかってねーよ」

はるか上空から7・5トンの海水を3号機のプールに放水しても、ほとんどかかっていないことが、中継のテレビ映像にはっきり映し出されていた。

「あー。3号届いてねーや。なんだよ」

午前10時。4回目の放水を行うヘリコプターが3号機上空に近づいた。

「おっ。来たぞ。4機目だ」

しかし、その直後、免震棟では、ため息とも、諦めともつかない声が漏れた。

「ああー。霧吹きやなあ」

まるで、霧吹きのように、むなしく海水が飛び散っていった。3号機のプールにはとても届いているとは、見えなかった。

15日早朝の4号機の水素爆発以来、世界中を震撼させていた使用済燃料プール。その危機を救う期待を背負ったヘリコプターによる放水作戦は、あっけなく終わってしまった。

自衛隊ヘリによるオペレーションの実施の煽りを食ったのが電源復旧作業だ。当初は、散水が終わるまで、福島第一原発の1号機から6号機まですべての建屋周辺の作業は中断する計画だった。しかし、電源復旧による冷却を一歩でも進めようとしたのは武藤だった。武藤は、放水オペレーション全体を取り仕切る総理官邸に電話をかけて、5、6号機周辺だけは電源復旧やがれきの撤去作業を進めることができるようにしようとしたのだ。

その結果をテレビ会議を通じて放水オペレーションが始まる直前に、吉田に伝える。

「5号機、6号機は避難の対象外ということで、官邸の危機管理センターに確認を取りました。現場の判断で現場で作業して頂いてかまいません」

吉田が応じる。

「ありがとうございます」

5号機は前述（第6章）の通り原子炉の中に核燃料があり、減圧・冷却が必要だった。原子炉の熱を海に逃がすための海水ポンプを動かすにも電源が必要だった。武藤の官邸への働きかけで、5、6号機の冷温停止に向けた電源復旧作業が放水作業の間も進められるようになった。

一方、メルトダウンの危機が続いていた1号機から3号機の電源復旧作業は、ヘリからの放水作業で完全に途絶してしまった。

3月17日午前9時48分から始まった自衛隊によるヘリからの散水に続き、海江田大臣は午後1時10分、次の放水の指示を出す。

「自衛隊の空からの散水は終了しましたが、今、この警視庁の機動隊の陸上からの放水が少し時間が延びております。ま、（午後）2時を目処でございます」

機動隊の放水車による使用済燃料プールへの放水がどれだけの効果があるのか、現場では当初から懸念があった。災害現場への派遣を想定していない放水車両は、地上から高さ30メートルの場所にある使用済燃料プールにまで放水の角度を上げる仕組みにはなっていなかった。角度を稼ぐには、離れた距離から放水せざるを得ない。

機動隊が福島第二で装備や手順を整え、午後4時過ぎに福島第一原発に到着した。その車両の上部に取り付けられた放水口を見た社員は「本当にこの放水車で燃料プールに届くのか」と不安を持った。

実際、午後7時5分から13分の間、8分間で合計44トンの放水を行ったが3号機の使用済燃料プールにはほとんど水が届かなかった。

次のオペレーションをどうするのか、海江田はテレビ会議を通じてこう発話している。

「こちらとしてやはり希望するのは、まず機動隊に放水をやってもらって、それが終わったところで今度は自衛隊に放水をやってもらう」

午後7時35分から午後8時7分には自衛隊の放水車による放水が行われた。季節は春とはいえ、3月17日の福島の日暮れはまだ早い。自衛隊の放水が終わった頃、完全に日は暮れていた。電源復旧作業は、これから行うにしても夜間で見通しが悪い環境になる。

3月17日、福島第一構内で1号機から4号機の冷却システムを再び使うため、その日の朝に配られた電源復旧計画「3／17　朝より作業開始　作業完了は夕方目処」とされた電源復旧工事は自衛隊・機動隊による放水によって一切行われなかった。

後に吉田は政府の事故調査検証委員会による聞き取りに対し、「自衛隊さんたちの放水は一切効果がなかった」と語っている。

翌18日も、3号機使用済燃料プールに対して、午後2時から自衛隊、米軍車両（東京電力が運用）、消防庁による放水が計画されていた。このままでは電源復旧がさらに遅れる。放射性物質の飛散を抑制するための〝第4層〟対策に欠かせない常設ポンプの復旧が進まない状況を見た武藤は、17日夜のテレビ会議で吉田にこう呼びかけた。

「距離から考えて、今日（17日）の注水の状態から考えて、3号機で注水するときに1、2号の（電源復旧）工事を止める必要は技術的にないのではないかという気がいたしますけれども……」

しかし、現場の吉田はプールへの放水をしたときに、万が一燃料が露出していた場合、水が核燃料に直接触れることで、放射性物質が飛散するリスクを恐れた。

吉田は電源復旧と放水を並行して行うことは難しいと考え、テレビ会議を通じて武藤にこう応えている。

「注水したリアクションもありますので、やはりですね、現時点でもうちょっと安全に配慮しようということで、私としてはちょっと保守的かもしれませんが、（放水と電源復旧作業は並行してやらない）そういう指示をさせて頂いたところでございます」

武藤は吉田の判断に理解を示しながらも、電源復旧作業の重要性について念を押した。

「発電所側でよく現場の状況をみて判断していただければと思いますけど、できるだけ、（電源復旧は）急ぐ工事でもありますし、可能な範囲で安全上問題ない範囲で並行作業するように工夫ができればと思います」

その後、3月18日は3号機を中心に、また19日には4号機にも地上からの放水が行われていた。電源復旧は3月16日から20日の間に合計5回、少なくとも39時間57分もの間、中断を余儀なくされた。3月17日夕方までに復旧される予定だった1、2号機への電源供給は3月20日に、3、4号機への電源供給は3月22日までに遅れることになる。

政府の統合本部ができた3月15日午後から電源が復旧した3月22日。この間の放出は、事故全体の7割に及ぶと、最新の放出の解析結果は示している。

こうした結果を見る限り、官邸主導による放水車やヘリコプターによる核燃料プールに対する散水作業は、米国や日本国民に対するデモンストレーション以上の効果は事実上ゼロに近かった。放射性物質の飛散を食い止めるという最も優先すべき課題は先送りされ、結果として被害を拡大させたことは否定できないであろう。

しかし、官邸が主導権を発揮しようと決意した背景には、それ相応の理由もあった。菅直人総理、枝野幸男官房長官をはじめとする官邸の政治家たちには、困難を極めた現場のオペレーションの実態がほとんど伝わらず、彼らは東京電力の能力を疑っていた。必ず実行するというベントは遅れに遅れ、1号機、3号機、4号機が次々に水素爆発していく展開に官邸スタッフは苛立ちを強め、「福島第一原発作業員が事故の収拾作業を放棄し、全面撤退する」という〝誤解〟で、その怒りは頂点に達する。その結果が東京電力に設置された統合本部であった。

ベントの遅れや原子炉建屋の爆発が起きたのには、必然的な理由があったが、東京電力には、いきり立つ政治家を冷静にさせる説明能力を持つものがいなかった。不幸なことに、官邸に専門的なアドバイスをする立場の班目春樹原子力安全委員会委員長、そして経産省の原子力安全・保安院の官僚たちも、適切な助言ができなかった。

しかしながら、いかなる事情があったにせよ、高度な専門知識がない政治家たちが、現場の技術者の意見に十分に耳を傾けることなく、事故対策の主導権をとることにどのような影響があったのか、さらに検証すべきではないだろうか。福島第一原発の技術者たちが懐疑的だった放水作業を優先させ、電源復旧が遅れた結果、被害が拡大した可能性もある。これは、放射性物質の飛散状況の解析結果から導き出される答えである。

鹿児島県の川内《せんだい》原発の再稼働が射程距離に入ってきたいま、政府や原子力規制委員会は、万全な危機管理体制を構築したと本当にいえるのだろうか。

事故当時、東電原子力部門のトップとして対応にあたった武藤は事故から3年6ヵ月を経たインタビューでこう語っている。

「『あのときこうしときゃよかった』っていう反省は絶対にしなければいけない。しかし、それでも前を見ていくことがとても大事で、『何であんなことやったんだ』っていうことを言う以上に、次をどうするか考えるのがより重要だと思います。事故が起きた時にどういうふうに指揮命令系統を考えたらいいんだっていうことですが、全部ネガティブに評価するのは、当事者としても不適切だと思うし、そこはいいところももちろんあったと思いますよ。近くに大臣とか補佐官とかいらっしゃったから、そこでまあ、いろいろ相談できたこともたくさんある。次にこんな、本当にこんな事故……これは原発事故だけじゃなくて、何かこういう重大なことが起きた時、それは事業者だけじゃ終わらない話っていっぱいありますよね。例えば、自治体との関係、国との関係、事業者あるいは周りの一般の住民の方々との関係をどういうふうに整理して、コマンド・アンド・コントロールっていうのかな、この指揮統制の体系を考えておいたらいいかってのはとても大事じゃないですかね。現場で大臣などにご苦労を頂くっていうのは、もちろん今申し上げたように、プラスの面が全くないとは言わないけども、そういうことが本当に一番いいのか……。どのような体制にしてくのが一番いいのか事前によく考えて訓練をしておく、それが重要なポイントだと思っています」

今回の福島第一原発事故は、現地のオフサイトセンターが機能を果たせず、被ばくを避けるために活用するはずだったＳＰＥＥＤＩも、電源喪失によってモニタリングポストや原子炉の各種のパラメーターの情報を入力できなかったために、期待された役割を果たせなかった。事前に準備された事故対応の体制も訓練も全く機能しない、文字通り、未曾有の事態。どんなに準備しても、原子力発電所の事故や災害のリスクをゼロにできない以上、想定外の事態が起きたときに、適切な問題解決のアプローチを提供できる危機管理体制をいかに迅速に構築するかは、今後の大きな課題である。

原子力災害対策特別措置法では、原子力事故に対応するために原子力緊急事態宣言をした際には、閣議にかけて、臨時に内閣府に原子力災害対策本部を設置するものと規定されている。対策本部の本部長は、今回の福島第一原発事故と同様に、ときの総理大臣がつくことになっている。

官邸、事故後に生まれた原子力規制委員会、経産省、電力会社、自衛隊、警察、消防……。多くの当事者が関与する巨大事故にマニュアルもなくどう向き合うのか、あの事故から学ぶ、重い、重い、教訓である。

は、1960年代。しかも1号機はアメリカのGE社、2号機はGE社と日本の東芝、3号機は東芝、4号機は日本の日立と、号機によって、製造する会社も変わっている。

緊急時に適切な事故対応をとるためには、安全に対する知識を組織全体が継承し続け、絶え間ない訓練によって、研ぎ澄まさせていく必要があることが、検証取材から浮かび上がってくる。

白煙を上げる3号機（写真上）と水素爆発でがれきの山となった4号機原子炉建屋4階フロア（写真下）　写真：東京電力

提言：４号機爆発
「フェールオープンとフェールクローズ」

福島第一原発では、1号機、3号機に続いて3月15日早朝に４号機が水素爆発した。

後の調査で、この水素爆発は３号機のベント作業の際、配管を通じて逆流してきた水素が4号機の原子炉建屋に溜まっていたことが原因と判明する。3号機のベント配管は、排気筒に向かう配管を通して４号機の非常用ガス処理系（SGTS）と呼ばれる排気管に合流していて、このルートを通じて、水素が逆流してきたのである。実は、排気管には弁が設置され、通常であれば、外部からの気体の逆流を防ぐはずだった。ところが、電源が失われると、自動的に弁が開く仕組みになっていたのだ。これは、「フェールオープン」と呼ばれる安全設計に基づくもので、異常時に、建物内に放射性物質が溜まるのを防ぐために、配管の弁が開くようになっていたのだが、事故当時、誰一人としてこのことに気がつかなかったという。

一方、「フェールオープン」とは全く逆に、福島第一原発には、異常時に、弁が閉じる「フェールクローズ」と呼ばれる安全設計が施されている装置もある。１章で記した１号機のIC（非常用復水器）がそうである。ICは、異常時に外部に蒸気が漏れるのを防ぐため、電源が失われると自動的に弁が閉じる仕組みになっていた。

このように福島第一原発では、設計思想が異なる装置が混在していたことも、緊急時の事故対応をより難しくしたと指摘されている。事故対応の鍵を握る装置が、緊急時にどう動くのかを知っておくためには、造られた当初の設計思想を深く理解しておかなければならない。福島第一原発の建設が始まったの

おわりに

今から17年以上も前になるが、１９９７年の秋に福島第一原発の3号機の中に入り、原子炉を間近で見たことがある。

この頃、3号機では、原子炉の中にあるシュラウドというステンレス製の巨大な円筒にひび割れが見つかり、大きな問題になっていた。東京電力は、世界初のシュラウドの交換工事に踏み切り、交渉の末、工事の様子を撮影取材することができたのだ。原子炉建屋最上階の5階からのぞき込むようにして見た直径5・6メートルの原子炉は、縦46メートル、横34メートルある建屋のフロアの中では思いのほか小さく、その周りでは、全面マスクと防護服に身を包んだ大勢の人が作業にあたっていた。そして、5階フロアの一角にあった燃料プールには、使用済燃料が整然と、しかし所狭しといった様子で収められていた。取材に同行した広報担当者から「原子炉の中を空にするため、全ての燃料棒をプールに移動させなければならず、通常よりかなり多い燃料棒がプールに収められている」と説明を受けたことをおぼろげに覚えている。

事故後しばらく経った雑談の席で、この体験を福島第一原発に詳しいメーカーの技術者に話した時、その技術者は、ちょっと驚いた顔をして「それとほぼ同じ光景が、あの3月

11日に4号機で繰り広げられていた」と言った。そして、「シュラウドの交換工事は、3号機の後、2号機、5号機、1号機と行われ、ようやく4号機に取りかかっているところだった」と説明してくれた。うかつにもこの時初めて、だから福島第一原発では、3月11日に通常よりも多い6350人もの人が作業にあたっていたのかと腑に落ちた。4号機の燃料プールに他の号機の3倍近い使用済燃料があり、水温が上昇して燃料プール危機が訪れたことにも合点がいった気がした。そして、十数年前の自分の体験があの3月11日とつながったような不思議な感慨を覚えた。

福島第一原発事故の検証取材を続ける中で、時が経つに連れて強まってくる思いがある。それは、この事故は、決して3月11日午後2時46分に突然襲ってきた地震を起点にするわけではないという思いである。確かに、マグニチュード9・0の巨大地震と15メートルの津波によって電源を失ったことが事故を決定づけたといえる。しかし検証取材を深めていくと、過去の様々なことが事故の対応や進展と密接につながっていることが見えてくる。例えば、全ての電源が失われ非常用の冷却装置が使えなくなっていく中で行われた消防車による注水も、消防車が偶然あったから行えたわけではない。4年前に起きた新潟県中越沖地震の際、柏崎刈羽原発3号機の外に設置された変圧器で火災が発生し、自治体の消防車の到着に手間取ったことを教訓に、福島第一原発の敷地内に消防車が配備されていたからこそできたのだ。これは、事故の進展を食い止める上で、過去の教訓を受けて備えた対策が生きた例だと思う。激しい揺れの中で中央制御室の運転員たちが握りしめた操作盤のレバーも、震度7クラスの地震に耐えられる構造をした免震棟も、新潟県中越沖地震を教訓に作られたものである。こうした設備が今回の事故対応をどれほど助けたのかわからない。

しかし、過去の無策が弱点となって現れたことも枚挙にいとまがない。消防注水は、入念に計画された対策ではなく、事故対応の中で編み出されたぶっつけ本番の奇策だったゆえに、落とし穴もあった。本書の5章で追及したように消防注水は原子炉へと向かうラインの途中の抜け道から漏れて十分届かず、メルトダウンを防ぐことはできなかった。その抜け道こそ、全ての電源を失った時に生じる原発の安全対策の死角であり、全電源喪失を想定して対策を検討してこなかったことの冷酷な帰結だったのではないだろうか。予測しきれない津波への対策を慎重に積み重ねてこなかったことや1号機の非常用の冷却装置・ICの仕組みや挙動を熟知するよう訓練をしてこなかったことも、あの3月11日の事故の対応を困難なものにしてしまったことは否めない。事故は様々な形で過去とつながっているのである。私たちが事故の検証にこだわり続けるのは、そこから浮かび上がってくる教訓が必ず未来へとつながると考えているからである。

検証取材を続ける中で、もう一つ強く感じることがある。それは、これまで沈黙を守ってきた当事者が取材に応じてくれることが徐々に増えてきていることである。いまだ謎が多い事故の真相に迫るためには、これまで表に出てこなかった記録の公開や新たな証言者が現れることが不可欠である。事故から3年半を経て吉田調書が公開されたことも意義深いが、本書で紹介したように中央制御室で対応にあたった運転員や本部の幹部が、ベールに包まれていた事故対応の詳細を語ってくれたことは、事故の教訓を浮かび上がらせる上で極めて大きな意味がある。福島第一原発事故の真相をどう記録化し、その教訓をどう未来へとつなげていくかは、あの事故を体験した全ての人に課せられた重い責務だと思う。時が経つにつれ、事故について口を開く人が増えているのは、事故の真相をより多くの人と共有し、共に考えていくことの大切さに気がつき始めているためではないだろうか。私たち取材班もその一翼を担いたいと思っている。

本書は、2011年12月から2014年12月までに放送されたNHKスペシャル・メルトダウンシリーズの5本の番組で取材した関係者の証言や記録をもとに、新書版として新たに書き下ろしたものである。執筆は、取材班の番組制作局・科学環境番組部の藤川正浩チーフプロデューサー、大型企画開発センターの鈴木章雄ディレクター、報道局・科学文化部の花田英尋記者、岡本賢一郎記者、沓掛慎也記者、それに報道局・科学文化部専任部長の近堂靖洋が分担する形で執筆した。執筆にあたっては、番組で取材した500人に上る関係者のインタビュー記録や取材メモをはじめ、取材班が入手した記録や資料をもとに、政府、国会、民間、東京電力の各事故調査報告書、それに東京電力のテレビ会議の音声記録のほか、新たに公開された政府事故調が聴取した吉田所長ら関係者の聴取記録を参考にした。また本書の文中には、3本のメルトダウンシリーズをもとに執筆した『メルトダウン連鎖の真相』（講談社刊）の一部を再構成した箇所がある。『メルトダウン 連鎖の真相』は、事故を時系列に忠実にノンフィクションとして書き下ろしたものだが、ありがたいことに作家の立花隆氏が「圧倒的に情報量が多い。内容的にも最良」（2013年7月11日号週刊文春）と評してくれるなど専門家の方から、事故の全体像がわかるという評価も頂いた。本書とあわせて読むと、事故がどう起き、なぜ防げなかったかがより深く理解できるので、一読して頂ければ幸いである。

刊行にあたって、取材に協力して頂いた方々に、心から感謝を申し上げたい。事故の真相に迫り、教訓を浮かび上がらせるために、どの証言、記録もかけがえのないもので、お礼を申し上げたい。事故の検証が様々な形で続けられ、そこから浮かび上がる教訓が未来につながることを、私たちは願っている。

2015年1月

NHK報道局・科学文化部専任部長　近堂靖洋

近堂靖洋（こんどう　やすひろ）
ＮＨＫ報道局科学文化部　専任部長

１９６３年北海道生まれ。本書では１章と「はじめに」「おわりに」を執筆。１９８７年ＮＨＫ入局。科学文化部や社会部記者として、動燃再処理工場事故や東海村ＪＣＯ臨界事故の原子力事故をはじめ、オウム真理教事件や北朝鮮による拉致事件、虐待問題などを取材し、ＮＨＫスペシャルやクローズアップ現代を制作。福島第一原発事故では、発生当初から事故全般の取材指揮にあたり、ＮＨＫスペシャル『メルトダウン』『廃炉への道』などの番組を制作。

藤川正浩（ふじかわ　まさひろ）
ＮＨＫ科学環境番組部　チーフプロデューサー

１９６９年神奈川県生まれ。本書では３章を執筆。１９９２年ＮＨＫ入局。ＮＨＫスペシャル『白神山地　命そだてる森』『気候大異変』など自然環境や科学技術に関する番組を担当。原発関連では、動燃再処理工場事故、東電トラブル隠し、中越沖地震による柏崎刈羽原発への影響などを取材。福島第一原発事故後はＮＨＫスペシャル『知られざる放射能汚染』『メルトダウン』やサイエンスＺＥＲＯ『シリーズ原発事故』など事故関連番組を継続的に制作。

鈴木章雄（すずき　あきお）
ＮＨＫ大型企画開発センター　ディレクター

１９７７年東京都生まれ。本書では６章・７章・特別編を執筆。２０００年ＮＨＫ入局。金沢局に４年赴任。その後、報道局において原発の新規建設、高速増殖炉、トリウム燃料、廃炉など、国内に加えて米英独など海外の現場を取材。福島第一原発事故以降は、同原発や東京電力本店、柏崎刈羽原発の現場を取材し『メルトダウン』『廃炉への道』などのＮＨＫスペシャルや『汚染水』『東京電力・原子力改革特別タスクフォース』などのクローズアップ現代を制作。

花田英尋（はなだ　ひでひろ）
ＮＨＫ科学文化部　記者

１９７９年青森県生まれ。本書では２章・３章を執筆。２００３年ＮＨＫ入局。山形局に５年間赴任し、橋・道路の劣化問題などを取材。その後、青森局で使用済核燃料の再処理工場を中心とした核燃料サイクルを取材。福島第一原発事故直後から東京電力を取材し、２０１１年夏から現所属で福島第一原発の事故検証や廃炉の問題を取材。現在は原子力規制委員会を担当し、再稼働をめぐる課題を取材している。ＮＨＫスペシャル『メルトダウン』『廃炉への道』を担当。

岡本賢一郎（おかもと　けんいちろう）
ＮＨＫ科学文化部　記者

１９７８年香川県生まれ。本書では４章・５章を執筆。大学時代は社会学部で、青森県六ヶ所村の処分場問題を研究。大学院では原子力工学を専攻し、放射性廃棄物の地中処分を研究。２００４年ＮＨＫ入局。鳥取局と松江局では主に事件や行政取材を担当。２０１０年から現所属で先端技術やノーベル賞を取材。福島第一原発事故では、当日から事故対応にあたるとともに廃炉問題や原子力政策をニュース取材。ＮＨＫスペシャル『メルトダウン』『廃炉への道』を担当。

沓掛慎也（くつかけ　しんや）
ＮＨＫ科学文化部　記者

１９７８年長野県生まれ。本書では２章を執筆。２００４年ＮＨＫ入局。金沢局で北陸電力志賀原発をめぐる全国初の運転差し止め判決や臨界事故の隠蔽問題を取材。２０１０年より経済産業省原子力安全・保安院を担当。福島第一原発事故では、規制機関の対応や課題を取材。原子力規制委員会発足後は、規制のあり方や新規制基準を検証。２０１３年より東京電力を担当、原発内部の最新調査や廃炉作業の現状を伝える。ＮＨＫスペシャル『メルトダウン』『廃炉への道』を担当。

講談社現代新書　2295

福島《ふくしま》第《だい》一《いち》原《げん》発《ぱつ》事《じ》故《こ》　7つの謎《なぞ》

二〇一五年一月二〇日第一刷発行　二〇二〇年四月二十四日第八刷発行

著者　NHKスペシャル『メルトダウン』取材班《しゅざいはん》　

発行者　渡瀬昌彦

発行所　株式会社講談社

東京都文京区音羽二丁目一二―二一　郵便番号一一二―八〇〇一

電話　〇三―五三九五―三五二一　編集（現代新書）
〇三―五三九五―四四一五　販売
〇三―五三九五―三六一五　業務

装幀者　中島英樹

印刷所　大日本印刷株式会社

製本所　株式会社国宝社

定価はカバーに表示してあります　Printed in Japan

N.D.C. 543.5　318p　18cm
ISBN978-4-06-288295-8

「講談社現代新書」の刊行にあたって

教養は万人が身をもって養い創造すべきものであって、一部の専門家の占有物として、ただ一方的に人々の手もとに配布され伝達されうるものではありません。

しかし、不幸にしてわが国の現状では、教養の重要な養いとなるべき書物は、ほとんど講壇からの天下りや単なる解説に終始し、知識技術を真剣に希求する青少年・学生・一般民衆の根本的な疑問や興味は、けっして十分に答えられ、解きほぐされ、手引きされることがありません。万人の内奥から発した真正の教養への芽ばえが、こうして放置され、むなしく滅びさる運命にゆだねられているのです。

このことは、中・高校だけで教育をおわる人々の成長をはばんでいるだけでなく、大学に進んだり、インテリと目されたりする人々の精神力の健康さえもむしばみ、わが国の文化の実質をまことに脆弱なものにしています。単なる博識以上の根強い思索力・判断力、および確かな技術にささえられた教養を必要とする日本の将来にとって、これは真剣に憂慮されなければならない事態であるといわなければなりません。

わたしたちの「講談社現代新書」は、この事態の克服を意図して計画されたものです。これによってわたしたちは、講壇からの天下りでもなく、単なる解説書でもない、もっぱら万人の魂に生ずる初発的かつ根本的な問題をとらえ、掘り起こし、手引きし、しかも最新の知識への展望を万人に確立させる書物を、新しく世の中に送り出したいと念願しています。

わたしたちは、創業以来民衆を対象とする啓蒙の仕事に専心してきた講談社にとって、これこそもっともふさわしい課題であり、伝統ある出版社としての義務でもあると考えているのです。

一九六四年四月　野間省一